全国测绘地理信息虚拟仿真系列教材

测量技术基础

主 编 喻怀义 徐兴彬 郭宝宇
主 审 易树柏
副主编 何宗友 胡为安 袁 园 旷 雄

图书在版编目(CIP)数据

测量技术基础 / 喻怀义,徐兴彬,郭宝宇主编 . -- 武汉 : 武汉大学出版社, 2024.12. -- 全国测绘地理信息虚拟仿真系列教材. -- ISBN 978-7-307-24663-8

Ⅰ. P2

中国国家版本馆 CIP 数据核字第 2024FD2748 号

责任编辑:史永霞　　　责任校对:汪欣怡

出版发行:**武汉大学出版社**　(430072　武昌　珞珈山)

(电子邮箱:cbs22@ whu.edu.cn 网址:www.wdp.com.cn)

印刷:武汉乐生印刷有限公司

开本:787×1092　1/16　印张:18.25　字数:418 千字　插页:1

版次:2024 年 12 月第 1 版　　2024 年 12 月第 1 次印刷

ISBN 978-7-307-24663-8　　定价:49.00 元

前　言

为了深入贯彻落实党的二十大精神和全国职业教育大会、全国教材工作会议精神，全面落实教育部《职业院校教材管理办法》等文件要求，充分发挥教材建设在职业教育人才培养质量中的载体作用，遵循职业教育教学规律、技术技能人才成长规律，紧扣产业升级和数字化改造，满足技术技能人才需求变化，我们走访调研了大量职业院校骨干教师和测绘企业生产一线专家，融先进教学经验和企业一线实践经验于一体，编写了这本教材。

“测量技术基础”是职业院校测绘类相关专业的一门重要课程，其教学目标是使学生具备测绘地理信息数据获取与处理“1＋X”职业技能等级证书和工程测量员国家职业标准所要求的核心素养、基础知识和基本技能。

本教材采用“项目＋任务”的形式，以“做中学”和“做中教”为编写理念。根据高职教育特点，从企业聘请了生产一线专家、高技能人才共同开发具有校企合作特色的项目化教材。本教材共分 8 个项目，各项目、任务基于生产一线工作过程和学生的认知规律编排组织教学内容。教材编写既注重工作过程的完整性，也考虑了知识的系统性，体现了理论与实践的融合。

本教材配备了较为丰富的教学资源，包括课件、微课、动画、虚拟仿真、习题、实训表格等。使用本书时，学生可以扫描二维码预习课程内容、下载相关表格，在实训环节可使用虚拟仿真技术。本教材的配套资源也上传到了智慧职教 MOOC 平台，教师可直接使用教学资源，结合学生实际情况合理进行混合式教学设计。

本教材由喻怀义、徐兴彬、郭宝宇担任主编，由王启春、何宗友、袁园、旷雄担任副主编。编写人员及分工如下：喻怀义负责拟定全书的编写大纲，并编写了项目 1、项目 2、项目 5、项目 6，徐兴彬编写了项目 7，王启春编写了项目 8，袁园编写了项目 3，旷雄编写了项目 4，全书由喻怀义统稿并进行了全面校订，王启春、何宗友审核。教材中的教学视频、教学动画等由喻怀义、吴萍昊、侯林锋、何宗友、安丽、申晨、段芸杉共同完成。虚拟仿真系统由喻怀义、何宗友共同设计，由广州南方测绘科技股份有限公司开发。在此，向本书的出版付出辛勤劳动的同志表示真诚的感谢！

限于编者水平和经验，书中难免存在疏漏及错误之处，热忱希望使用本书的广大读者提出宝贵意见，以便进一步修正与完善。

喻怀义

2024 年 8 月

目　　录

项目1　测绘基础知识

项目概况

本项目主要介绍测绘学的基本概念、测绘学的学科分类和作用，大地水准面与参考椭球面的概念，在此基础上介绍测量中常用的坐标系统和高程系统，并重点介绍了高斯平面直角坐标系。通过本项目的学习，学习者可以初步了解测绘学的作用，掌握测量中坐标系的由来。

学习目标

（1）熟悉测绘学的概念、学科分类和作用。

（2）理解大地水准面和参考椭球面的概念。

（3）掌握我国常用的坐标系统和高程系统。

（4）通过对我国测绘发展历史的学习，培养学生文化自信，激发爱国情怀。

（5）通过对测绘资料保密政策的学习，培养学生的国家安全意识。

（6）通过测绘仪器使用和保养学习，培养学生爱护仪器的良好品德。

任务1.1　测绘学概述

1.1.1　测绘学的基本概念

测绘学概述（微课）

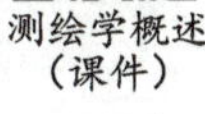

测绘学概述（课件）

测绘学是世界科学历史上古老的科学。测绘学同其他科学一样，是伴随着人类的生产而产生，并随着社会的发展而发展的。

测绘学是以地球为研究对象，对其进行测量和描绘的科学。所谓测量，就是利用测量仪器测定地球表面自然形态的地理要素和地表人工设施的形状、大小、空间位置及其属性等；所谓描绘，则是根据观测到的数据通过地图制图的方法将地面的自然形态和人工设施等绘制成地图。一般情况下，这种概念的测绘工作限于较小区域的测量和制图，这时将地面当成平面。但是事实上地球表面并不是平面，测绘工作的范围也不限于较小的区域，尤其是测绘科学技术的应用领域不断扩大，其工作范围不仅是一个国家或一个地区，有时甚至需要进行全球的测绘工作。在这种情况下，对地球的测量和描绘，就不像上面所说的那样简单，而是变得复杂多了。此时，要把地球作为一个整体，除研究获取和表述其自然形态和人工设施的几何信息之外，还要研究地球的物理信息，如地球重力场的信息，以及这些几何和物理信息随时间的变化。随着科学技术的发展和社会的进步，测绘学的研究对象不仅是地球，还需要将其研究范围扩大到地球外层空间的各种自然和人造实体，甚至地球内部结构等。因此，测绘学的一个比较完整的基本概念应该是：研究测定和推算地面及其外层空间点的几何位置，确定地球形状和地球重力场，获取地球表面自然形态和人工设施的几何分布以及与其属性有关的信息，编制全球或局部地区的各种比例尺的普通地图和专题地图，为国民经济发展和国防建设以及地学研究服务。从上面测绘学的基本概念中可以看出，测绘学主要研究反映地球多种时空关系的地理空间信息，同地球科学的研究有着密切的关系，因此测绘学可以说是地球科学的一个分支学科。

1.1.2 测绘学的研究内容

从测绘学的基本概念可知，其研究内容是很多的，涉及许多方面，现仅就测绘地球来阐述其主要内容。测绘学的主要研究对象是地球及其表面的各种自然和人工形态，可从以下几个方面进行阐述。

第一，要研究和测定地球形状、大小及其重力场，在此基础上建立一个统一的地球坐标系统，用以表示地球表面及其外部空间任一点在这个地球坐标系中准确的几何位置。

第二，有了大量的地面点的坐标和高程，就可以此为基础进行地表形态的测绘工作，其中包括地表的各种自然形态，如水系、地貌、土壤和植被的分布，也包括人类社会活动所产生的各种人工形态，如居民地、交通线和各种建筑物等。

第三，以上用测量仪器和测量方法所获得的自然界和人类社会现象的空间分布、相互联系及其动态变化信息，最终要以地图制图的方法和技术将这些信息以地图的形式反映和展示出来。

第四，各种经济和国防工程建设的规划、设计、施工和建筑物建成后的运营管理，都需要进行相应的测绘工作，并利用测绘资料引导工程建设的实施，监视建筑物的形变。这些测绘工程往往要根据具体工程的要求，采取专门的测量方法，使用特殊的测量仪器去完成相应的测量任务。

第五，地球的表层不仅有陆地，还有70％的海洋，因此不仅要在陆地上进行测绘，而且面对广阔的海洋也有许多测绘工作。在海洋环境（包括江河湖泊）中进行的测绘工作，同陆地测量有很大的区别，主要是：测量内容综合性强，需多种仪器配合施测，同时完成多种观测项目；测区条件比较复杂，海面受潮汐、气象因素等影响起伏不定，大多数为动态作业；观测者不能用肉眼透视水域底部，精确测量难度较大。这些海洋测绘的特征都要求研究海洋水域的特殊测量方法和仪器设备与之相适应。

第六，从以上的研究内容看出，测绘学中有大量各种类型的测量工作。这些测量工作都需要有人用测量仪器在某种自然环境中进行观测。测量仪器构造上不可避免的

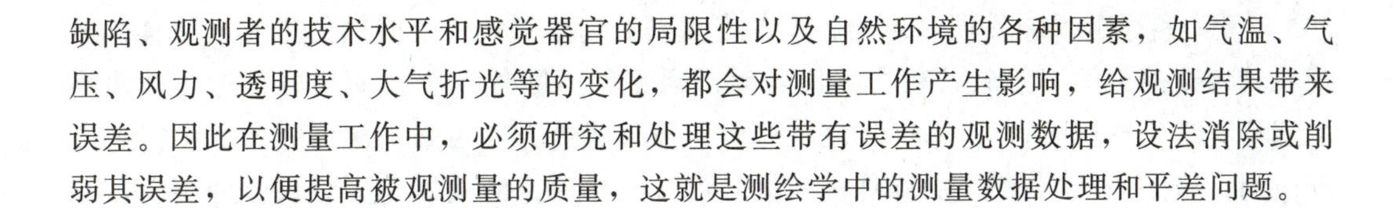
缺陷、观测者的技术水平和感觉器官的局限性以及自然环境的各种因素，如气温、气压、风力、透明度、大气折光等的变化，都会对测量工作产生影响，给观测结果带来误差。因此在测量工作中，必须研究和处理这些带有误差的观测数据，设法消除或削弱其误差，以便提高被观测量的质量，这就是测绘学中的测量数据处理和平差问题。

1.1.3　测绘学的发展历程

1. 世界测绘发展简史

远在公元前 4000 多年，尼罗河泛滥后，古埃及需要重新划分土地的边界，进行土地丈量，从而产生了最早的测量技术。之后，伴随人类科学文明的漫长发展，测绘科学技术也不断得到发展与完善。世界测绘史上所发生的一些主要事件大致如下。

(1) 公元前 4000 多年：尼罗河的泛滥造就了古代土地测量技术的产生与发展。

(2) 公元前 3000 年前后：古埃及通过天文观测，确定一年为 365 天，并以此作为古王国的通用历法。

(3) 公元前 6 世纪：古希腊大学者毕达哥拉斯（Pythagoras）提出地球是球形的。

(4) 公元前 4 世纪：希腊科学家亚里士多德（Aristotle）在《天论》中进一步论证，支持“地圆说”。

(5) 公元前 3 世纪：希腊（亚历山大）地理学家埃拉托斯特尼（Eratosthenes）用观测日影的几何学方法首次测算出地球子午圈的周长和地球的半径，论证了“地球是圆的”。

(6) 公元 2 世纪：“世界地图之父”——希腊的托勒密阐述编制地图的方法，提出将地球曲面表示为平面的地图投影问题，绘制“托勒密地图”，如图 1-1 所示。

(7) 公元 17 世纪：荷兰人汉斯发明望远镜（1609 年 8 月 21 日，世界第一架望远镜展出），斯涅耳（W. Snell）创造三角测量方法。

(8) 公元 18 世纪：1730 年英国西森（Sisson）制成第一台经纬仪，接着小平板仪、大平板仪、水准仪相继诞生。法国人都明·特里尔提出用等高线表示地貌。1750 年前后，高精度的标准航海时钟问世，为人们进行地球经纬度测量创造了非常有利的条件。

(9) 公元 19 世纪：世纪之初法国人勒让德和德国人高斯分别提出最小二乘法，高斯提出横圆柱正形投影理论。1875 年建立国际米制公约，1m 被定义为通过巴黎的地球子午线长度的 1/40000000，从而使国际上具有了统一的长度单位。1899 年摄影测量理论研究取得进展。

(10) 公元 20 世纪：1903 年发明飞机，第一次世界大战应用摄影测量方法测绘地形图。之后的 100 多年以来，测绘科学同其他学科一样，进入飞速发展的黄金时代。

2. 世界近、现代测绘的发展

自 17 世纪初欧洲资产阶级革命兴起开始，历经工业革命到 19 世纪末，伴随着近

300 年欧洲科学的快速发展，测绘科学的发展到处莺歌燕舞。这时期的主要成就具体体现在其理论研究的不断深入和光学仪器生产水平的不断提高上。而回顾最近 100 多年的测绘科学发展历程，自 1903 年飞机诞生使摄影测量方法在第一次世界大战中得到实际应用，至 1940 年美国人的计算机问世之后，测绘理论的发展与测绘仪器的更新，在全世界范围内呈现出绚丽多姿的景象。从 20 世纪 50 年代开始，在短短的 70 多年时间里，便有光电测距、电子经纬仪、陀螺定向仪、GPS 测量、数字化摄影测量、全站仪、激光遥感、测量机器人、GIS 等大量测绘仪器和技术相继问世。测量平差理论也因为概率数理统计、线性代数、工程数学的应用而发展得更加成熟。GNSS 与激光遥感摄影测量技术的不断提高，给测绘领域带来了一场深刻的技术革命。

3. 中国古代测绘发展史

中国测绘发展简史（动画）

中国是世界四大文明古国之一，它在测绘科学上的发展也有着非常悠久的历史。与中世纪欧洲上千年的科学发展几乎处于停滞不前的状态相比，中国的天文、地理、数学等科学一直在不断地稳步发展。中国历史上所发生的一些主要测绘事件大致统计如下。

（1）公元前 21 世纪：大禹治水时便开始使用简单的测量工具，即所谓的“左准绳、右规矩”（司马迁《史记·夏本纪》）。

（2）公元前 7 世纪：春秋时期的管仲在其所著《管子·地图》中收集我国早期地图 27 幅，并论述地图的作用——“凡主兵者，必先审知地图……”

（3）公元前 5 世纪至公元前 3 世纪：战国时期利用“磁石”制成世界上最早的指南工具“司南”。

（4）公元前 168 年：按方位和比例尺精确绘制的汉代长沙帛绘《地形图》于 1973 年在长沙马王堆出土，如图 1-2 所示。这是迄今为止世界所公认的最早的地形图。同时出土的还有《驻军图》《城邑图》。

图 1-1　托勒密地图

图 1-2　西汉地形图

中国最早的天文算法著作《周髀算经》发表于公元前 1 世纪，书中详细阐述了利用直角三角形的性质（商高定理）测量和计算高度、距离等的方法。

(5) 公元 268—271 年：魏晋时期，中国的“世界地图之父”裴秀确立“制图六体”理论，编绘《禹贡地域图》18 篇。这是世界上最早的历史图集。

(6) 公元 8 世纪：唐朝天文学家张遂组织领导了我国古代第一次天文大地测量，这次测量北达现今蒙古国的乌兰巴托，南至当今湖南省的常德。其中南宫说等在今河南境内进行的观测成果最为准确，实测出 300km 的子午弧长，推算出纬度差为 1°的子午弧长。这是世界上第一次实地测量子午线长度，求出同一时刻日影差 1 寸（1 寸＝3.33cm）和北极高差 1°在地球上的相差距离（大约 100km）。

(7) 公元 11 世纪：宋代大科学家沈括用水平尺、罗盘进行地形测量，前后耗费十余年编绘成《天下州县图》。在他的《梦溪笔谈》中记载的磁偏角现象，是世界上关于磁偏角最早发现的记录。

(8) 科学巨匠元朝郭守敬用自制的仪器观测天文，发现黄道平面与赤道平面的夹角为 23°33′05″，而且每年都在变化，如果按现在的理论推算，当时这个角度是 23°31′58″，可见郭守敬当时观测精度是相当高的。郭守敬还研究出了一些精确的内角和检验公式及球面三角计算公式，给大地测量提供了可靠的数学基础。

(9) 早于欧洲半个多世纪进行远洋航行的明代航海家郑和先生，于 600 多年前率领他的庞大船队七下西洋，其航海团队绘制的《郑和航海图》是展现我国古代测绘技术的又一杰作。图中标明航道远近、水深、航向牵星高（过洋牵星图）、礁石浅滩、往返多条线路（航线）、300 多处外国地名等信息内容，为中国在世界地图学史、世界地理学史、世界航海史上占据重要历史地位作出伟大贡献。

(10) 清康熙年间：用十余年时间（至 1721 年）在全国范围进行大规模的大地测量与地形测图，按经纬网梯形投影法编制成大型《康熙皇舆全览图》。木刻版有总图 1 幅，分省图和地区图 28 幅。铜版图以纬差 8°为 1 排，共分 8 排，41 幅。《康熙皇舆全览图》的测绘成为世界地理学史上的重大事件。

4. 中国近、现代测绘的发展

中国近、现代测绘的发展，可以分为传统测绘、数字化测绘和信息化测绘三个阶段。

1) 传统测绘

传统测绘是利用模拟的方法测定和推算地面以及其外层空间点的几何位置，确定地球形状和地球重力场，获取地球表面自然形态和人工设施的几何分布以及与其属性有关的信息，编制全球或局部地区的各种比例尺的普通地图和专题地图，为国民经济发展和国防建设以及地学研究服务。

2) 数字化测绘

20 世纪 90 年代，测绘领域充分利用计算机技术、卫星导航定位技术、遥感技术、地理信息系统技术等现代高新测绘技术，实现了地理信息获取、处理、服务和应用全过程的数字化，测绘技术形态和产品形式都发生了深刻变化。随着全球定位系统全面应用于大地测量定位，以及全数字化自动测图系统、影像扫描系统、全数字空中三角测量系统、数字摄影测量工作站、地图编辑工作站、地图数字化系统等数字化测绘技术装备及地理信息系统基础软件和应用软件相继问世，一套适应新技术的系列数字化

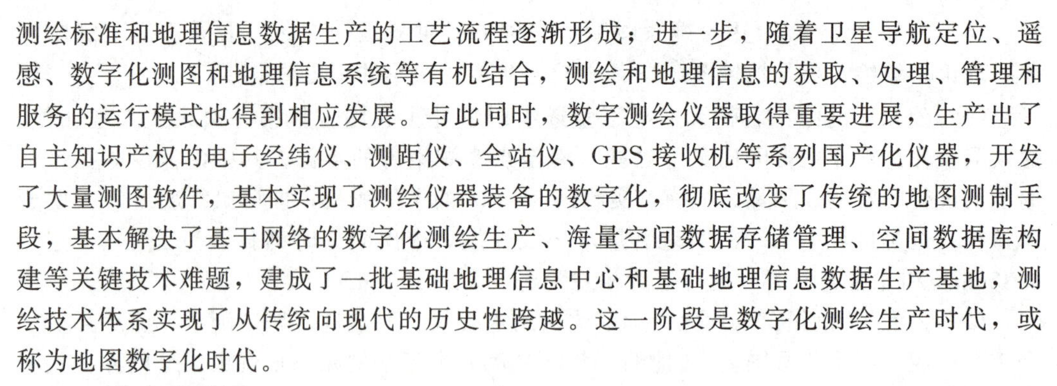

测绘标准和地理信息数据生产的工艺流程逐渐形成；进一步，随着卫星导航定位、遥感、数字化测图和地理信息系统等有机结合，测绘和地理信息的获取、处理、管理和服务的运行模式也得到相应发展。与此同时，数字测绘仪器取得重要进展，生产出了自主知识产权的电子经纬仪、测距仪、全站仪、GPS 接收机等系列国产化仪器，开发了大量测图软件，基本实现了测绘仪器装备的数字化，彻底改变了传统的地图测制手段，基本解决了基于网络的数字化测绘生产、海量空间数据存储管理、空间数据库构建等关键技术难题，建成了一批基础地理信息中心和基础地理信息数据生产基地，测绘技术体系实现了从传统向现代的历史性跨越。这一阶段是数字化测绘生产时代，或称为地图数字化时代。

3）信息化测绘

随着信息社会的发展进步，信息技术与信息资源作为信息社会的两大支柱正在成为人类经济和社会活动的迫切需要，成为掌握未来竞争与发展主动权和制高点的重要条件。走以信息技术发展和信息资源建设为核心的信息化道路，已经成为经济社会发展的战略选择。随着国民经济和社会信息化进程的加快，测绘技术进步日新月异，地理信息需求迅速增长，数字化测绘技术和产品已经在众多领域得到广泛应用，测绘开始进入信息化时代。

信息化测绘是在完全网络运行环境下，利用数字化测绘技术为经济社会实时有效地提供地理空间信息综合服务的一种新的测绘方式和功能形态。

面向全社会提供地理信息服务是新时期测绘发展的主要任务，同时也标志着测绘信息化发展进入一个新的阶段，即以地图生产为主向以地理信息服务为主转变的阶段。信息化测绘体系是以多元化、空间化、实时化数据获取为支撑，以规模化、自动化、智能化数据处理与信息融合为主要技术手段，以多层次、网格化为信息存储和管理形式，产品服务从单一的测绘数字产品形式转变为社会各部门、各领域的多元信息和技术服务方式，能够形成丰富的地理信息产品，通过快速、便捷、安全的网络设施，为社会各部门、各领域提供多元化、人性化地理信息服务，是测绘业务手段现代化的综合体现和重要标志。测绘信息化体系建设是实现测绘信息化的重要途径，主要强调地理信息获取实时化、处理自动化、服务网络化和应用社会化。

1.1.4 测绘学的学科分类

测绘学发展到今天，其含义与内容已经非常丰富与完善。通常，传统测绘学按照研究范围、研究对象及采用技术手段的不同，分为以下几个分支学科：大地测量学、摄影测量与遥感学、工程测量学、地图制图学、海洋测绘学。

1. 大地测量学

大地测量学是研究和测定地球的形状、大小、重力场、整体与局部运动和测定地面点几何位置以及它们的变化的理论和技术的学科。大地测量学是测绘学各分支学科的理论基础，其基本任务是建立地面控制网、重力网，精确测定控制点的空间位置，为地形测图提供控制基础，为各类工程测量提供依据，为研究地球形状、大小、重力

场及其变化、地壳形状及地震预报提供信息。现代大地测量学包括三个基本分支：几何大地测量学、物理大地测量学和空间大地测量学。

2. 摄影测量与遥感学

摄影测量与遥感学是研究利用摄影或遥感的手段获取目标物的影像数据，从中提取几何的或物理的信息，并用图形、图像和数字形式表达的学科。这一学科过去称为摄影测量学，它包含的主要内容有：获取目标物的影像，对所摄像片进行处理的理论、方法、设备和技术，以及将所测得的成果用图形、图像或数字表示。由于现代航天技术和计算机技术的发展，当代遥感技术可以提供比光学摄影所获得的黑白像片更丰富的影像信息，因此在摄影测量学中引进了遥感技术，促使摄影测量学的发展，使其成为摄影测量与遥感学。

根据摄影机到摄影目标距离的远近，摄影测量与遥感可分为航天和航空摄影、地面摄影、近景摄影、显微摄影，其中航天和航空摄影测量的目的主要是测绘地形图。地面摄影测量除了测绘地形图，还广泛应用于工程、建筑、工业、考古、医学等行业的具体研究工作。为这些研究工作进行的非地形摄影测量又称为近景摄影测量。近景摄影测量根据照相机的功能可分为量测相机和非量测相机的近景摄影测量。当今社会主要应用于大比例尺数字化成图的无人机摄影测量正在测量领域崭露头角。

3. 工程测量学

工程测量学是研究工程建设和自然资源开发中对各个阶段进行控制、地形测绘、施工放样和变形监测的理论和技术的学科，它是测绘学在国民经济和国防建设中的直接应用，因此它包括规划设计阶段的测量、施工兴建阶段的测量和运营管理阶段的测量。每个阶段测量工作的重点和要求各不相同。

规划设计阶段的测量，主要是提供地形资料和配合地质勘探，进行水文测量。

施工兴建阶段的测量，主要是按照设计要求，在实地准确地标定出建筑物各部分的平面和高程，作为施工和安装的依据。

运营管理阶段的测量，工程竣工后为监视工程的状况，保证安全，需进行周期性的重复测量，即变形观测，它的基本内容是观测垂直位移和水平位移。

高精度工程测量（或精密工程测量）是采用非常规的测量仪器和方法，使其测量的绝对精度达到毫米级以上要求的测量工作，用于大型、精密设备的精确定位和变形观测等。高精度工程测量技术包括高精度准直测量、高精度方向观测、高精度距离测量、高精度高差测量，以及相关的高精度测量标志的设计、制作和安装等。因此，高精度工程测量不仅限于使用经纬仪、水准仪、测距仪等传统的测绘技术，还要应用当代的一些高新技术，如卫星定位技术、激光技术和遥感技术等。

4. 地图制图学

地图制图学（地图学）是研究模拟和数字地图的基础理论、设计、编绘、复制的技术方法及应用的学科。它用地图图形的形式反映自然界和人类社会各种现象的空间分布、相互关联及其动态变化。

地图投影，研究依据数学原理将地球椭球面上的经纬度线网描绘在平面上相应的经纬网的理论和方法。因为地图是一个平面，而地球椭球表面是不可展的曲面，把不可展曲面上的经纬线网描绘成平面上的图形，必然会发生各种变形。地图投影主要研究这种变形的特性和大小以及地图投影的方法等。

地图编制，研究制作地图的理论和技术，主要包括制图资料的选择、分析和评价，制图区域的地理研究，图幅范围和比例尺的确定，地图投影的选择和计算，地图内容各要素的表示方法，地图制图综合原则和实施方法，制作地图工艺和程序以及拟定地图编辑大纲。

地图整饰，研究地图的表现形式，包括地图符号和色彩设计、地貌立体表示、出版原图绘制以及地图集装帧设计等。

地图制印，研究复制和印刷地图过程中各种工艺的理论和技术方法。

地图应用，研究地图分析、地图评价、地图阅读、地图量算和图上作业等。

随着计算机技术引入地图制图中，出现了计算机地图制图技术，它根据地图制图原理和地图编辑过程的要求，利用计算机及输入、输出等设备，通过应用数据库技术和图形的数字处理方法，实现地图数据的获取、处理、显示、存储和输出。此时地图以数字的形式存储在计算机中，称为数字地图。数字地图能在电子屏幕上显示。计算机地图制图的实现，改变了地图的传统手工生产方式，节约了人力并缩短了成图周期，提高了生产效率和地图制作质量，使得手工地图逐渐被数字地图取代。

5. 海洋测绘学

海洋测绘学是研究以海洋水体和海底为对象所进行的测量和海图编制的理论和方法的学科，主要包括海道测量、海洋大地测量、海底地形测量、海洋专题测量，以及航海图、海底地形图、各种海洋专题图和海洋图集等的编制。

海洋测绘的基本理论、技术方法和测量仪器设备等，同陆地测量相比，有它自己的许多特点，主要是测量内容综合性强，需多种仪器配合施测，同时完成多种观测项目，测区条件比较复杂，海面受潮汐、气象等影响起伏不定，大多数为动态作业，观测者不能用肉眼通视水域底部，精确测量难度较大，一般均采用无线电导航系统、电磁波测距仪器、水声定位系统、卫星组合导航系统、惯性组合导航系统以及天文方法等进行控制点的测定和测点的定位；采用水声仪器、激光仪器以及水下摄影测量方法等进行水深和海底地形测量；采用卫星技术、航空测量以及海洋重力测量、磁力测量等进行海洋地球物理测量。

海洋测绘包括以下几个方面的内容。

海道测量：以保证航行安全为目的对地球表面水域及毗邻陆地所进行的水深和岸线测量以及底质、障碍物的探测等工作。

海洋大地测量：为确定海面地形、海底地形以及海洋重力及其变化所进行的大地测量工作；主要包括海洋范围内布设大地控制网、海面和水下定位、确定海面地形和海洋大地水准面等。

海底地形测量：为测定海底起伏、沉积物结构和地物的测量工作。海洋专题测量是以海洋区域的地理专题要素为对象的测量工作。海图制图为设计、编绘、整饰和印刷海图的工作，同地图编制基本一致。

1.1.5　测绘学的作用

测绘科学技术的应用范围非常广阔，测绘科学技术在国民经济建设、国防建设以及科学研究等领域，都占有重要的地位。测绘工作者常被称为国民经济建设的“尖兵”。无论是在航空航天、国防安全等国家战略层面，还是在交通导航、抢险救灾等社会民生领域，测绘地理信息都发挥着不可或缺的重要作用。国家建设，测绘先行。

1. 在国民经济建设中的作用

传统的测量工作通常应用于国家地质找矿、石油勘探、矿山生产、海洋开发、水利工程、交通建设、城镇规划、城市建设等各行各业中。在各种土木工程施工、农林牧副渔生产建设、土地利用总体规划、土地开发整理、土地生态环境保护、精密工程测量等各项具体工作中，测绘都发挥着重大作用。而随着现代测绘科技的快速发展，许多现代测绘新技术、新方法、新成果，更加深入、广泛地应用于各行各业中，大大提高了各行各业的生产力，为它们的工作决策管理作出重大贡献。

2. 在人们日常生活中的作用

在人们的日常工作与生活中，各种地图、地形图、电子地图已经得到广泛应用。陀螺仪定向、GNSS导航大量应用于飞机、轮船，为远航渔船上人们的生产与生活提供导航定位保障。GNSS导航已经成为普通汽车的安全定位辅助设备。手机上的电子地图可以让人们到任何一个陌生的地方而不用担心迷失方向。

3. 在社会行政管理中的作用

以前，除了城市规划、国土、房管等几个少数政府职能管理部门，测绘行业和测绘工作者较少涉及我国政府机关的其他行政管理单位。但是今天，越来越多的测绘公司与测绘人员直接为各级政府部门服务，参与到各行政机构、管理单位的各项技术工作中。这主要是因为在当今的信息社会中，各级政府要对本地区的防震减灾、安全应急等突发事件进行动态管理，要实行政府公共决策管理的科学民主化，这就要求各级政府必须建设管理好本辖区范围内的地理空间信息平台。而政府所属的各个职能部门、行政管理单位，也均要建设适合自己部门、单位的地理信息管理系统。例如，公安部门为了预防和打击犯罪活动，要建立全球定位电子地图指示系统。城管局要建立城市管理指示系统，来对城市公共设施、部件进行动态管理维护。交通运输部门要建立智能化交通管理系统来全面有效管理交通运输情况。水利部门要建立水利资源分布、旱涝灾害管理系统。气象局要建立气象预报地理信息系统，进行本地区的气象预报研究分析。农林管理部门要建立农林资源管理系统，以此指导本辖区内的农田基本建设、林业规划设计。民政局要绘制本地区的行政区划图，建立行政区划动态管理系统，进行本行政区内的社会民生管理。城市规划部门的城市规划管理地理信息系统、国土资源部门的土地管理地理信息系统、房管部门的房屋管理系统、不动产登记管理部门的不动产登记管理系统及矿管部门的矿产资源分布地图等系统的建立，都要以本地区的现势地形图、数字地面模型、三维景观图、正射影像地图、专题地形图、成果图等为基础数据。而获得这些基础数据，需要大量测绘工作人员的野外测量调查、内业数据处理、电子地图编绘以及数据系统的研究开发等辛勤工作。

4. 在军事、国防建设中的作用

现代科学技术的发展带动了测绘科技的发展，测绘科技的发展又极大地推动了现代军事科技的发展进步。全球卫星定位系统的建设为我国测绘工作者打开了一个崭新的科学新天地。我国的许多军事测绘单位承担着大量的军事测绘科研与生产任务。它们测绘出一批又一批的各种比例尺军用地形图，获得大量军事测绘成果。航空摄影测量、卫星遥感、GPS卫星定位、数字陀螺仪精确制导、数字地面模型、地理空间信息系统等测绘新科技在军事与国防建设中发挥着非常重要的作用。它们帮助研究和制定崭新的战略战术，提高战场上的精确命中率，对战争现场进行实时评估，并协助制定出下一步的作战计划方案。而卫星的发射与运行、航天工程的建设与实施、空间技术的建设与发展，这些高科技工程的实现，更是缺少不了现代测绘技术的服务与支持。

任务 1.2　大地水准面与参考椭球面

1.2.1　地球的自然表面

大地水准面与参考椭球面(微课)

大地水准面与参考椭球面(课件)

地球表面是很不平整的，它上面分布着高山、峡谷、丘陵、平原、沙漠、戈壁、江河湖海等，呈现出高低起伏的状态，最高处为珠穆朗玛峰，我国于2020年测得其海拔为8848.86m，最低处在太平洋西部的马里亚纳海沟，深−11034m，这个表面称为地球的自然表面。它无法用一个简单的数学公式描述出来。在这样一个不规则的自然表面进行测量成果的整理、计算和绘图，将是一件十分困难的工作。为此，需要寻找一个与地球形状很接近，同时又规则的曲面来代替地球的自然表面。

1.2.2　大地水准面与大地体

从整体来看，地球上的高低起伏，同地球的平均半径6371km相比，是微不足道的，就像月球上的环形山一样，虽然高达数千米，但从地球上看，月球仍然是一个光滑的球体。

通过长期的测绘工作和科学调查，人们了解到地球上海洋面积约占整个表面积的71%，而陆地仅占29%。因此，可以把地球的形状近似成一个被海水包围的形体，也就是设想一个静止的海水面（没有波浪、无潮汐的海水面）向大陆内部延伸、最后包围起来的闭合形体。通常将这个静止的海水面称为水准面。

水准面处处都与其铅垂线方向相垂直。铅垂线方向又称为重力方向。重力是地球引力和离心力的合力，地球表面离心力与引力之比约为1∶300，所以重力方向主要取

决于引力方向。由于地球内部物质分布不均匀，使得地面各点铅垂线方向发生不规则的变化，因此水准面实际上是个略有起伏而不规则的光滑曲面。

在地球上水准面的个数是无穷无尽的（随时间、地点与高度位置发生变化），其中一个与平均海水面重合并延伸到大陆内部，且包围整个地球的特定重力等位面叫作大地水准面。大地水准面包围的曲面形体称为大地体。

上述的平均海水面，也并不是指整个地球上的平均海水面，整个地球的平均海水面是无法获得的。通常只在某一地点测定该点的平均海水面，例如，我国在青岛测定黄海的平均海水面作为我国的大地水准面，并以此作为全国的高程基准面。

大地水准面也是一个水准面，因此具有水准面的特性。也就是说，大地水准面也是一个略有起伏而不规则的光滑曲面，不是一个数学曲面，也无法用一个明确的数学公式来表达。由此可知，由大地水准面包围的大地体也是一个不规则的曲面形体。

1.2.3　地球椭球体

人们经过长期的精密测量，发现大地体是一个十分接近于两极稍扁的旋转椭球体，因此可以选用一个与大地体相接近的旋转椭球体来代替它。这个旋转椭球体称为地球椭球体。地球椭球体的表面称为椭球面。椭球面上任一点与椭球体面垂直的线叫作法线，如图1-3所示。

地球椭球体是一个数学曲面（能够用数学公式表达的规则曲面），如图1-4所示。用 a、b 分别表示地球椭球体的长半轴、短半轴，α 表示地球椭球体的扁率，则 $\alpha=(a-b)/a$。可以将地球椭球体用一个简单的数学公式来表达：

$$\frac{x^2}{a^2}+\frac{y^2}{a^2}+\frac{z^2}{b^2}=1$$

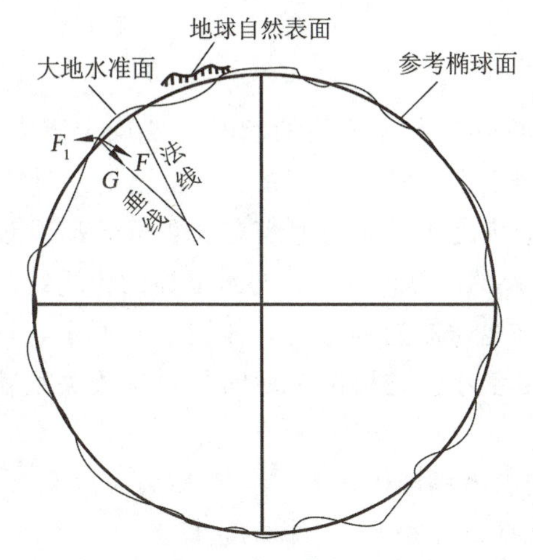

图1-3　三个面的相互关系

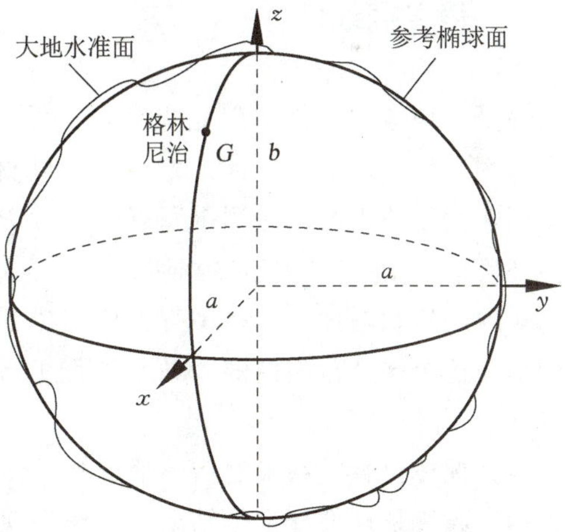

图1-4　参考椭球体的几何模型

显然，知道 a、b、α 三个元素中的任意两个都可以确定椭球体的形状与大小，其中 a、b 体现椭球体的大小，α 体现椭球体的扁平程度，α 越大，椭球越扁平，$\alpha=0$（$a=b$）时椭球成为圆球，$b=0$（$\alpha=1$）时成为平面。而在大地测量中也可用偏心率 e 来反映椭球的扁平程度，偏心率越大，椭球越扁平。偏心率 e 的公式表达如下：

第一偏心率 $e=\dfrac{\sqrt{a^2-b^2}}{a}$，第二偏心率 $e'=\dfrac{\sqrt{a^2-b^2}}{b}$。

世界各国推导和采用的地球椭球几何参数很多，现摘录几种我国常用的地球椭球几何参数供参考，如表 1-1 所示。

表 1-1　地球椭球几何参数表

椭球名称	长半轴 a/m	短半轴 b/m	偏心率 e	备　注
克拉索夫斯基	6378245	6356863	1∶298.3	苏联，1954 北京坐标系采用
1975 国际椭球	6378140	6356755	1∶298.257	1975 国际大地测量与地球物理联合（1975IUGG）推荐，1980 西安坐标系采用
WGS-84 椭球	6378137	6356752	1∶298.257	美国，WGS1984 坐标系采用
CGCS2000 椭球	6378137	6356752	1∶298.257	中国，CGCS2000 国家大地坐标系采用

从表 1-1 可知，椭球的偏心率很小。在许多工程测量中，当要求不高时，可将地球作为圆球看待，取其三个半轴的平均值作为圆球半径，即：

$$R=\frac{1}{3}(a+a+b)=\frac{1}{3}(6378140+6378140+6356755)\approx 6371012\text{m}\approx 6371\text{km}。$$

1.2.4　参考椭球体

为了在地球椭球面上确定点位，必须先将椭球与大地体间的相对位置确定下来。这个过程，称为地球椭球体的定位。地球椭球体定位是这样进行的：首先选择一个对一个国家比较适中的大地测量原点 P，过 P 点作大地水准面的垂线交水准面于 P'，设想地球椭球在 P'点与大地体相切，这时，过 P'点的椭球面的法线与水准面的铅垂线重合，椭球的短轴与地轴保持平行，椭球赤道面与地球赤道面平行，如图 1-5 所示，且椭球面与这个国家范围内的大地水准面的差距尽量小。这样两个面的相对位置关系就被确立了。

与大地体位置关系确定后的地球椭球体称为参考椭球体。定位点 P 称为大地原点，它是用于归算地球椭球定位结果，并作为观测元素归算和大地坐标的起算点。

参考椭球体的表面称为参考椭球面，它是处理大地测量成果的基准面。如果一个国家（或地区）的参考椭球选定适当，参考椭球面与本国（本地区）的大地水准面的差距就会很小，它将有利于测量成果的处理。

我国所采用的参考椭球几经变化。新中国成立前，曾采用海福特椭球；新中国成立后，采用的是克拉索夫斯基椭球。由于克拉索夫斯基椭球参数与 1975IUGG 推荐椭球相比，其长半轴差 105m，而 1978 年我国根据自己掌握的测量资料推算出的地球椭球为 $a=6378140\text{m}$，$\alpha=1:298.257$，这个数值与 1975IUGG 推荐椭球十分接近，因此我国决定自 1980 年采用 1975IUGG 推荐椭球（表 1-1）作为参考椭球，它将更适合我国大地水准面的情况，从而使测量成果的归算更准确。为了满足大地测量、地球物理、天文、导航和航天应用以及经济、社会发展的广泛需求，我国于 2008 年 7 月 1 日起，开始使用 2000 国家大地坐标系，它是全球地心坐标系在中国的具体体现，其椭球为 CGCS2000 椭球。

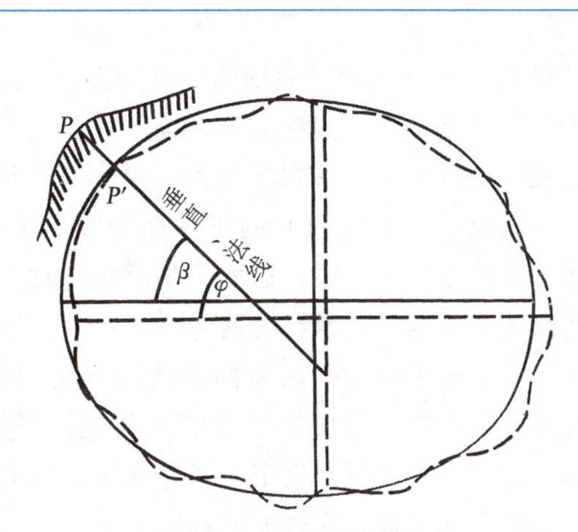

图 1-5　地球椭球体的定位

任务 1.3　测量坐标系

确定了地球的大致形状与大小，或者参考椭球体的元素之后，就可以在其上面建立各种各样的统一坐标系，有了统一的坐标系，便可以确定地面点的坐标位置。

坐标系统（微课）

坐标系统（课件）

根据地面点坐标的表现形式不同，可以把地球上的各种坐标系划分为球面坐标系、球心坐标系和平面直角坐标系三种。

1.3.1　球面坐标系

球面坐标系用球面上的经度和纬度来表示地面点的具体位置，也就是地面空间点按某种方式投影到球面上，得到投影点的经纬度。地理坐标系就是球面坐标系，根据基准面的不同，地理坐标分为大地地理坐标（又称大地坐标）和天文地理坐标（又称天文坐标）。前者以参考椭球面为基准面，后者以大地水准面为基准面。球面坐标的应用很广，例如，在地球仪上可以很方便地用大地地理坐标（经纬度）来确定地球上各个国家、地区之间的相互位置关系，用地理经纬度来测量和标定远洋船舶的航行位置。人类发明飞机之后的航空运输业，也需要在天空实时地测量出飞机的地理位置来对飞机进行导航。

1. 大地地理坐标系

大地地理坐标系用大地经度 L 和大地纬度 B 表示地面点投影在参考椭球面上的位置。参考椭球面是大地坐标系的基准面。如图 1-6 所示，椭球体的短轴为地球的自转轴，又称地轴。地轴与椭球体面相交，获得两个极点，北面的极点 N 称为北极，南面

的极点 S 称为南极。短轴的中点 O 称为地心或球心。

通过地轴的平面称为子午面。子午面与椭球体面的交线称为子午线（子午圈）或经线，而所有的子午圈都是长、短半径相同的椭圆。国际上公认通过英国格林尼治天文台某点（图中 G 点）的子午面为起始子午面，子午线 $NGDS$ 相应地称为起始子午线，又叫本初子午线。起始子午面将地球分为东、西两个半球。起始子午面天文台以东称为东半球，以西称为西半球。

垂直于地轴的平面与椭球体面的交线称为纬圈或纬线。所有的纬圈都互相平行，也称作平行圈，它们都是半径不相同的圆圈，其中最大的一条纬线 $WDCEW$ 就是赤道。赤道的半径便是这个参考椭球体的长半径 a，赤道平面也将地球分成两个半球，在北面的称北半球，在南面的称南半球。

如图 1-6 所示，过地面上任一点 P 的子午面与起始子午面所夹的两面角 L_P，叫作 P 点的大地经度。大地经度以起始子午面为 0°起算，向东量算称东经，向西量算称西经，数值范围均为 0°～180°。东经 180°与西经 180°相会于同一条“半子午线”，而且正好位于起始子午面上。椭球体面上任一“半子午线”上各点经度均相同。我国领土均位于东半球，其经度范围为东经 73°～135°。

过地面点 P 的法线（在该点与椭球面垂直的线）与赤道平面的交角，叫作 P 点的大地纬度，以 B_P 表示。大地纬度是以赤道为 0°，向北量测称北纬，向南量测称南纬，数值从 0°到 90°变化。椭球体同一纬线上各点的纬度相同。我国疆域的纬度在北纬 3°～53°之间。

大地控制测量所获得的坐标均是大地坐标系。新中国成立后采用的大地坐标系有 1954 北京坐标系、1980 西安坐标系和 2000 国家大地坐标系。其中 1954 北京坐标系采用的椭球是克拉索夫斯基椭球，其大地原点位于普尔科沃天文台，由于大地原点距我国甚远，在我国范围内该参考椭球面与大地水准面存在着明显的差距。我国于 1978 年开始建立 1980 西安坐标系，西安坐标系采用 1975IUGG 推荐的地球椭球，大地原点设在陕西省咸阳市泾阳县永乐镇。1954 北京坐标系和 1980 西安坐标系都是参心坐标系，而 2000 国家大地坐标系实质上是地心坐标系，其原点为包括海洋和大气的整个地球的质量中心，是全球地心坐标系在我国的具体体现，自 2008 年 7 月 1 日起，我国开始全面启用 2000 国家大地坐标系。

2. 天文地理坐标系

实质上，上述大地坐标 L、B 也只是人们设计出来的，因为某点在参考椭球体面上的子午线位置和法线方向是无法直接测定的。实际测量工作中，在地面点安置测量仪器，用天文测量方法测定该点的天文经度 λ 与天文纬度 φ。而安置仪器是以仪器的竖轴与铅垂线相重合，即以大地水准面（与该点的铅垂线正交）为基础的。这样，在处理天文测量数据时，便以大地水准面和铅垂线为依据，由此建立的坐标系统，称为天文地理坐标系。图 1-7 是测量天文纬度的简单原理图，图中 $\varphi_1=\varphi_2$ 即为 A 点处的天文纬度。而天文经度则可用测量时差等方法来确定。

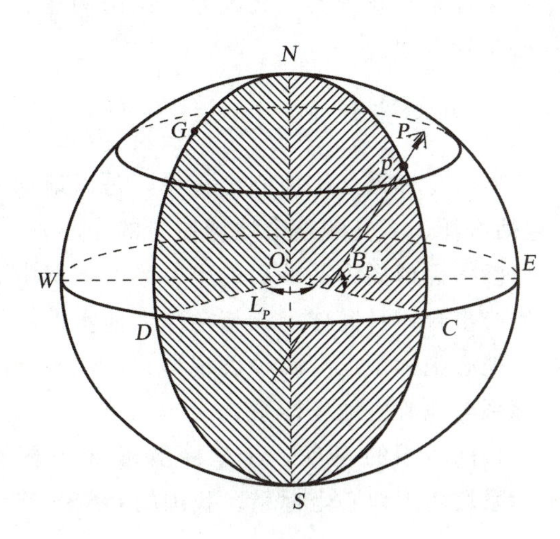

图1-6　球面坐标系中的大地坐标

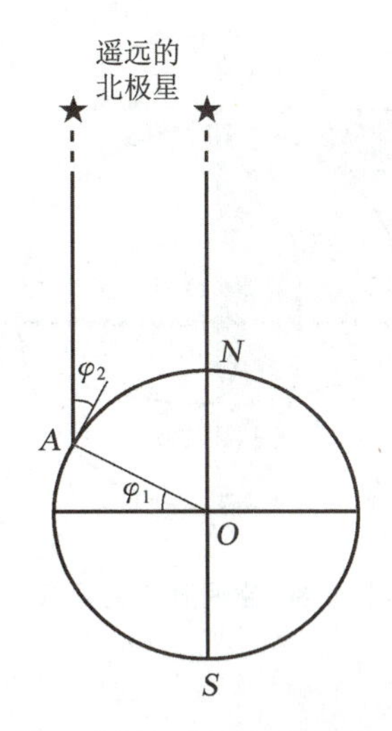

图1-7　天文纬度的简易测定

由于地球物质分布不均匀，各地的铅垂线和法线方向不一致，所以地面各点的天文坐标（λ、φ）和大地坐标（L、B）存在微小的差异。通常，称铅垂线偏离法线的角度为垂线偏差。用传统大地测量技术建立国家精密平面控制网（又称天文大地网），就是先利用大量的野外测量数据，计算出各大地点相对于参考椭球体的垂线偏差（偏差分量ξ、η），进而将这些以铅垂线为依据的测量数据成果归算到参考椭球体面上，最后计算出参考椭球体面上的大地坐标L、B，以制作后续的地图、地形图。在一般的测量工作中，无须考虑上述垂线偏差的影响。

1.3.2　球心坐标系

球心坐标系就是将坐标原点设置在地球的中心（参心或质心），按一定方式建立三条互相垂直的坐标轴X、Y、Z，以此来确定地面点的位置。可见，球心坐标可以准确标定出地球内部或外部任何一点的空间位置，无须再引入高程的概念，即球心坐标中已经包含高程的大小。球心坐标根据原点位置不同分参心坐标与质心坐标。参心指参考椭球体的中心，质心是地球的质量中心，质心坐标亦即地心坐标。这两种坐标系又各包含空间直角坐标系和大地地理坐标系两种形式。其中前者与数学上的空间直角坐标系含义相同，后者则与通常意义上的大地地理坐标系含义类似。

1. 参心坐标系

参心坐标系的建立是以参考椭球体的中心O为原点，以椭球体的旋转轴为Z轴，X轴指向初始子午线和赤道的交点，Y轴与Z轴、X轴垂直并构成右手坐标系，如图1-8所示。

参心坐标系有两种表现形式：参心空间直角坐标系和参心大地坐标系。使用不同的椭球元素便形成不同的参心坐标系，我国的1954北京坐标系、1980西安坐标系均是

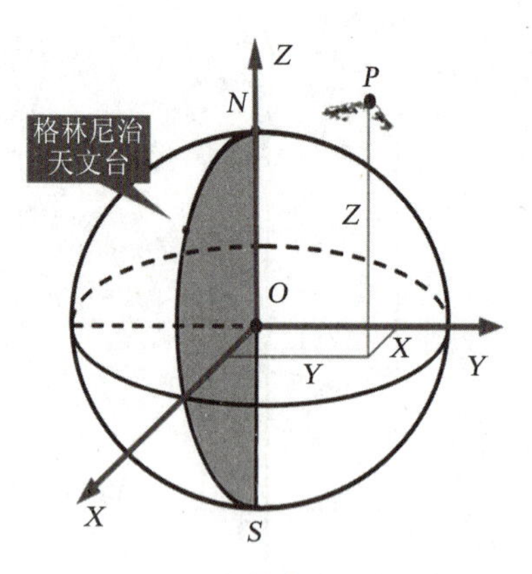

图 1-8 空间直角坐标系

参心坐标系。我国的天文大地控制网构建成我国的参心坐标框架。

2. 质心坐标系

质心坐标系又称地心坐标系，是以地球的质心（包括海洋、大气的整个地球质量的中心）为原点，也以参考椭球面为基准面的坐标系，椭球中心与地球质心重合，且椭球定位与全球大地水准面最为密合。地心坐标系也有两种表现形式：地心空间直角坐标系与地心大地坐标系。

目前所用的 WGS-84 坐标系和 2000 国家大地坐标系均属于地心坐标系。我国的 GNSS 连续运行站构建成我国的地心坐标框架。

1.3.3 平面直角坐标系

球面坐标只有表达在球面上才会比较清晰直观，但在国家的科研、军事、行政管理中，在城乡规划设计、工程建设施工等各项工作中，使用最多的是平面直角坐标系。人们需要具有一定精度、较高准确性、适用于各种用途的平面地图。也就是说，需要建立一定的测量平面坐标系，来确定一定区域范围内的各点平面坐标位置。

平面直角坐标系是由平面内两条相互垂直的直线组成的坐标系，测量上使用的平面直角坐标系与数学上的笛卡尔坐标系有所不同。测量上将南北方向的坐标轴定义为 x 轴（纵轴），东西方向的坐标轴定义为 y 轴（横轴），规定的象限顺序也与数学上的象限顺序相反，并规定所有直线的方向都是以纵坐标轴北端顺时针方向度量的。

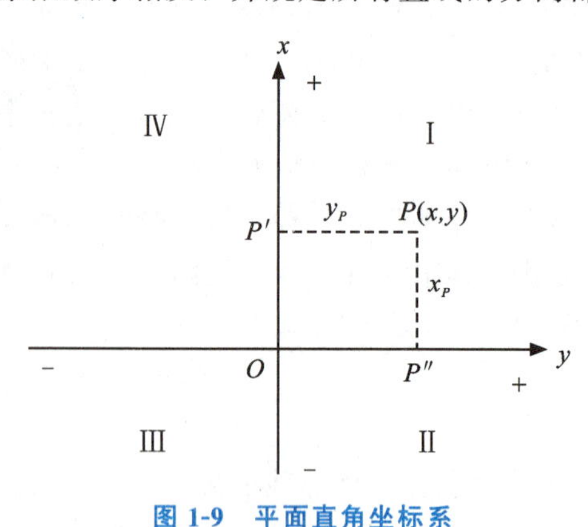

图 1-9 平面直角坐标系

如图 1-9 所示，以南北方向的直线作为坐标系的纵轴，即 x 轴；以东西方向的直线作为坐标系的横轴，即 y 轴；纵、横坐标轴的交点 O 为坐标原点。规定由坐标原点向北为正，向南为负，向东为正，向西为负。坐标轴将整个坐标系分为四个象限，象限的顺序是从北东象限开始，以顺时针方向排列为Ⅰ（北东）、Ⅱ（南东）、Ⅲ（南西）、Ⅳ（北西）象限。

平面上一点 P 的位置是以该点到纵、横坐标轴的垂直距离来表示的。

在地球这样庞大的椭球面上建立恰当的平面直角坐标系来绘制出适应各种目的与用途的平面地图，是一项非常复杂和烦琐的工作，也经历了非常艰难曲折的道路。自公元 2 世纪“世界地图之父”希腊的托勒密阐述编制地图的方法，提出将地球曲面表示为平面，绘制“托勒密地图”之后，历经 1000 多年直到 1569 年，才由荷兰科学家墨卡托创建出比较成熟的地图投影法，从而取代托勒密传统的制图观念并流传至今。之后的 300 多年时间内更是有各种地图投影方法如雨后春笋般涌现出来，如兰伯特投影、高斯投影、高斯-克吕格投影等，至今仍世界流行。

1. 高斯平面直角坐标系

采用高斯-克吕格投影方法建立的平面直角坐标系，称为高斯平面直角坐标系。此部分内容将在任务 1.4 重点介绍。

2. 独立平面直角坐标系

在测区的范围较小（不超过 $10km^2$ 范围），测区附近无任何大地点可以利用，测量任务又不要求与全国统一坐标系相联系的情况下，可以把该测区的表面一小块球面当作平面看待。在测区内选择两个控制点，假定其中一个点的坐标，测定两点间的距离，假定该边的坐标方位角，或将坐标原点选在测区西南角使坐标为正值，以该地区中心的子午线为 x 轴方向，建立该地区的平面直角坐标系。

实际上，并不能将上述三种坐标系孤立地分开，它们是相互联系和相互转化的。例如球心坐标系又有球心空间直角坐标系和球心大地坐标系之分，而大地坐标系又属于球面坐标系，球面坐标系又转化为平面坐标系。图 1-10 为我国各种坐标系的分类组成示意图。

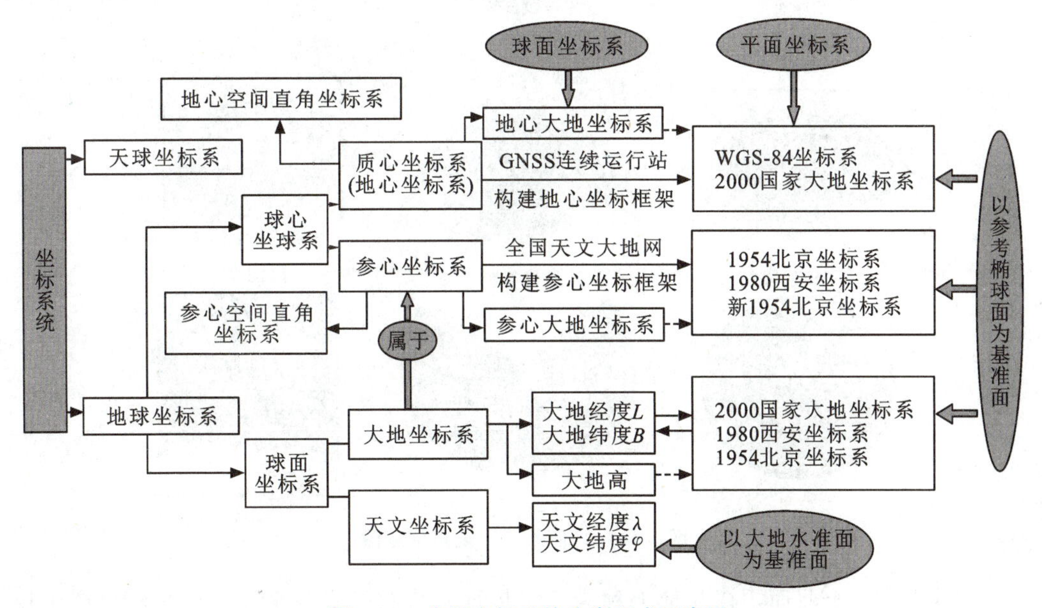

图 1-10　我国坐标系的分类组成示意图

任务 1.4　高斯投影及其平面直角坐标系

1.4.1　地图投影

高斯投影
(微课)

高斯投影
(课件)

地图投影是指建立地球表面（或其他星球表面）上的点与投影平面（即地图平面）上的点之间的一一对应关系，也就是利用一定的数学法则，将地球表面上的任意点投影转换到地图平面上的理论和方法（即确立球面与平面之间的各种数学转换公式）。在参考椭球面这个曲面上建立平面直角坐标系，就是要研究如何将椭球面上的点位转换到平面上来。而地图投影的方法多种多样，最简单的一种是几何透视法投影，即用一个投影面和参考椭球面相切，然后从球体中心用一个点光源将椭球面上的点映射到投影面上，从而实现由椭球面到平面的转换。

如图 1-11 所示，图中的圆锥面、圆柱面、平面是常见的三种投影面。其中的圆柱投影和平面投影是圆锥投影的两个特例。当圆锥的顶点被拉到无穷远处时，圆锥投影就变化成圆柱投影；当圆锥投影的锥面慢慢展开，其顶角不断增大为 180°时，圆锥投影就变化为平面投影（又称为方位投影）。

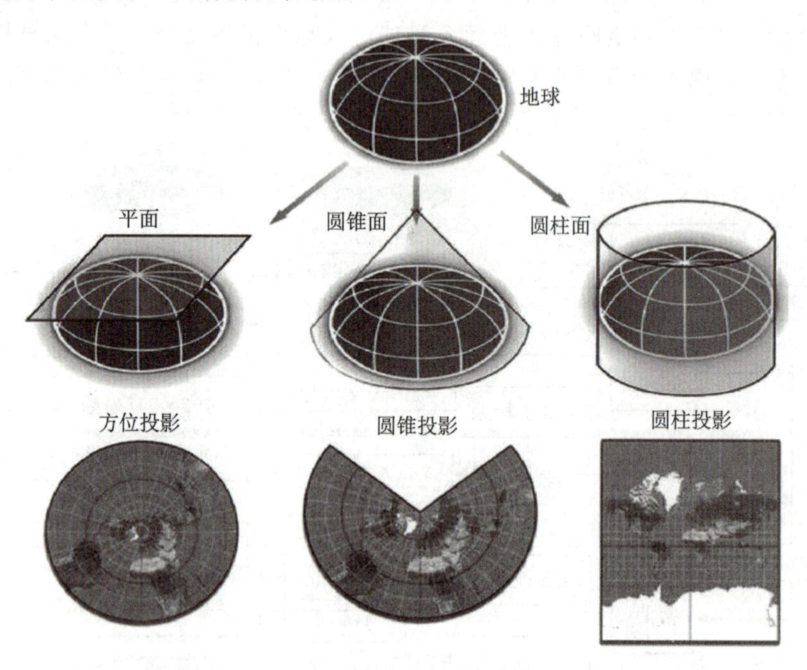

图 1-11　几何透视法投影示意图

椭球面是一个曲面，在几何上称为不可展面，将它投影到平面上，必然会产生投影变形。投影变形有长度变形、角度变形和面积变形三种。对于这些变形，任何投影方法都无法使它们全部消除，而只能使其中一种变形为零，将其余变形控制在一定范围以内。控制这些变形的投影方法有等距投影、等角投影和等面积投影。在测量学中，保持角度不变尤其重要，这样可以使图形在一定范围内投影后，图形仍具有相似性。这种保持角度不变的投影又称为正形投影。

表 1-2 是几种常用的正形投影。

表 1-2　几种常用的正形投影

投影名称	创建年代、人物	投影实质、特点	主要应用情况
墨卡托投影（正轴等角圆柱投影）	1569 年，墨卡托，荷兰数学家、天文学家、地图制图学家，研绘成地球仪、航海地图“世界平面图”，终结托勒密时代的传统观念	圆柱与纬线相切或相割，分片投影之后再整体拼接。投影后没有角度变形，经、纬线均为平行直线，且相交成直角，保持方向和角度正确。方便轮船与飞机用直线（即等角航线）导航。缺点：纬度高处面积变形较大	航海图、航空图、百度地图、Google 地图。我国海军部门 1∶5 万、1∶25 万、1∶100 万海图、海底地形图。1980 西安坐标系
兰伯特投影（等角圆锥投影）	1772 年，兰伯特，德国数学家、天文学家	圆锥与纬线相切或相割，投影后无角度变形，纬线为同心圆圆弧，经线为同心圆半径（直线）。经线长度比和纬线长度比相等。适于制作沿纬线分布的中纬度地区中、小比例尺地图	新中国成立前《中华民国全图》。 中国 1∶100 万全国地图、1∶250 万中国全图、中国分省地图
高斯-克吕格投影（等角横切椭圆柱投影）	1820 年，高斯，德国数学家、天文学家、大地测量学家。 1912 年，克吕格，德国大地测量学家	横椭圆柱与投影带的中央子午线（经线）相切，分带投影（按 6°和 3°），无角度变形。中央经线（轴子午线）投影为直线且长度不变。赤道投影后亦为直线，其余纬线为曲线。经线和纬线仍保持正交。缺点：离中央子午线越远，长度变形越大	我国 1∶5000、1∶1 万、1∶2.5 万、1∶5 万、1∶10 万、1∶25 万、1∶50 万基本比例尺地形图。其中 1∶5000、1∶1 万地形图采用 3°带；1∶2.5 万至 1∶50 万地形图采用 6°带

续表

投影名称	创建年代、人物	投影实质、特点	主要应用情况
UTM 投影（通用横轴墨卡托投影，等角横割圆柱投影）	1945 年，美国为全球军事目的创建	为等角横轴割圆柱投影，椭圆柱割地球于南纬 80°、北纬 84°两条等高圈。与高斯-克吕格投影相类似为分带投影（共分 60 个投影带），投影角度没有变形	美国世界军用地图、卫星影像图、ArcInfo 软件（GIS）

1.4.2 高斯投影

在我国现今 11 种基本比例尺（1∶100 万、1∶50 万、1∶25 万、1∶10 万、1∶5 万、1∶2.5 万、1∶1 万、1∶5000、1∶2000、1∶1000、1∶500）地形图中，除了 1∶100 万地形图是采用兰伯特投影，其余各种比例尺地形图均采用高斯投影。该投影首先由德国数学家高斯提出和建立，后经克吕格导出严密的投影公式加以补充，故又称为高斯-克吕格投影，简称高斯投影。

1. 高斯投影的几何概念

设想一个空心的椭圆柱体横套在参考椭球面上。椭圆柱体的椭圆与参考椭球体的椭圆完全一致。椭圆柱体刚好与椭球面上某一子午线 NBS 相切，该子午线称为中央子午线；椭圆柱体的中心轴 OO 位于赤道平面内，并与椭球体的旋转轴 NS 相交于椭球体中心 C 点。将椭球面上一定经差范围内的点、线投影到椭圆柱面上。然后，将椭圆柱面沿过南、北两极的母线 L_1L_2、K_1K_2 剪开，并将其展开成一平面，如图 1-12 所示，该投影平面称为高斯投影平面，简称高斯平面。

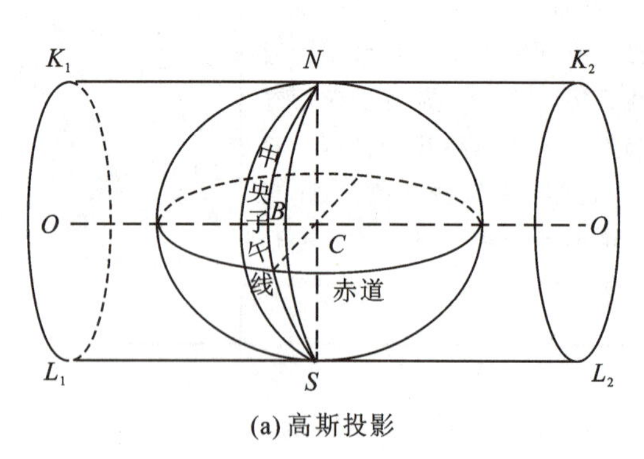

(a) 高斯投影

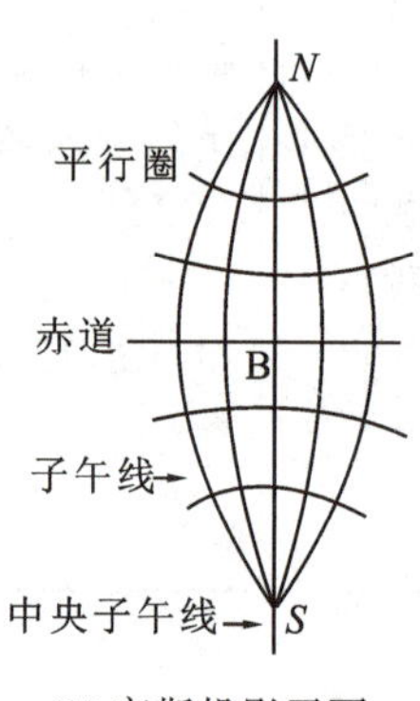

(b) 高斯投影平面

图 1-12　高斯投影原理

2. 高斯投影的特点

高斯投影具有如下特点。

（1）中央子午线投影后为直线，长度不变。其余子午线投影后凹向中央子午线，关于中央子午线对称，离开中央子午线距离越远长度变形越大。

（2）赤道投影后为直线。其余纬线投影后凸向赤道，关于赤道对称。

（3）经线与纬线投影后，仍然保持互相正交。

3. 高斯投影带的划分

根据高斯投影的上述第一个特点，距离中央子午线比较远的地方投影长度变形较大，由此引起的面积变形也较显著。为了使长度和面积的变形满足测量制图的要求，投影带必须限制在中央子午线两侧一定范围内。为此，将整个参考椭球体面自本初子午线开始，用子午经线均匀地分成几等份，每一等份代表一个投影带。投影时就类似放幻灯片一样，自东向西慢慢旋转椭球体，将椭球体上各投影带的中央子午线分别与圆柱面紧密重合，依次将各投影带的图形投影到圆柱体面上并剪开、展平，直到将所有投影带投影完成。

如何划分投影带，国际上通行有两种方法，如图1-13所示，一种是按经度差6°带划分，从本初子午线开始，自西向东每隔6°为一投影带，依次用阿拉伯数字1～60进行编号，全球共分为60个投影带。另一种是按经差3°带划分，从东经1°30′开始，自西向东每隔3°为一投影带，全球共分为120个投影带。

当按6°带划分时，根据地球赤道周长，可以简单计算出沿赤道线位置，每个6°带的两条边界子午线之间最大弧长约为667km，即每个投影带中距离中央子午线最远处不超过334km。经投影后此处的线段会产生约1/700长度变形。对于大比例尺测绘地形图，以及要求较高精度的工程测量（测距误差要求1/2000～1/1000）来说，如此大的投影长度变形是不能允许的，因此还要采用3°带，甚至1.5°带来划分。

图1-13展示了6°带与3°带的具体划分以及将它们展开之后的相互位置关系。根据图1-13，在东半球内的6°带与3°带的带号，与其相应的中央子午线的经度有如下关系：

$$\begin{cases} L_6 = 6N - 3 \\ L_3 = 3n \end{cases} \tag{1-1}$$

式中：L_6 为6°带的中央子午线经度；N 为6°带的带号；L_3 为3°带的中央子午线经度；n 为3°带的带号。

反之，如果知道某点经度 L，则可求算出该点所在6°带的带号 N 或3°带的带号 n，计算公式如下：

$$\begin{cases} N = \mathrm{INT}\left(\dfrac{L}{6}\right) + 1 \\ n = \mathrm{INT}\left(\dfrac{L - 1.5}{3}\right) + 1 \end{cases} \tag{1-2}$$

我国领土范围为东经73°40′～135°05′。因此，按高斯投影所涉及的6°带的带号为13～23，全国共11个投影带。而3°带的带号为25～45，共21个投影带，如图1-13所示。

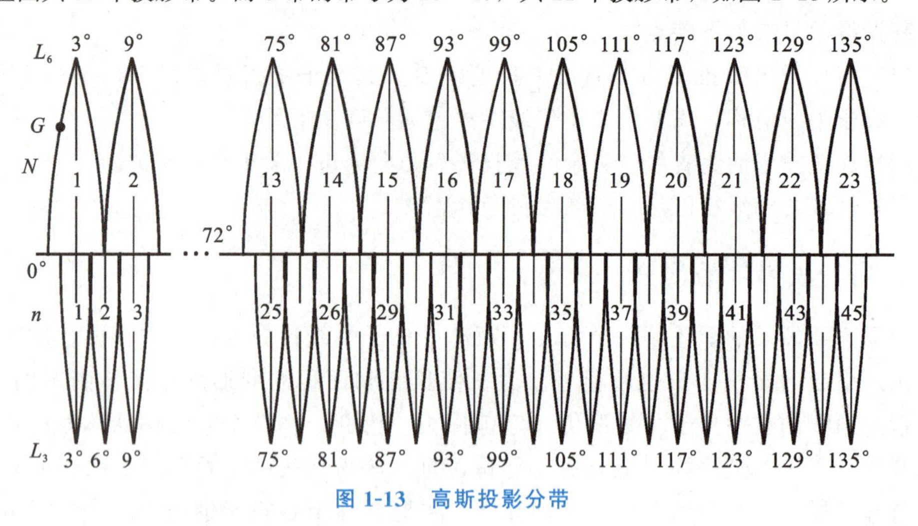

图1-13 高斯投影分带

1.4.3 高斯平面直角坐标

1. 自然坐标

高斯平面
直角坐标系
（微课）

高斯平面
直角坐标系
（课件）

高斯平面直角坐标系是以每一带的中央子午线的投影为x'轴，赤道的投影为y'轴，各个投影带自成一个平面直角坐标系统。x'轴向北为正，向南为负；y'轴向东为正，向西为负，如图1-14所示。由此而确定的点位坐标为自然坐标。坐标系的象限按顺时针方向依次定为Ⅰ、Ⅱ、Ⅲ、Ⅳ象限。我国位于北半球，x'的自然坐标均为正，而y'的自然坐标则有正有负。

x' Ⅳ Ⅰ A x'_A O y' y'_A Ⅲ Ⅱ S

中央子午线

图1-14 自然坐标

2. 国家统一坐标

为了避免y坐标出现负值，规定将坐标纵轴向西平移500km，如图1-15所示，即在自然坐标y'上加500km。由于高斯投影是按分带法各自进行投影的，故每个6°带或3°带都有自己的坐标轴和坐标原点。因此，如果仅仅知道某点在自己投影带内的坐标，仍不能确定该点在全国范围内的具体位置。为了明确表示某已知坐标点的具体位置，亦即该已知坐标点属于哪一投影带，则应在加500km后的y坐标前加上相应的带号。因此规定，将自然坐标y'加500km，并在前面冠以带号的坐标称为国家统一坐标（又称通用坐标）。因此，投影带内任一点的横坐标的统一坐标值y表示为：

$$y=带号N（或n）+500km+y' \tag{1-3}$$

如在图 1-15 中，A 点为我国某地区，位于第 37 带，其自然坐标为：

$$x'_A = +2687384.39$$

$$y'_A = +7531.84$$

则其国家统一坐标为：

$$x_A = +2687384.39$$

$$y_A = +37507531.84$$

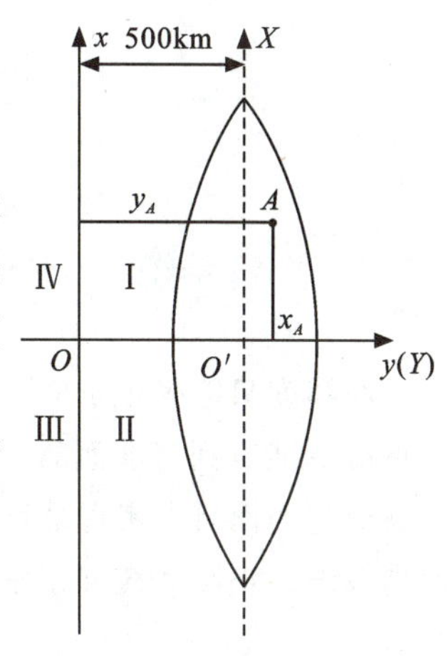

图 1-15　国家统一坐标

我国位于北半球，所以所有的 x 坐标均为正，因而其自然坐标值和国家统一坐标值相同。y 坐标的国家统一坐标前两位 37 为带号，带号后面的 507531.84 是自然坐标值 7531.84 加上 500km 后的结果。

【例 1-1】 假设有 A、B 两点所在投影带带号为 19 带（我国范围），其自然坐标分别为 x_A＝3211567.698m，y_A＝131567.699m，x_B＝1211567.731m，y_B＝－231567.852m，试计算该两点的国家统一坐标值。

【解】 A 点：我国国家统一坐标与自然坐标的纵坐标没有变化（表示坐标点到赤道线的垂直距离），即 x_A＝x'_A＝3211567.698m。横坐标计算根据式（1-3），y_A＝19 带＋500000＋131567.699＝19631567.699m。同样，对于 B 点有：x_B＝x'_B＝1211567.731m。y_B＝19 带＋500000＋（－231567.852）＝19268432.148m。

在我国，高斯投影的 6°带带号为 13～23，3°带带号为 25～45，两种投影带没有出现重复相同的带号，所以根据某点的统一坐标值就可判断出该点的坐标是属于 6°带还是 3°带。

【例 1-2】 已知我国某点 M 的统一坐标值为 x＝1511567.138m，y＝38462455.148m。试分析指出该点所位于的高斯投影带带号、点位及中央子午线经度。

【解】 根据式（1-3），y＝带号 N（或 n）＋500km＋y＝38462455.148m，带号为 38，再根据图 1-13，38 号带为 3°带投影，中央子午线经度为 114°。500km＋y＝462455.148m，可以计算出 y＝462455.148m－500000m＝－37544.852m。即该点位置位于中央子午线以西，投影后在高斯平面上距中央子午线 37544.852m，距赤道距离 1511567.138m。

3. 高斯平面直角坐标系与数学坐标系的关系

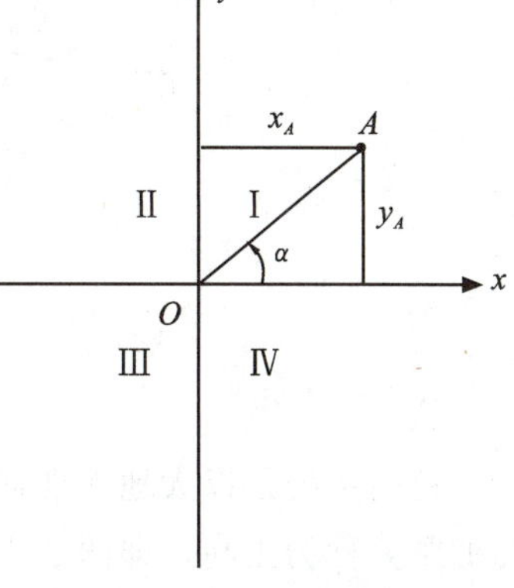

图 1-16　笛卡尔数学坐标系

数学中的直角坐标系是法国数学家笛卡尔在 1619 年创造的，从此也开创了一门新的数学分支学科——坐标几何（即解析几何）。数学坐标系中的横轴是 x 轴，纵轴为 y 轴，如图 1-16 所示，这与高斯先生 200 年之后（1820 年）建立的测量坐标系情况刚好相反，如图 1-15 所示。不过，由于各自的方向角均是从 x 轴起算，方向角旋转的方向分别是按逆时针方向和顺时针方向为旋转的正方向，象限的设置也分别是按逆时针和顺时针。因此，数学中的解析几何关系与三角函数公式完全可以适用于测量平面坐标系中。

任务 1.5　我国的高程系统

高程系统
(微课)

高程系统
(课件)

1.5.1　高程系统

经纬度只能确定点的平面位置，点的高度还要由高程来确定。地面点的高程是指该点沿基准线到基准面的距离。高程基准面不同，高程系统也就不同。测量中，常用的高程基准面有参考椭球面、大地水准面和似大地水准面。我国主要的高程系统有大地高系统、正高系统和正常高系统。

1. 大地高系统

大地高是大地坐标（B，L，H）的高程分量 H，是指从地面某点沿过此点的法线到参考椭球面的距离（图 1-17 中地面点 A 与投影点 O'之间的距离）。由此可见，大地高系统是以参考椭球体面为基准面的高程系统。

大地高又称为椭球高，因为它随着参考椭球体元素的取值不同而不同，所以它只是一个纯数学性的几何量，不具有实质性的物理意义。例如 1954 北京坐标系与 1980 西安坐标系的椭球体元素便各不相同，那么同一点在这两种坐标系中的大地高也就不同。全球卫星定位系统 GPS 测定的高程 H 便是以 WGS-84 椭球面为基准的大地高。

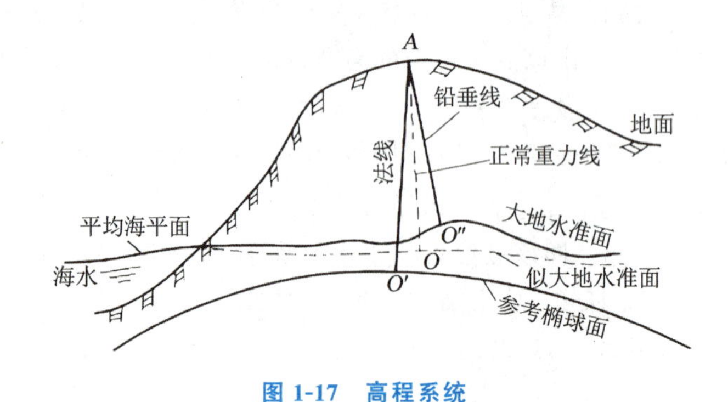

图 1-17　高程系统

2. 正高系统

正高系统是以大地水准面为基准面的高程系统。地面点沿铅垂线方向到大地水准面的距离称为正高，即图 1-17 中 A 到 O''的距离。

水准面是处处与铅垂线正交的静止水面（大地水准面则是平均的静止海水面），地面上不同地点的水准面互相之间是不平行的。因此，图 1-18 中，沿不同的水准路线 $OABCP$ 与 $OA'B'C'P$，进行以水准面为参考依据（仪器整平）的几何水准测量，就算没有任何测量误差，测量出的 P 点的高程还是不相同的。这是因为两个相同水准面之间不同位置所对应的 Δh_i 与 $\Delta h_i'$ 并不相等。也就是说，P 点的正高 $H=\Delta H_1+\Delta H_2+\Delta H_3+\cdots$ 根本无法精确测定出来。大地水准面是通过潮汐资料计算出来的，无法测定出来，也不能精确推算出来（该位置与地球内部结构组织的质量、密度相关），所以无法找到 P 点铅垂线方向对应在大地水准面上 O' 的具体位置。因此严格地说，地面上一点的正高是不可能严格求得的。

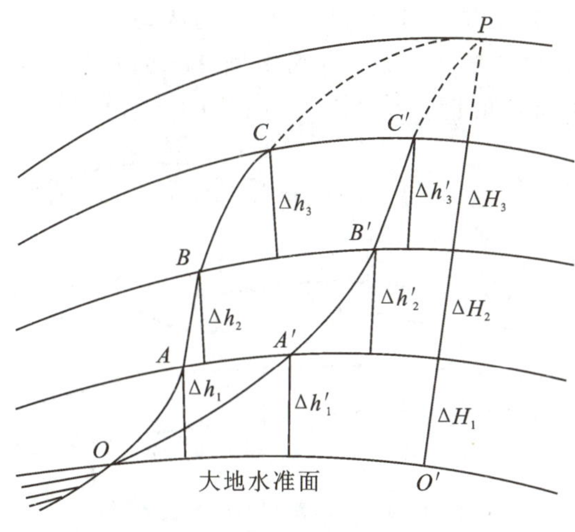

图 1-18　水准面的不平行性

3. 正常高系统

因为水准面的不平行性，导致无法测得地面上各点的正高高程。为了解决这一水准测量高程多值性的问题，测绘工作者便要去寻找近似于大地水准面的曲面——似大地水准面，来作为高程测量的基准面。地面点沿过此点的正常重力线到似大地水准面的垂直距离称为正常高，如图 1-17 中 A 到 O 的距离。所以说，正常高系统是以似大地水准面为基准面的高程系统，和大地高之间存在高程异常。

似大地水准面是从地面各点沿正常重力线量取正常高所得端点构成的封闭曲面。所以说，似大地水准面严格来说不是水准面，但接近于水准面，它是人们用一定方法（重力测量、水准测量）获得的，用于高程计算的辅助面。它与大地水准面不完全吻合，差值为正常高与正高之差。正高与正常高的差值大小，与点位的高程（地表的起伏不平）和地球内部的质量分布息息相关，在我国青藏高原等西部高海拔地区，两者相差最大可达 3～4m，在中东部平原地区这种差异约几厘米。在海洋面上时，似大地水准面与大地水准面完全重合。此时，大地水准面的高程基准可同时作为似大地水准面的高程基准使用（如我国的青岛黄海国家高程基准）。

正常高可以精确测定，其数值不随水准路线而异（可唯一确定）。我国幅员辽阔，地形起伏较大，国家规定采用正常高高程系统作为我国高程控制的统一系统。我国的国家等级水准点高程均为正常高高程。

4. 三种高程系统的关系

综合上述大地高 H、正高 $H_{正}$、正常高 $H_{正常}$的概念与含义，可将这三种高程系统列出如下关系式：

$$H = H_{正} + h_{m} \tag{1-4}$$

$$H = H_{正常} + h_{m}' \tag{1-5}$$

式中：h_{m} 为大地高与正高之差，即参考椭球体面与大地水准面之间的距离，称大地水准面差距；h_{m}'为大地高与正常高之差（即参考椭球体面与似大地水准面之间的距离），称为高程异常。它们之间的相互关系可用图 1-19 表示。

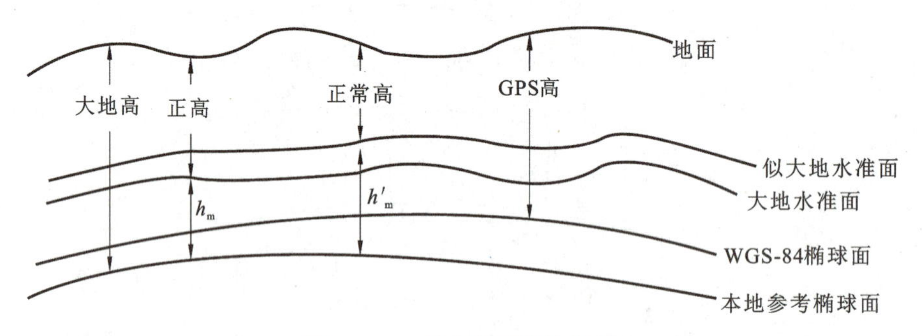

图 1-19　三种高程系统的关系

在一般的工程建设中，由于测区范围相对较小，则范围内的大地高、正高、正常高三者相差的变化不大，此时测量人员仅用几何水准或几何水准结合 GPS 高程（注意互相印证检查）来进行高程测量，只要能满足相应的工程建设精度要求，也是可取的。如果是测区内地形平缓、高差不大的地区，尤其可以如此。

1.5.2　绝对高程、相对高程和高差

高程的概念（动画）

地面点沿铅垂线方向至大地水准面的距离称为绝对高程，如图 1-20 中的 H_A 和 H_B。

如果取任意水准面为起算面，则把某点沿铅垂线方向到此任意水准面的距离称为该点的相对高程或假定高程，如图 1-20 中的 H_A'和 H_B'为相对高程。

地面上两点的高程之差称为高差，用 h 表示。如图 1-20 中 A、B 两点之间的高差 $h_{AB} = H_B - H_A = H_B' - H_A'$。高差是相对的，其值有正、负，如果测量方向由 A 到 B，A 点低，B 点高，则高差为正值；若测量方向由 B 到 A，即由高点测到低点，则高差为负值。显然 $h_{AB} = -h_{BA}$。

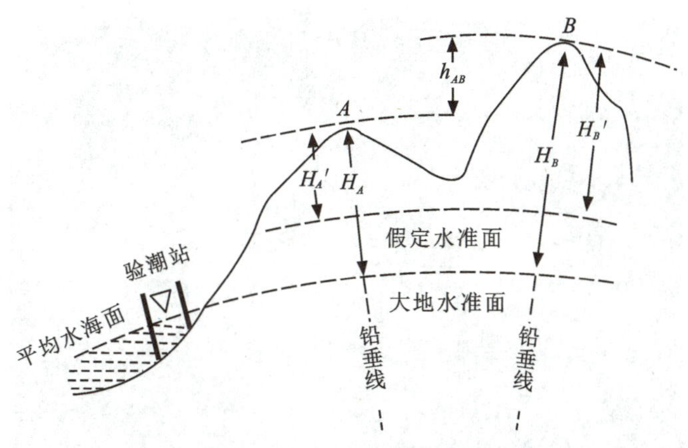

图 1-20 绝对高程、相对高程、高差

1.5.3 我国的高程基准

地面上某点的绝对高程是以大地水准面为基准面的。大地水准面指的是平均海水面。以海边某一验潮站多年来的观测结果为依据，计算出该点平均海水面的位置，作为高程起算的零点。由于地球上各大海洋的水体受潮汐、气压、风力、温度、密度差等影响产生巨大洋流，使得不同地点的平均海水面的高度并不相同。不同的时间算出的平均海水面的高度也不一致。所以，高程基准的名称通常包括时间和地点两个因素。我国先后主要采用 1956 年黄海高程系与 1985 国家高程基准两个高程基准。

1. 1956 年黄海高程系

1956—1987 年，我国采用 1956 国家高程基准，有时也称为 1956 年黄海高程系，高程零点由以青岛验潮站 1950—1956 年连续验潮的结果计算的平均海水面确定。为了明显而稳固地表示高程基准面的位置，在山东省青岛市观象山上建立了一个与该平均海水面相联系的水准点，以坚固的标石加以相应的标志表示，这个水准点称为国家水准原点，如图 1-21 所示。用精密水准测量方法测出该原点高出黄海平均海水面 72.289m。它就是推算国家高程控制点的高程起算点。

2. 1985 国家高程基准

1985 年，国家测绘局根据青岛验潮站 1952—1979 年连续观测的潮汐资料，推算出青岛水准原点的高程为 72.260m，如图 1-22 所示。此数据于 1987 年 5 月正式通告启用，并以此定名为 1985 国家高程基准，同时 1956 年黄海高程系相应废止。各部门各类水准点的 1956 年黄海高程系成果逐步归算至 1985 国家高程基准。

1985 国家高程基准与 1956 年黄海高程系比较，验潮站和水准原点的位置未变，只是更精确，两者相差 0.029m。由 1956 年黄海高程系的高程换算成 1985 国家高程基准时需要减去 29mm。

图 1-21　青岛观象山国家水准原点位置

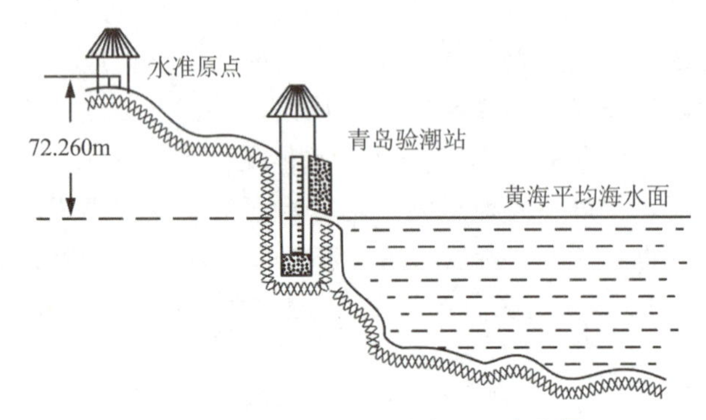

图 1-22　青岛观象山国家水准原点位置

国家水准点的高程都以青岛观象山水准原点为依据。用等级水准测量方法将青岛原点的高程引测至全国各地的各级水准点上，从而得到以黄海平均海水面起算的各级水准点的高程。如果某项建设工程所在地远离这种已知高程的水准点，为了工程急需，也可假定某个固定点的高程作为起算点，其他点都统一从该点起算，求得它们的假定高程。将来适当的时候，再与等级水准点联测，把假定高程换算为绝对高程。

3. 国家高程与地方高程的换算

高程基准除了用大地水准面外，还可以使用任意水准面做高程基准面。实际工作中也是会碰到各种各样的高程基准面。图 1-23 是我国部分地方高程基准与国家高程基准的相互位置示意图。地方的高程基准的数据来自百度《常用高程基准及换算》等文章资料。读者可以根据本地有关高程系统的基准面参数（零点差），插入图 1-23 中的相关位置，以此判断出其基准面在国家高程基准面的位置。

【例 2-3】 已知地面某点在 1985 国家高程基准系统中的高程 $H_{国家}=30.235\text{m}$，求该点的其他高程 $H_{珠基}$、$H_{广州}$、$H_{黄海}$。

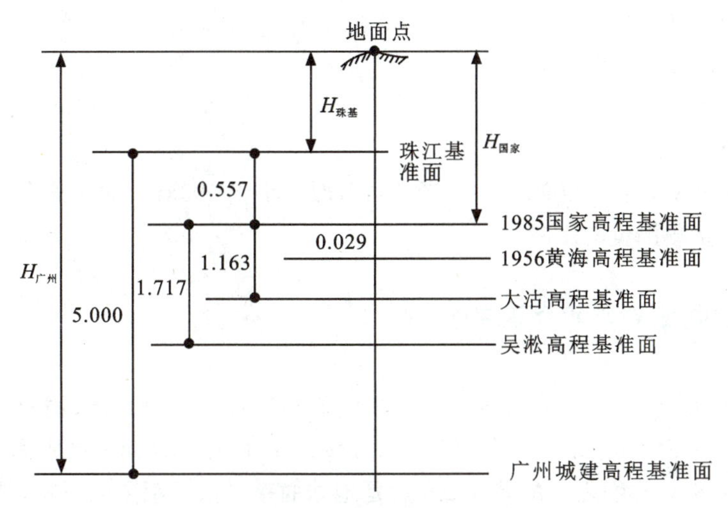

图 1-23 高程基准面的相互关系

【解】 则其珠基高程 $H_{珠基}=H_{国家}-0.557=29.678\text{m}$，广州高程 $H_{广州}=H_{珠基}+5.000=34.678\text{m}$，以及该点在 1956 年黄海高程系统中的高程 $H_{黄海}=H_{国家}+0.029=30.264\text{m}$。

任务 1.6 用水平面代替地球曲面的限度分析

在普通测量工作中，通常将大地水准面近似地当成圆球看待的。若将地面点投影到圆球面上，然后再投影描绘到平面的图纸上，这是很复杂的。在实际测量工作中，在一定的测量精度要求和测区面积不大的情况下，往往以水平面直接代替水准面，就是把较小一部分地球表面上的点投影到水平面上来决定其位置，这会给测绘工作带来很大方便。但是，在多大面积范围能容许以平面投影代替球面投影的问题就必须加以讨论了。以下的内容是假定大地水准面作为一个圆球面来叙述的。

1.6.1 地球曲率对水平角度的影响

当把地球看成圆球时，按照球面三角形定理，球面三角形内角之和 Q 不等于 180°，而是

$$Q=180°+\varepsilon''$$

式中：ε''为球面角超。由球面三角公式知：

$$\varepsilon''=\frac{A}{R^2}\times 206265'' \tag{1-6}$$

式中：A 表示球面三角形面积，R 表示地球平均半径。

由此可知，球面角超的大小与球面三角形的面积成正比。应用式（1-6）代入具体数字计算，有：

$A=10\text{km}^2$ 时　　$\varepsilon''=0.05''$

$A=50\text{km}^2$ 时　　$\varepsilon''=0.25''$

$A=100\text{km}^2$ 时　　$\varepsilon''=0.51''$

$A=500\text{km}^2$ 时　　$\varepsilon''=2.54''$

计算结果表明，在普通测量中，当三角形面积小于 100km^2 时，完全可以不必考虑地球曲率对水平角测量的影响。

1.6.2　地球曲率对水平距离的影响

如图 1-24 所示，A、B、C 是地面点，它们在地球圆球表面上的投影是 a、b、c，在过 B 点的水平面上的投影是 a'、b'、c'，设 B、C 两点在球面上的距离为 S，在水平面上的距离为 S'，它们之间的差异 ΔS 就是地球曲率对水平距离的影响，即：

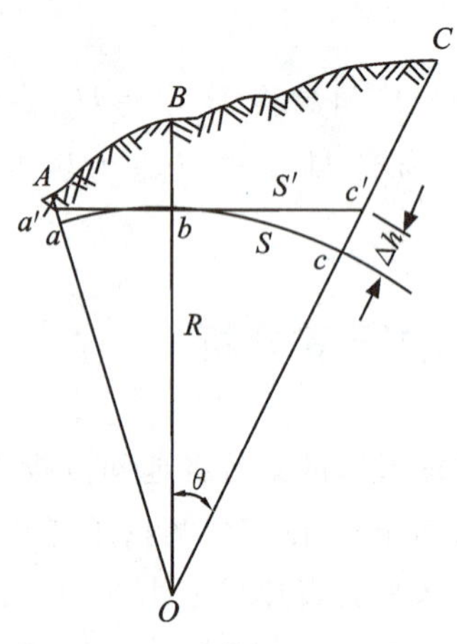

图 1-24　地球曲率对水平距离和高差的影响

$$\Delta S=S'-S=R\ (\tan\theta-\theta)$$

将 $\tan\theta$ 展开为级数，有：

$$\tan\theta=\theta+\frac{1}{3}\theta^3+\frac{2}{15}\theta^5+\frac{17}{315}\theta^7+\cdots$$

因 θ 角一般很小，故可只取其前两项代入上式，得：

$$\Delta S=R\left\{\left(\theta+\frac{1}{3}\theta^3\right)-\theta\right\}=\frac{R\theta^3}{3}$$

已知 $\theta=\dfrac{S}{R}$，则上式可写成：

$$\Delta S=\frac{S^3}{3R^2}$$

或

$$\frac{\Delta S}{S}=\frac{S^2}{3R^2}\tag{1-7}$$

取 $R=6371\text{km}$。则当 $S=10\text{km}$ 时：$\Delta S=0.82\text{cm}$，$\dfrac{\Delta S}{S}=\dfrac{1}{1200000}$；当 $S=25\text{km}$ 时：$\Delta S=12.83\text{cm}$，$\dfrac{\Delta S}{S}=\dfrac{1}{200000}$；当 $S=100\text{km}$ 时：$\Delta S=821\text{cm}$，$\dfrac{\Delta S}{S}=\dfrac{1}{12000}$。现代最精密距离丈量的容许误差为其长度的 1/1000000。因此，在半径为 10km 的范围内可以用水平面上的距离来代替球面上的距离。在地形测量中，当测区范围的半径小于 25km 时，亦可不必考虑地球曲率对水平距离的影响。

1.6.3　地球曲率对高差的影响

从图 1-24 可以看出，地面点 C 的高程为 Cc，用水平面代替水准面后，C 点的高程为 Cc'，它们之间的差异就是地球曲率对高程的影响。由图得：

$$\Delta h=Cc-Cc'=c'O-cO=R\ (\sec\theta-1)$$

将 $\sec\theta$ 展开为级数，即：

$$\sec\theta=1+\frac{1}{2}\theta^{2}+\frac{5}{24}\theta^{4}+\frac{61}{220}\theta^{6}+\cdots$$

取其前两项代入并顾及 $\theta=\frac{S}{R}$，得：

$$\Delta h=R\left(1+\frac{\theta^{2}}{2}-1\right)=\frac{S^{2}}{2R} \tag{1-8}$$

以不同距离代入式（1-8）计算，当 $S=100\text{m}$ 时，$\Delta h=0.78\text{mm}$；当 $S=1000\text{m}$ 时，$\Delta h=78\text{mm}$；当 $S=10\text{km}$ 时，$\Delta h=7.8\text{m}$。因此，在高程测量中，即使距离不长，也应考虑地球曲率的影响。

任务 1.7　测绘仪器的使用、保养及资料保密

1.7.1　测绘仪器的使用和保养

测绘仪器使用注意事项(动画)

测绘仪器属于精密贵重仪器，是完成测绘任务必不可少的工具。正确使用和维护测量仪器，对保证测量精度、提高工作效率、防止仪器损坏、延长仪器使用年限都有着重要的作用。损坏或丢失仪器器材，不仅造成国家财产和个人经济上的损失，而且会影响测量工作的正常进行。因此，注意正确地使用和爱护仪器，是每个测绘工作者的美德。下面介绍有关仪器的使用和维护常识。

1. 测量仪器搬运应注意事项

（1）首先把仪器装在仪器箱内，再把仪器箱装在专供搬运用的木箱或塑料箱内，并在空隙处填以泡沫、海绵、刨花或其他防震物品。装好后将木箱或塑料箱用盖子盖好。必要时，还需用绳子捆扎结实。

（2）无专供转运的木箱或塑料箱的仪器不应托运，应由测量员亲自携带。在整个转运过程中，要做到人不离仪器。如乘汽车，应将仪器放在松软的物品上面，并用手扶着。在颠簸厉害的道路上行驶时，应将仪器抱在怀里。

（3）装卸仪器时，注意轻拿轻放，放正，不挤压。无论天气晴雨，均要采取防雨措施。

2. 测量仪器使用注意事项

（1）开箱后提取仪器前，要看准仪器在箱内放置的方式和位置。提取时不可握住望远镜或细小部件，应一只手握住仪器的手柄，一只手托住基座。严禁将仪器直接置于地面上，以免砂土对中心螺旋造成损坏。仪器用完，记住先盖上物镜罩，并擦去表面的灰尘。装箱时各部位要放置妥当，仪器箱能轻松合拢后，锁紧仪器箱，不可用蛮

力强行关闭仪器箱。

(2) 在太阳光照射下观测，应给仪器打伞，并戴遮阳罩。在繁华地区作业时，测站附近应设置安全标志或派人守护。仪器架设在光滑的路面时，要用细绳（或细铁丝）将三脚架中三个紧固螺旋联捆起来，防止滑倒。

(3) 在无太阳滤光镜的情况下，不要用望远镜直接照准太阳，以免伤害眼睛和损坏测距部发光二极管。

(4) 观测员离开仪器时，应将尼龙套罩在仪器上，以免灰尘、沙粒进入。

(5) 在取内部电池时，务必先关掉电源。

(6) 如测站之间距离较远，搬站时应将仪器卸下并装箱，检查仪器箱是否锁好，安全带是否系好。如测站之间距离较近，搬站时可将仪器连同三脚架一起倚靠在肩上，使仪器几乎直立。搬运途中，如经树林或穿过低、横的障碍场，要把仪器连同三脚架一起夹在左肋下，右手扶仪器。

搬站前，应检查仪器与三脚架的连接是否牢固；搬站时应把所有制动螺旋略微关闭，使仪器在搬站过程中不致晃动，万一仪器被碰动，还有活动余地，仪器机械不致受损。

(7) 仪器任何部分发生故障（如制动或微动螺旋失灵等）时，不要勉强继续使用，应立即检修，否则会加剧仪器的损坏。

(8) 光学、电子元件应保持清洁，如沾染灰尘必须用软笔刷或柔软的拭镜纸擦掉。禁止使用手指抚摸光学元件表面。

(9) 不要用有机溶液擦拭显示窗、键盘或者仪器箱。

(10) 若在测量中仪器被雨水淋湿，应尽快彻底擦干，并需等仪器上的水汽晾干后才能装箱。

(11) 禁止任意拆卸仪器。拆卸仪器和定期清洁加油应由专门的检查人员进行。

全站仪使用注意事项如下：

(1) 禁止把电池或充电器重新组装、改装、受损、火烤、受热或电路短路，以避免造成事故。

(2) 禁止使用与出厂不相符的电源，以免造成火灾或触电事故。

(3) 充电时，禁止在充电器上覆盖布等易燃物品，以免引起火灾。

(4) 只使用指定的充电器为电池充电，使用其他充电器会由于电压或电极不符引发火灾。

(5) 禁止对其他设备或其他用途使用本机电池或充电器，以免引发火灾事故。

(6) 严禁使用潮湿的电池或充电器，以免短路而引发火灾。

(7) 严禁将激光束对准他人眼睛，否则会造成严重伤害。

(8) 禁止直接观看或盯看激光束或发光源，以免对眼睛造成永久性伤害。

3. 仪器测量保管注意事项

(1) 仪器的保管应由专人负责，仪器的放置应有专门的地方。

（2）保管仪器的地方应保持干燥，要防潮防水。仪器应放置在专门的架上或柜内。

（3）仪器长期不使用时应定期通电驱潮（以 1 个月左右为宜），以保持仪器在良好的工作状态。

（4）保管仪器的地方不应靠近有振动设备的车间或易燃品堆放处，至少距离这些地方 100m 以上。

（5）放置仪器要整齐，不得倒置。

（6）三脚架有时会发生螺丝松动情况，应注意经常检查。

（7）若仪器长期不使用，至少每 3 个月进行一次全面检查。

（8）为确保仪器的精度，应定期对仪器进行检查和校正。

4. 作业中应注意的问题

（1）仪器取放。仪器从仪器箱取出时，要用双手握住仪器支架或基座部分，慢慢取出，并且要仔细观察仪器各部分在箱中所处的位置。作业完毕后，应将所有微动螺旋旋至中央位置，然后慢慢放入箱中，仪器一定要放回原位，并固紧制动螺旋，不可强行或猛力关闭箱盖。仪器放入箱中后应立即上锁。

（2）架设仪器。架设仪器时，首先将三脚架架稳并大致对中，然后放上仪器，并立即拧紧中心连接螺旋。特别应注意的是有些仪器在三脚架上安有压紧弹簧，在拧中心连接螺旋时，一定看清插入竖轴底端的连接螺母，不要误认为压紧弹簧手轮是连接螺旋手轮，这样似乎手轮已拧紧了，但仪器其实没有连接在三脚架上，搬站时仪器就会脱落，容易发生事故。

（3）在作业时需要专人守护。尤其是在矿坑内外、市镇区、牧区等测量时，仪器要随时随地有人防护，以免造成重大损失。

（4）仪器在搬站时，可视搬站的远近、道路情况以及周围环境等决定仪器是否要装箱。在坑道内及林区测量时，搬站一般都要装箱。当通过小河、沟渠、围墙等障碍物时，仪器最好装入箱内，若不装箱搬站，仪器必须由一个人传给另一个人，不允许单人携带仪器越过障碍物，以免造成仪器震坏或发生摔坏等事故。搬站时，应把仪器的所有制动螺旋略微拧紧，但不宜拧得太紧，目的是万一仪器受碰撞时，还有转动的余地，以免仪器受损。搬运过程中仪器脚架须竖直拿稳，不得横着扛在肩上。

（5）仪器在阳光较强野外使用时，必须用伞遮住太阳。在坑道内作业时，要注意仪器上方是否有石块掉下或滴水等，以免影响仪器的精度和安全。

（6）仪器望远镜的物镜和目镜表面要尽量避免灰沙、雨水的侵袭，也不能受太阳直接照射。物镜和目镜需清洁时，应先用干净的软毛拂拭，然后用擦镜纸擦拭，禁止使用手绢或口罩、普通布、纸等擦拭。在野外作业遇到雨时，仪器应立即装入箱内。大型仪器搬站时，即使两站距离相距很近，也不允许连在三脚架上搬站，一定要装箱搬站。

（7）仪器上的螺旋不润滑时，不可强硬旋转，必须检查其不润滑的原因，及时排除故障。仪器任何部分发生故障，不应勉强继续使用，要立即检修，否则将会使仪器损坏的程度加剧。

(8) 仪器的外露部分不能留存油渍，以免积累灰尘。

(9) 没有必要时，不要经常拆卸仪器，仪器拆卸次数过多会影响其测量精度。

1.7.2 测绘资料的保密

测量外业中所有观测记录、计算成果均属于国家保密资料，应妥善保管，任何单位和个人均不得乱扔乱放，更不得丢失和作为废品卖掉。所有报废的资料需经有关保密机构同意，并在其监督下统一销毁。

测绘内业生产或科研中所用未公开的测绘数据、资料也都属于国家秘密，要按有关规定进行存放、使用和按有关密级要求进行保密。在保密机构的指导与监督下，建立保密制度。由于业务需要接触秘密资料的人员，按规定领、借资料，用过的资料或作业成果要按规定上交。任何单位和个人不得私自复制有关测绘资料。

传统的纸介质图纸、数据资料的保管和保密相对容易些。而数字化资料一般都以计算机磁盘（光盘）文件存储，要特别注意保密问题。未公开的资料不得以任何形式向外扩散。任何单位和个人不得私自拷贝有关测绘资料；生产作业或科研所用的计算机一般不要联网，必须接入互联网的机器要进行加密处理。

另外，在内业作业时特别需要注意的是磁盘文件的可覆盖性和不可恢复性。一个不当的拷贝命令或删除命令可能会使多少人的工作前功尽弃，甚至造成不可挽回的损失。使用计算机要养成良好的习惯，在对一个文件进行处理之前首先要备份，作业过程中注意随时存盘，作业结束后要及时备份和上交资料。每过一段时间（如一项任务完成并经过验收后），要清理所有陈旧的备份文件。定期整理磁盘文件有两个目的：其一是腾出计算机磁盘空间，避免以后使用时发生冲突或误用陈旧的数据；其二是为了保密的需要，因为即使是“陈旧”的数据文件，也与正式成果一样属于秘密资料，无关人员不得接触。

课后习题

一、名词解释

大地水准面　参考椭球体　高斯-克吕格投影　大地高　正高　正常高

二、填空题

(1) 我国大地原点位于陕西省________市。

(2) 我国的水准原点在________市的观象山。

(3) 广州某山峰的海拔为 387.186m，该点高程的基准面为____________。

(4) 在高斯平面直角坐标系中，我国为了避免横坐标出现负值，故规定将坐标纵轴向西平移________km。

(5) 某点在高斯投影 6°带的坐标为 $X=3106232\text{m}$，$Y=19479432\text{m}$，则该点所在

6°带的带号为______，中央子午线经度为________。

(6) 北京地区的地理坐标为：北纬 39°54′，东经 116°28″。按高斯 6°带分带，该地区所在投影带的带号为______。

(7) 目前，我国采用的统一高程基准是______________。

三、判断题

(1) 1954 北京坐标系的大地原点在北京。（　）

(2) 2000 国家大地坐标系属于地心坐标系。（　）

(3) 高斯投影没有长度变形。（　）

(4) 高斯平面直角坐标系的 X 轴正方向指向正东方向。（　）

(5) WGS-84 坐标系的高程基准面是参考椭球面。（　）

(6) 仪器可以直接放在拖车上运输，不需要做防震处理。（　）

(7) 在取出仪器时，可以直接抓住望远镜从箱子中扯出来。（　）

(8) 只有在雨天才需要给仪器撑伞。（　）

四、简答题

(1) 试述高斯投影的特点。

(2) 新中国成立之后我国所使用的坐标系有哪些？它们的坐标原点在哪里？

项目2　水准测量

项目概况

本项目主要介绍水准测量的原理、水准测量的仪器设备、水准路线的布设，在此基础上介绍了水准测量的外业实施步骤和内业计算，最后分析了水准测量误差的主要来源。通过本项目的学习，学习者可以理解水准测量的基本原理，掌握图根水准测量、四等水准测量和二等水准测量的外业观测方法以及内业计算。

学习目标

（1）理解水准测量的原理。

（2）能够正确熟练使用水准测量的仪器设备。

（3）会灵活设计附合水准路线、闭合水准路线和支水准路线。

（4）掌握图根水准测量、四等水准测量和二等水准测量的外业观测方法以及内业计算。

（5）会检验和校正水准仪。

（6）能分析水准测量中误差产生的原因。

（7）通过小组分工合作，培养团队合作精神。

（8）通过野外水准测量的强化训练，培养学生吃苦耐劳的精神。

（9）通过对观测数据的多次检核，培养学生严谨认真的职业素养。

任务2.1　水准测量的基本原理

水准测量原理（微课）

水准测量原理（课件）

地球表面是高低起伏很不规则的，要确定地面点的空间位置，除要确定其平面位置外，还要确定其高程。测定地面点高程而进行的测量工作叫作高程测量。高程测量的目的，是测定地面上各点间的高差，根据已知点高程和观测的高差，便可求得其他各点的高程。

根据测量原理和使用仪器与实测方法的不同，高程测量的方法主要有三角高程测量、物理高程测量和水准测量。三角高程测量是根据由测站向照准点所观测的竖直角和它们之间的水平距离，计算测站点与照准点之间的高差（在本书项目6介绍）。物理高程测量是根据大气气压、重力加速度等地球的物理性质，利用仪器来确定地面点的高程（本书不予介绍）。水准测量是利用一条水平视线，并借助于竖立在地面点上的标尺，来测定地面上两点之间的高差，然后根据其中一点的高程来推算出另外一点高程的方法。水准测量是最精密的高程测量方法，主要用于建立国家或地区的高程控制网。

2.1.1 一测站水准测量原理

水准测量的基本原理是利用水准仪提供的水平视线，观测两端地面点上垂直竖立的水准尺，以测定两点间的高差，进而求得待定点高程。如图 2-1 所示，欲测定 A、B 两点间高差 h_{AB}，则于 A、B 两点之间安置一台可获得水平视线的水准仪，并在 A、B 两点各竖立一根水准尺，利用水准仪的水平视线分别在 A、B 两点的标尺上读取标尺分划数 a 和 b，则 A、B 两点间的高差为：

$$h_{AB}=a-b \tag{2-1}$$

若水准测量是沿 A 到 B 的方向前进，则 A 点称为后视点，其竖立的水准尺称为后尺，读数 a 称为后视读数；B 点称为前视点，其竖立的水准尺称为前尺，读数 b 称为前视读数。因此式（2-1）又可表示为：

高差＝后视读数－前视读数

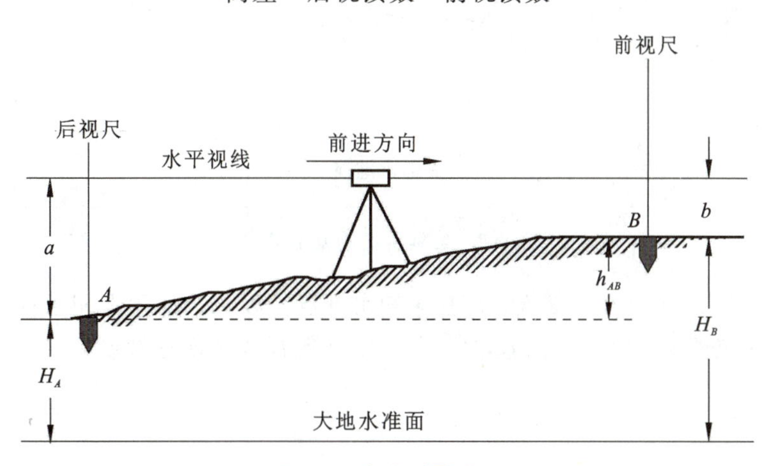

图 2-1 水准测量原理

如 $h_{AB}=a-b>0$（即 $a>b$），高差为正值，表示前视点高于后视点，前进方向为上坡方向。反之，高差为负，前视点低于后视点，为下坡方向。显然，有

$$h_{AB}=-h_{BA} \tag{2-2}$$

为了避免计算中发生正负符号的错误，在书写高差 h_{BA} 的符号时，必须注意 h 的下标字符。例如 h_{BA} 表示从 A 点到 B 点的高差，h_{BA} 表示从 B 点到 A 点的高差。

实际中必须根据已知点高程推求未知点高程。根据前视线高程与后视线高程相等的原则，即 $H_A+a=H_B+b$，可以推求出未知点 B 的高程 H_B：

$$H_B=H_A+h_{BA}=H_A+(a-b) \tag{2-3}$$

式中：H_A 为已知高程点 A 的高程。

通常，把水准仪到后尺的距离称为后视距，水准仪到前尺的距离称为前视距。实

际工作中，一般要求前视距和后视距大致相等。

2.1.2 多测站水准测量原理

对于长距离或大高差段的两点间高差测定，由于受到仪器高度和视距长度的影响，经常无法安置一次仪器就测得高差，这种情况下，就需要在两点间加设若干个临时的立尺点，测量多个测站，再把各测站的高差累积在一起，从而得到两点间的高差。这种测量方式称为多测站水准测量，又称连续水准测量、多站式水准测量或线路水准测量，如图 2-2 所示。

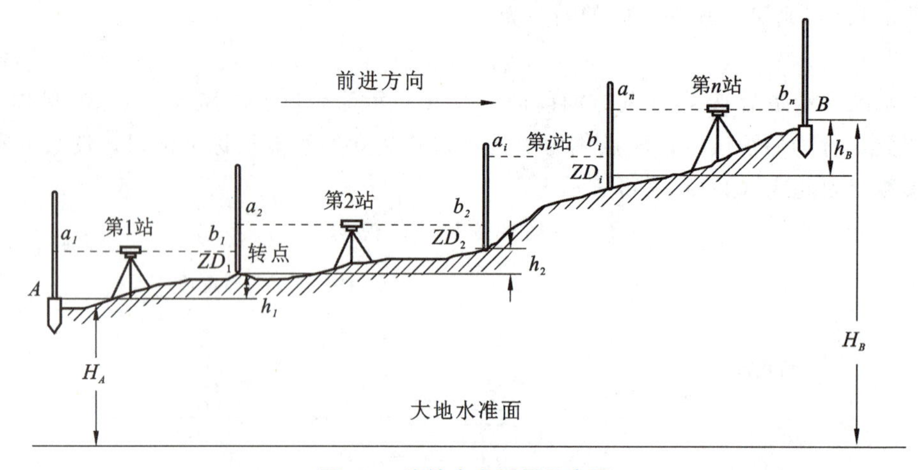

图 2-2 连续水准测量示意图

图 2-2 中的 A 为已知水准点，B 为未知水准点。因 A、B 两点相距较远且高差较大，安置一次仪器无法测得其高差，需要从 A 点到 B 点依次连续设站观测，测出各测站高差为：

$$\begin{cases} h_{A1}=h_1=a_1-b_1 \\ h_{12}=h_2=a_2-b_2 \\ \quad\vdots \\ h_{n-1B}=h_n=a_n-b_n \end{cases} \tag{2-4}$$

将以上各测站的高差相加，则得到 A、B 两点间的高差为：

$$h_{BA}=\sum_{i=1}^{n}=h_i\sum_{i=1}^{n}a_i-\sum_{i=1}^{n}b_i \tag{2-5}$$

式（2-5）在水准测量过程中通常用来检核计算成果。

若已知 A 点的高程 H_A，则 B 点的高程 H_B 为：

$$H_B=H_A+h_{BA}=H_A+\sum_{i=1}^{n}h_i \tag{2-6}$$

在连续水准测量过程中，安置仪器的地方称为测站，临时设置的立尺点称为转点（见图 2-2 中的 ZD_1、ZD_2、ZD_i 等）。由于转点只起到传递高程的作用，不需要测出其高程，因此不需要有固定的点位，只需在地面上合适的位置放上尺垫，踩实并垂直竖立标尺即可。观测完毕拿走尺垫，继续往前观测。完成一个测站后，将仪器搬至下一测站的过程，称为迁站。

需要注意的是，在相邻两个测站上都要对转点的标尺进行读数，在前一测站，对它读数（前视读数）后，尺垫不能动（可以把标尺从尺垫上拿下来）；到了下一测站，还需要对它读数（后视读数），二者缺一不可。如果尺垫移动了，或者缺少一个读数，前、后就脱节了，高程就无法正确传递，不能正确求出终点的高程。所以，转点的读数特别重要，既不能遗漏，也不能读错。

2.1.3　水准点

水准点是用于水准测量的高程基准点。水准点设置有固定标志，分已知水准点和未知水准点（待测水准点）。我国在全国范围内布设有一等、二等、三等、四等共四个等级的水准点。图 2-3 是一些常见的水准点标志式样图。更多的水准点样式及制作方法可参见《国家三、四等水准测量规范》（GB/T 12898—2009）。

水准点与转点（动画）

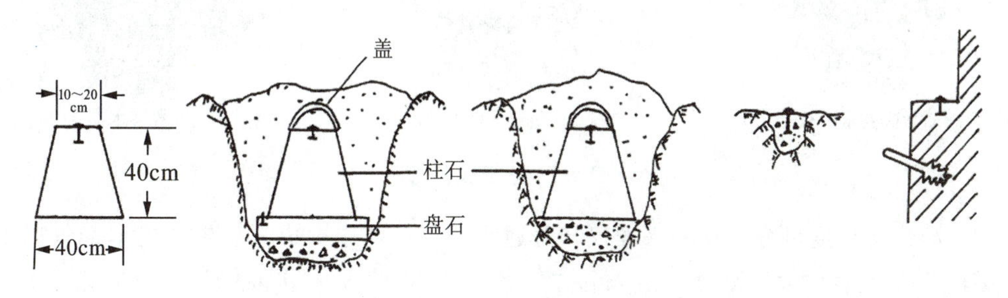

图 2-3　水准点标志

任务 2.2　水准测量仪器设备

水准测量中所使用的仪器设备主要有水准仪、脚架、水准标尺和尺垫四种。

水准测量仪器设备（微课）

2.2.1　水准仪

水准仪是水准测量的主要仪器，它可以提供一条水平视线用来测定地面两点之间的高差。18 世纪三四十年代，水准仪几乎与经纬仪、小平板仪同时代在欧洲诞生。

水准测量仪器设备（课件）

水准仪按结构来划分，可分为微倾式水准仪、自动安平水准仪、激光水准仪和数字水准仪（又称电子水准仪）。20 世纪初，在制出内调焦望远镜和符合水准器的基础上生产出微倾式水准仪；20 世纪 50 年代初出现了自动安平水准仪；20 世纪 60 年代研制出激光水准仪；20 世纪 90 年代出现数字水准仪。

微倾式水准仪一般在照准部上有一个制动螺旋，还有一个长水准管又称符合水准器，如图 2-4（a）所示。自动安平水准仪取消了微倾式水准仪中水准管微倾螺旋的操作，而且可以直接靠摩擦阻力制动照准部，免除了仪器水平制动螺旋与微动螺旋的频繁配合操作使用，从而减少仪器操作步骤，大大提高工作效率，如图 2-4（b）所示。数字水准仪是一种自动化程度很高，而且精度很高的水准测量仪器，如图 2-4（c）所示。数字水准仪与微倾式水准仪和自动安平水准仪的主要不同点是在望远镜中安置了一个由光敏二极管构成的线阵探测器，仪器采用数字图像识别处理系统，并配用条码水准尺。水准尺的分划用条纹编码代替厘米间隔的米制长度分划。线阵探测器将水准尺上的条码图像用电信号传送给信息处理机。信息经处理后即可求得水平视线的水准尺读数和视距值。数字水准仪将原有的用人眼观测读数彻底改变为由光电设备自动探测水平视准轴的水准尺读数。与光学水准仪相比，它具有速度快、精度高、自动读数、使用方便、能减轻作业劳动强度、可自动记录存储测量数据、易于实现水准测量内外业一体化的优点。

(a)微倾式水准仪

(b)自动安平水准仪

(c)数字水准仪

图 2-4　水准仪外形

水准仪按精度可分为精密水准仪和普通水准仪。新中国成立后生产的水准仪以 DS 开头，“D”代表“大地测量”第一个拼音字母，“S”代表“水准仪”第一个拼音字母，数字代表仪器的精度等级，指水准仪能达到的每公里往返测高差中数的中误差（单位：mm），如 DS05、DS1、DS3、DS10 等。有时也将“D”省略，简称 S1、S3 等。S05、S1 称为精密水准仪，用于国家一、二等水准测量和精密工程测量；S3、S10 为普通水准仪，可用于三、四等或等外水准测量。如果是自动安平水准仪，则在“DS”后面再加上“Z”，如 DSZ3。

水准仪在外部构造上可分为两大部分组成：基座与照准部。照准部上面主要有望远镜、微动螺旋、圆水准器、调焦螺旋、粗瞄器等部件。图 2-5 为 DSZ3 型自动安平水准仪外形及各部件名称。

1. 基座

基座是安装在三脚架上用来承受水准仪照准部的。照准部可以旋转，基座则固定不动。基座主要由三个脚螺旋和上、下两块连接板组成。底板的中央有一个圆形螺纹孔，将三脚架上的连接螺丝旋入孔中，可将基座紧固。顶板中央有一个轴套，照准部的竖轴刚好可以插入其中并用螺钉连接。三个脚螺旋用来调节照准部上的圆水准器。

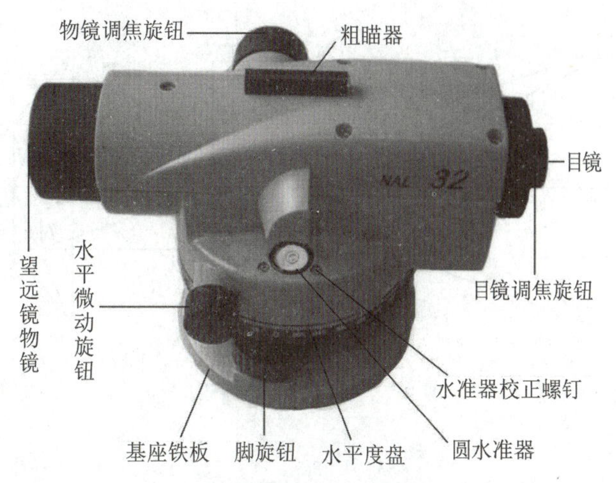

图 2-5　自动安平水准仪

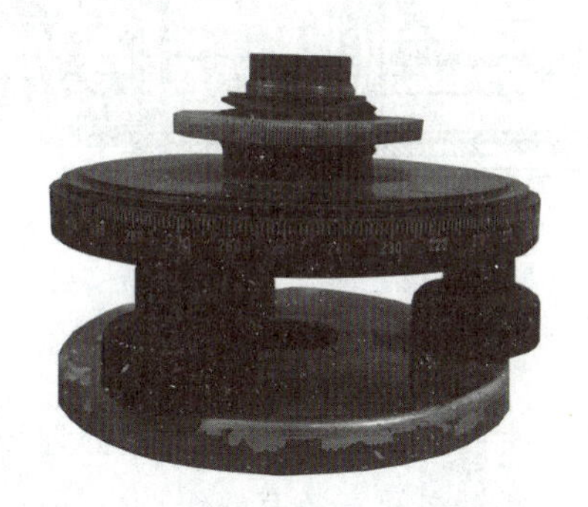
图 2-6　水准仪基座

2. 望远镜

望远镜是水准仪的核心部件，无论是何种水准仪，均离不开望远镜这一主要部件。水准仪望远镜有倒像望远镜和正像望远镜两种形式。

1）望远镜成像原理

望远镜的成像主要是依据光学透镜具有汇聚光线的特性。图 2-7 是望远镜成像的基本原理图。图中物镜 O_1 与目镜 O_2 均为凸透镜，位于同一条主光轴上。由于物体 AB 到物镜的距离，一般总是大于两倍焦距，所以由几何光学原理可知，物体 AB 经物镜 O_1 成像后，必然形成一个缩小而倒立的实像 ab，并位于物镜的像方焦点 F_1'之外。目镜是起放大作用的。当物像 ab 位于目镜的物方焦点 F_2 以内时，ab 经目镜再成像，便得到一个放大的正立虚像 $a'b'$（当然，相对原物 AB 而言，$a'b'$仍是一个倒立的像）。如果在 $a'b'$位置安放一个刻有十字丝的玻璃板，则便可以显示物体 AB 在十字丝板上成像的具体情况。

2）望远镜的结构

望远镜的结构示意图如图 2-8 所示。

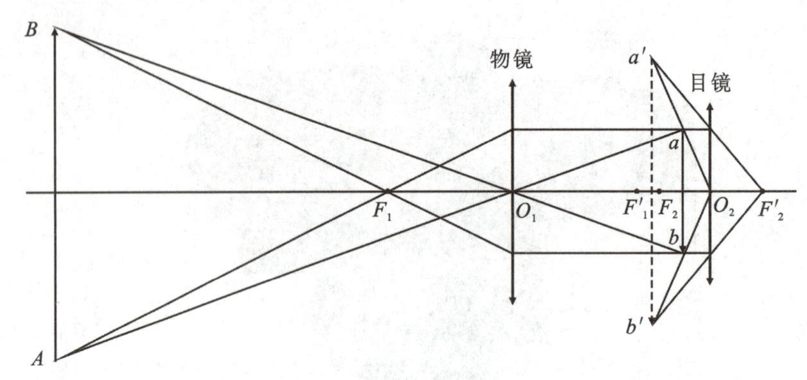

图 2-7　望远镜成像原理

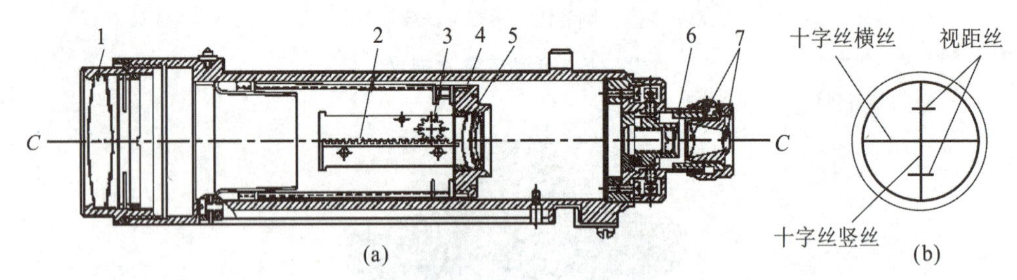

1—物镜；2—齿条；3—调焦齿轮；4—调焦镜座；5—调焦凹透镜；6—十字丝分划板；7—目镜组

图 2-8　望远镜的结构示意图

物镜和目镜位于望远镜一头一尾的位置，十字丝分划板安装在望远镜内的物镜与目镜之间，在物镜与十字丝分划板之间安装有一组调焦部件。

目镜安装在可以旋转的螺旋套筒上。转动目镜筒，可使目镜沿主光轴移动，以便调节它和十字丝之间的距离，使视力不相同的人都能看清楚十字丝。这一过程称为目镜调焦，俗称目镜对光。

十字丝分划板是一直径约为 10mm 的光学玻璃圆片，在其上刻划了三根横丝和一根竖丝，如图 2-8（b）所示。上下两根短的横丝为上丝和下丝，统称为视距丝，用来测定水准仪至水准尺之间的距离；中间长横丝为中丝，用于读取水准尺分划的读数计算高差。

十字丝交点与物镜光心的连线称为望远镜的视准轴。前面所说的望远镜视线水平，就是视准轴水平。

调焦部件主要由调焦螺旋及其相关零件组成。转动调焦螺旋能够使水准尺在十字丝平面上清晰成像，以便能够在望远镜内精确瞄准、读数。根据望远镜的结构形式，调焦有外调焦和内调焦两种方式，目前使用的水准仪基本是内调焦方式。

内调焦望远镜的十字丝分划板与物镜固定在望远镜筒内，它们之间的距离是固定不变的。在物镜与十字丝分划板之间安装有一组调焦镜（调焦凹透镜），转动调焦螺旋，调焦镜在镜筒内沿光轴方向前后移动，从而使远近不同的物体所成的像均位于十字丝平面上。

3）望远镜的使用

在观测前，应首先将望远镜对准天空或白色明亮的物体，接着转动目镜调焦螺旋进行目镜调焦，直至十字丝的像变得最为清晰。随后，利用望远镜的粗瞄器（包括准星和照门）对准目标，再旋转物镜调焦螺旋进行物镜调焦，使目标的像达到最清晰的状态。以上操作，统称为望远镜的调节。

为了使十字丝平面处于物镜的焦面附近，对于远距离（例如 50m 远）目标的调焦，调焦螺旋的转动范围都不太大。但是，对于近距离目标，情况则不同，尤其是由远目标改看近目标，或者由近目标改看远目标时，像距变化就较大。

当望远镜调焦之后，用十字丝交点对准目标上一个明显点。如果眼睛在目镜端上下左右移动，看见十字丝交点始终对准该目标点 P，如图 2-9（a）所示，则说明望远镜已经调节好了。如果随着眼睛的上下移动，看见十字丝交点相对于目标点移动，这种现象称为十字丝视差，简称视差。如图 2-9（b）所示，当眼睛从 1 移到 2、3 时，十字丝交点分别照准像面上的 P_1、P_2、P_3 处，说明有视差存在。

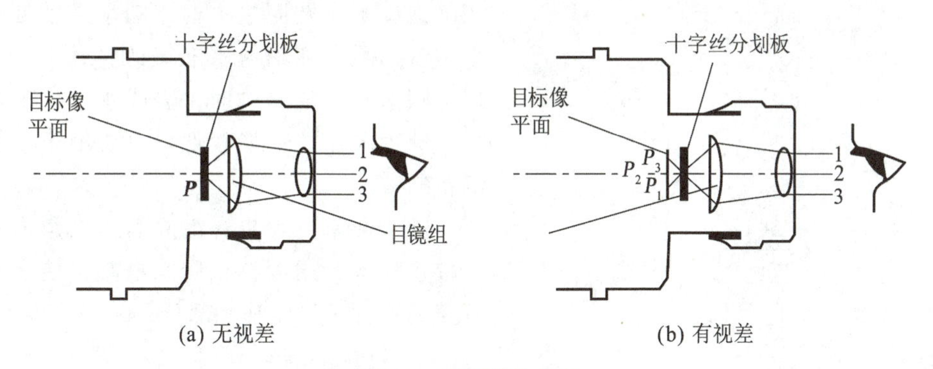

(a) 无视差　　(b) 有视差

图 2-9　望远镜的视差

产生视差是因为目标所成像的平面和十字丝平面不重合。出现这种不重合的原因：一方面，望远镜做得不仔细，造成了二者不重合；另一方面，人眼有一种自动调焦的功能，若目镜调焦时眼睛用某一焦距看清十字丝，转为物镜调焦时，眼睛自动调节又用另一个焦距看清目标的像，这也会造成二者不重合。视差的存在将使瞄准目标产生瞄准误差。消除视差的办法是，使眼睛处于自然松弛状态，重新仔细进行目镜调焦和物镜调焦。为了减小视差对瞄准目标的影响，观察目标时，应尽量让眼睛位于目镜的中心部位。所以，仪器安置不要太高也不要太低。

3. 水准器

几乎所有测量仪器上都装有水准器，用以判断仪器上某一部分是否处于水平位置或竖直位置。水准仪上的水准器则是用来判断仪器竖轴是否垂直、望远镜视准轴是否水平的一种装置，通常有两种：圆水准器（见图 2-10）和符合水准器（见图 2-11）。

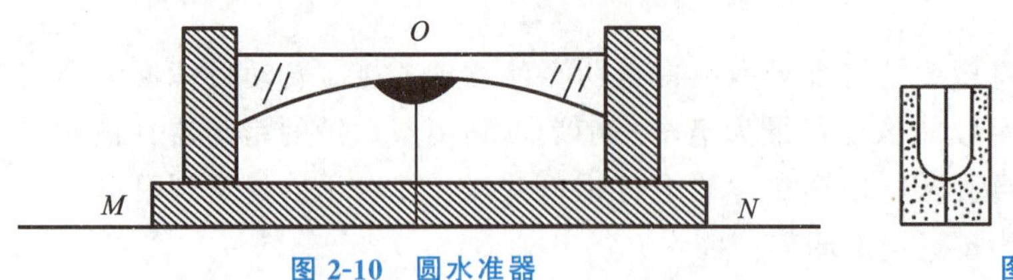

图 2-10　圆水准器

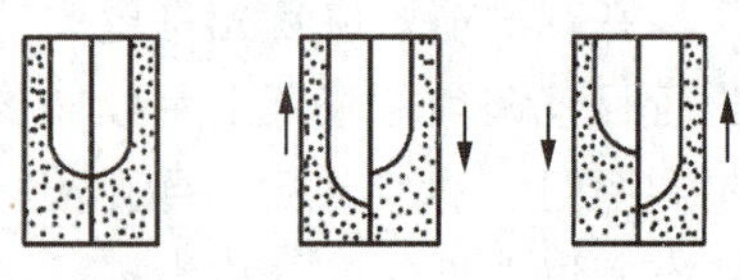

图 2-11　符合水准器

1）圆水准器

圆水准器的外形如图 2-12 所示，它是一个密封的圆柱形玻璃圆盒，圆盒顶部玻璃的内表面研磨成有一定曲率半径的圆球面，其半径一般在 0.1m 到 1m 之间。盒内装满酒精或乙醚，加热密封后，再装嵌在一金属框内。

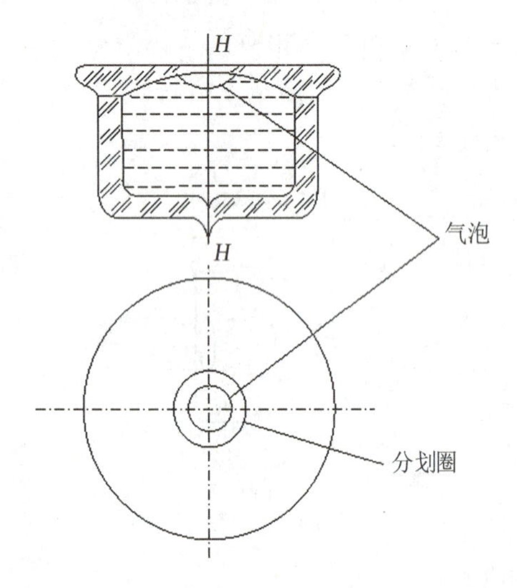

图 2-12　圆水准器示意图

水准器顶面外表中央刻有一小圆圈，称为分划圈。小圆圈的圆心称为圆水准器的零点，零点与球心的连线 HH 称为圆水准轴。当气泡位于小圆圈中央时，圆水准轴处于铅垂位置，圆水准轴与水准仪的竖轴平行。所以当圆水准气泡居中时，表明水准仪基本水平。圆水准器的精度较低，主要用于水准仪的粗略整平。

圆水准器一般装有组成等边三角形的三个校正螺丝，用以校正圆水准轴，使水准轴垂直或平行于仪器某一部分。

2）符合水准器

符合水准器的原理是利用液体受重力作用后气泡居于最高位置的特性来表示仪器的轴线是否在水平位置。水准仪在生产时满足的主要条件就是视准轴应与符合水准轴平行。当通过微倾螺旋调节符合水准器并使气泡居中时，就可以认为水准仪视线水平。符合水准器一般在老式的微倾式水准仪上使用，自动安平水准仪已完全不用，故不再详细介绍。

4. 补偿器

用微倾式水准仪观测时，在圆水准气泡居中（粗平）后，还要用微倾螺旋使水准气泡居中（精平），以便获得水平视线来截取标尺读数。这样由于观测时间的延长，外界条件的变化（如温度改变，尺垫和仪器下沉等），将使读数产生一些误差。为了克服上述缺点，自 20 世纪 50 年代起，仪器厂商生产出一种在望远镜内安装有补偿器的自动安平水准仪，它只需将仪器的圆水准气泡居中，利用补偿器可以将视准轴迅速调整到水平状态。这不仅加快了作业速度，而且对于地面的微小震动、仪器不规则的下沉、风力以及温度变化等外界因素影响所引起的视线微小倾斜，亦可以迅速而自动地给予纠正补偿，这也就提高了测量的精度。因此，现代生产的各类水准仪，无论是普通水准仪，还是精密水准仪，几乎全部采用了自动安平的装置。也就是说，现代生产的各类水准仪，均可称为自动安平水准仪。

图2-13为补偿器的工作原理示意图。当望远镜视准轴处于水平位置 ab 时，从十字丝分划板上 b 位置可读取水准标尺 a 点的正确读数 b。当视准轴发生微小偏斜（偏斜量不超过仪器的补偿范围，如苏一光DSZ2自动安平水准仪的补偿范围±14′），十字丝从 b 点偏到了 b' 点。此时如果没有补偿器，则读数 b' 并非 a 点的读数，而为标尺 a' 处的读数。为了使读数 b' 仍然为 a 点处的读数，人们在物镜与十字丝间增加一补偿器装置 P，使 a 点发出的光线经过补偿器 P 的反射，刚好在十字丝分划板的 b' 处成像。

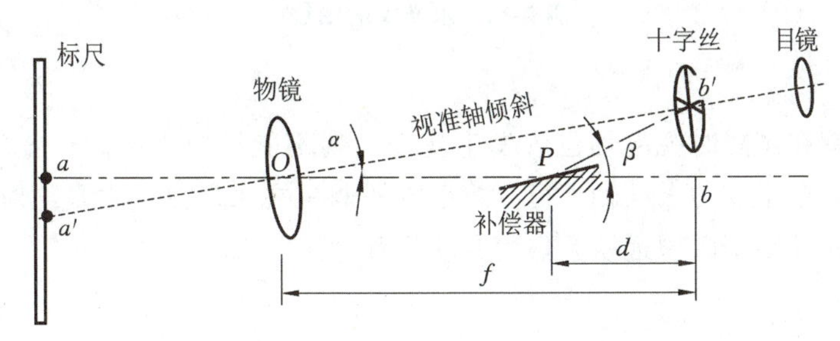

图2-13　补偿器工作原理示意图

5. 水准仪的主要轴线

微倾式水准仪主要有四条轴线：竖轴、管水准轴、视准轴和圆水准轴，如图2-14(a)所示。自动安平水准仪没有管水准器，当然也就没有管水准轴，只有竖轴、视准轴、圆水准轴等三条主要轴线，如图2-14(b)所示。

(1) 视准轴：望远镜的物镜光心与十字丝网中心的连线，如图2-14中的 CC 轴。

(2) 管水准轴：过管水准器的零点（水准管圆弧的中心点）与圆弧相切的切线，如图2-14中的 LL 轴。

(3) 圆水准轴：连接圆水准器零点与球面球心的直线，如图2-14中的 $L'L'$ 轴。

(4) 竖轴：照准部旋转的中心轴称为竖轴，如图2-14中的 VV 轴。

这些轴线应满足的关系如下：

(1) 圆水准轴应平行于仪器的竖轴 $L'L' /\!/ VV$，水准仪的粗平主要是看圆水准器的气泡是否居中。当圆水准轴与仪器的竖轴不平行时，虽然在某个位置气泡居中，但旋转一定角度后气泡会偏，无法判断仪器是否粗平。

(2) 十字丝横丝垂直于竖轴。当仪器粗平后，竖轴处于铅垂位置时，横丝则处于水平状态，这样保证用横丝的任意部位在标尺上读数都是准确的。

(3) 管水准轴应平行于视准轴 $LL /\!/ CC$。对于带管水准器的水准仪来说，当管水准轴与视准轴平行时，只要调平管水准轴就可以认为照准轴处于水平状态。由于机械制造以及使用、搬运等因素，水准仪的视准轴与管水准轴一般不会严格平行，这两条轴线之间在垂直方向的投影存在一个夹角 i，该角对水准测量读数有较大影响，必须校

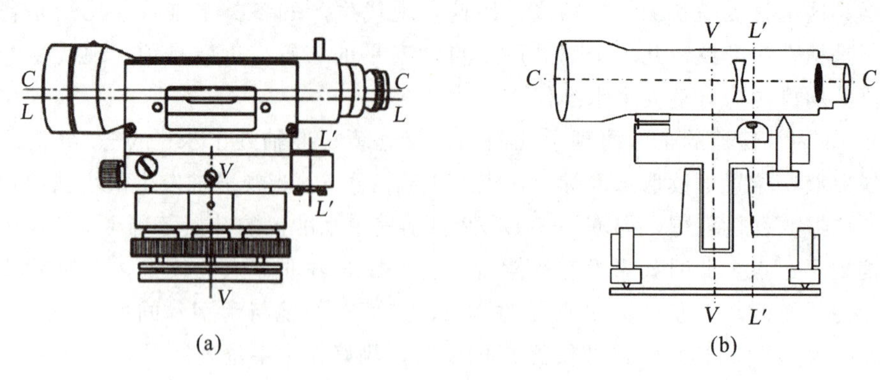

图 2-14　水准仪的轴线

正到一定限度之内。

如果望远镜在调焦时视准轴位置发生变动，就不能设想在不同位置的许多条视线都能够与一条固定不变的水准轴平行。望远镜的调焦在水准测量中是绝对不可避免的，因此必须确保视准轴不因望远镜调焦而变动位置。

6. 水准仪主要技术参数

表 2-1 是我国《城市测量规范》中的水准仪系列分级及其基本技术参数要求。

表 2-1　水准仪系列的分级及基础技术参数

参数名称		单位	等级			
			DS05	DS1	DS3	DS10
精度指标（每千米水准测量高差中数偶然中误差）		mm	±0.5	±1.0	±3.0	±10.0
望远镜	放大倍数，不小于	倍	42	38	28	20
	物镜有效孔径，不小于	mm	55	47	38	28
	最短视距，不小于	m	3.0	3.0	2.0	2.0
自动安平补偿性能	补偿范围	′	±8	±8	±8	±10
	安平精度	″	±0.1	±0.2	±0.5	±2
	安平时间，不长于	s	2	2	2	2
粗水准器角值	直交型管状	′/2mm	2	2	—	—
	圆形		8	8	8	10
仪器净重，不大于		kg	6.5	6.0	3.0	2.0
主要用途			一等水准测量、地震水准测量	二等水准及其他精密水准测量	三、四等水准及一般工程水准测量	图根水准测量

2.2.2 三脚架

三脚架是测量中常用的辅助设备，用于支撑水准仪，确保其稳定并便于观测。三脚架由铝合金、木质或碳纤维制成。铝合金三脚架轻便耐用，木质三脚架价格实惠但重量较大，碳纤维三脚架则具有极高的强度和轻便性。三脚架由架腿和架头构成，如图 2-15 所示。架腿可伸缩，上面有菱形锁紧螺旋，用于调节三脚架高度。架头有中心连接螺旋，用于将水准仪固定在架头上。

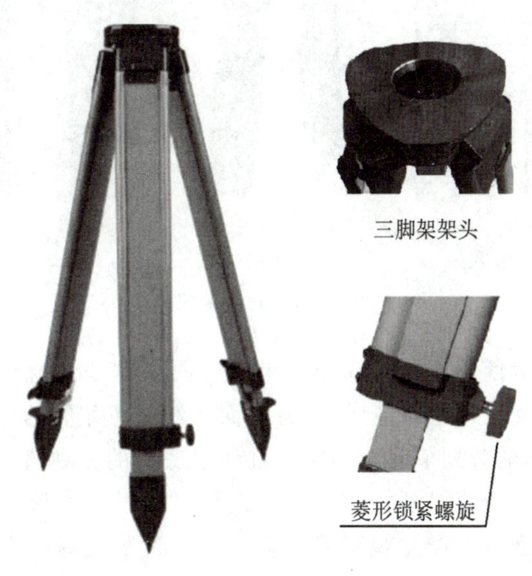

图 2-15　三脚架

2.2.3 水准尺

水准尺就是水准测量使用的水准标尺，也简称为标尺。水准尺有倒像的，也有正像的；材质有木质、金属、复合材料；造型有直尺、折叠尺和塔尺，如图 2-16 所示。

折叠尺可以对折，塔尺可以伸缩，这两种水准尺运输比较方便，但接头处容易损坏，影响标尺的精度。折叠尺或塔尺一般用于精度较低的水准测量。

直尺有普通水准尺和精密水准尺。

普通水准尺一般采用伸缩性小、不易弯曲变形，且质地坚硬的木料，经专门干燥处理后制成。为使标尺不弯曲，其横剖面做成丁字形、槽形、工字形等。直尺有单面刻划和双面刻划两种，尺面每隔 1cm 涂有黑白或红白相间的分格，每分米有数字注记。为观测方便，倒像望远镜配套的倒像标尺，数字常倒写；正像望远镜配套的正像标尺，数字正写。尺子底面钉以铁片，以防磨损。

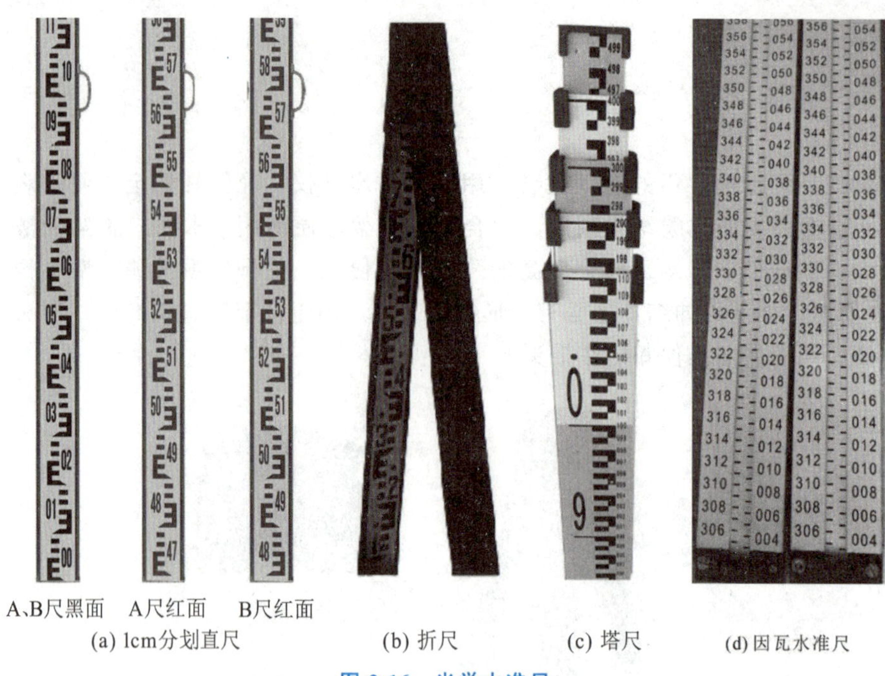

A、B尺黑面　A尺红面　B尺红面

(a) 1cm分划直尺　(b) 折尺　(c) 塔尺　(d) 因瓦水准尺

图 2-16　光学水准尺

普通水准测量一般使用区格式双面直尺，尺面基本分化为 1cm。尺的一面为黑白色相间的分格，称黑面尺（也叫主尺），另一面为红白色相间的分格，称红面尺（也叫辅助尺）。黑面尺底面的分划值起始为零，红面尺底面的分划值从 4687mm 或 4787mm 开始。将红黑面分划起始值错开标注，一方面可以通过测站计算来检查出有可能出现的读数错误；另一方面可以避免观测者读取黑面尺读数之后，再读取该尺另一面读数时会下意识地去“凑数”。双面直尺总是成对使用的。读数时，正像标尺从下往上读（下面数小，上面数大）；倒像标尺从上往下读（上面数小，下面数大）。当没有双面直尺时，也可以使用具有厘米分划的单面水准尺。

精密水准尺由伸缩性很小的铟钢材料或玻璃纤维合成材料制成，如图 2-17 所示。与数字水准仪配套的是条码式因瓦水准尺，如图 2-17（a）所示；与光学水准仪配套的精密水准尺如图 2-17（b）所示。要注意条码水准尺不能被障碍物（如树枝等）遮挡，因为标尺影像的亮度对仪器探测会有较大影响，可能会不显示读数。

为了使水准尺能竖直，有些水准尺上装有圆水准器，当圆水准器的气泡居中时，表示水准尺立于铅垂位置。

2.2.4　尺垫

尺垫用生铁铸成，一般有三角形和圆形两种，下面有三个尖脚，便于踩入土中保持稳定，如图 2-18 所示。根据测量等级的不同，尺垫的重量也会有所区别。例如，三、四等水准测量时，尺垫质量不小于 1kg；二等水准测量时，尺垫质量不小于 3kg。

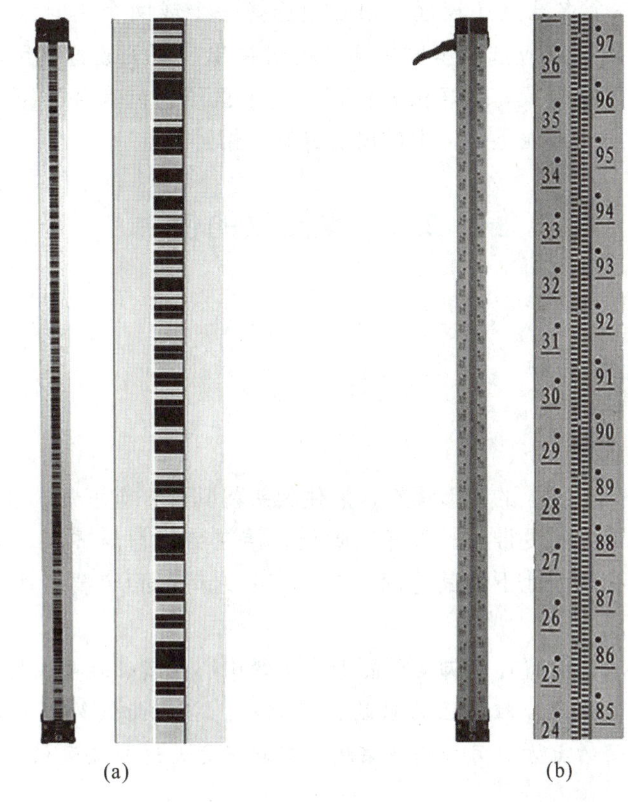

(a)　　　　(b)

图 2-17　精密水准尺

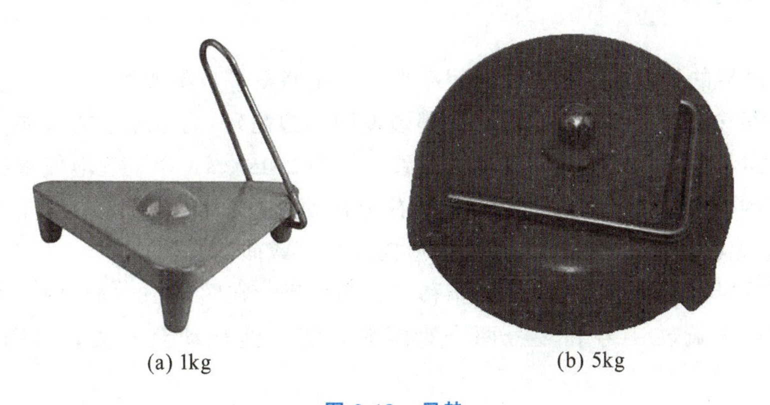

(a) 1kg　　　　(b) 5kg

图 2-18　尺垫

尺垫上通常有一个凸起的半球形小包，立水准尺时应将其立于球顶，使尺底部仅接触球顶最高的一点。这样，当水准尺转动方向时，尺底的高程不会改变。

水准测量时，除了水准点和间歇点以外，其余立尺点上，都要安放尺垫来竖立水准尺，而且测站的观测计算数据未完成或数据检核未满足要求时，必须一直保持尺垫不动。

在特殊地段，如土质松软地区，需要使用尺桩或其他类型的尺承来代替尺垫。

【间歇点】线路水准测量需要中途休息收工时（如中途吃饭、天气变化、当天收工等），如果距离下一个水准点还较远，则必须选择一个或两个临时水准点作为间歇转点，简称间歇点。间歇点应选择坚固可靠、光滑突出、便于放置标尺的石头顶、消防栓顶、墙脚尖顶等明显位置，做好相关标记，用手机照相储存便于下次找寻。如果无此标志点，可将木桩钉入泥土中，木桩顶部钉好圆帽钉。

任务 2.3　水准仪的使用

2.3.1　安装水准仪

仪器设备的使用（微课）

仪器设备的使用（课件）

安装水准仪的步骤如下：

（1）松开三脚架架腿上的菱形螺旋，揪住架头将其提升至下颚，拧紧菱形螺旋。

（2）解开三脚架上的皮带扣，张开三脚架，使三脚架与肩齐高，架头的顶面大致水平，将三脚架脚尖踩入地下使其稳固（三条架腿之间的距离要合适，不得太窄或太宽）。

（3）将水准仪取出放置在三脚架顶面上，旋紧中心螺旋，转身关好仪器箱。

注意：安置好的仪器应较自己的眼睛位置稍低。当地面倾斜较大时，则应将一条架腿安置在倾斜地面的上方，另外两条架腿安置在下方，这样安置仪器才比较稳固。

2.3.2　粗略整平

水准仪的整平（动画）

使圆水准器的气泡居中的操作叫粗略整平。粗略整平步骤如下。

（1）观察气泡的偏离情况（气泡在哪边说明哪边高），确定左手拇指如何移动，气泡移动的方向与左手大拇指的旋转方向一致。在图 2-19（a）中，气泡偏离在圆圈左边的 a 位置（因此左边偏高），要使气泡向右边移动，左手拇指应该向右推（或向内旋转）。如气泡偏在圆圈右边，则左手拇指应向左拨（或向外旋转）。

（2）右手拇指移动方向与左手拇指移动方向相反。在图 2-19（a）中，用双手按相反方向等速向内旋转 1 号和 2 号两个脚螺旋，使气泡移动至 b 处，如图 2-19（b）所示。

（3）再用左手转动 3 号脚螺旋，转动方向如图 2-19（b）所示箭头方向，使气泡居中，如图 2-19（c）所示。

（4）若气泡没有到图 2-19（c）所示位置，则重复步骤（1）～（3），直到气泡居中。

注意：气泡移动方向总是与左手大拇指移动方向一致。而脚螺旋顺时针方向旋转时该位置升高，反之降低，气泡总是往最高处移动。如果脚螺旋转到底了，气泡还没有动，说明气泡所在的方向太高，需要移动该方向上三脚架的脚，使三脚架顶面大致水平后，再使用脚螺旋整平。

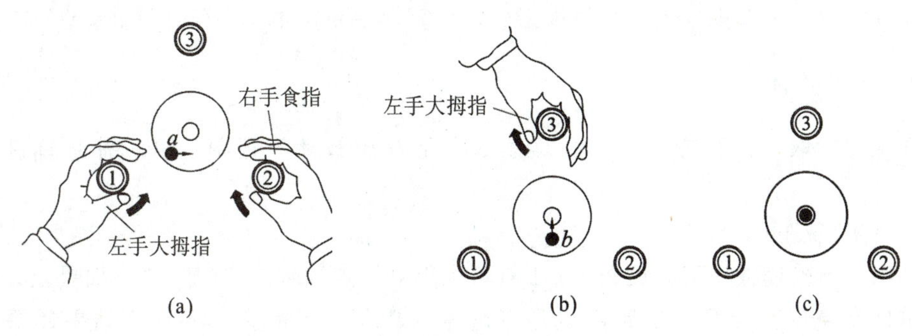

图 2-19　圆水准气泡居中

2.3.3　照准目标

照准目标分为以下几个步骤。

（1）目镜调焦。转动照准部，使望远镜照向一明亮物体，转动目镜调焦螺旋，使十字丝成像最清晰。

（2）粗瞄。转动照准部，利用粗瞄器瞄准目标点，照准时眼睛与瞄准器之间应保留有一定距离。

（3）物镜调焦。旋转物镜调焦螺旋，使目标成像清晰，且能清楚地看到十字丝和水准尺的像在同一平面上。

（4）精确瞄准。转动水平微动螺旋使十字丝纵丝对准目标中间。

注意：当眼睛在目镜端上下或左右移动发现有视差时，说明物镜调焦或目镜屈光度未调好，这将影响观测的精度，应仔细调焦消除视差。

2.3.4　读数

1. 双面直尺的读数

水准尺的读数(动画)

双面直尺的读数由四位数字构成，即米位、分米位、厘米位和毫米位。米位和分米位直接读标尺上的数字；厘米位数条纹，黑白相间的条纹，从字母 *E* 字底部带尖的刻划开始数，一条是 1 厘米；毫米位估读，将每个条纹分成 10 等份，每 1 份就是 1 毫米。

如图 2-20 中的黑面读数，中丝对应的米和分米数字是 15，米位是 1，分米位是 5，1.500 米是从字母 E 字底部带尖的刻划开始。从 E 字底部带尖的刻划开始数，数到中丝位置一共有 8 个黑、白条纹，因此厘米位为 8。从第 9 个条纹底部到中丝位置大约占黑色条纹的 8 份，毫米位为 8。合起来读数就是 1.588 米，习惯上以毫米为单位，不读小数点，因此又可读为 1588。红面读数跟黑面读数方法一样，图 2-20 的红面读数为 6275。注意如果是倒像标尺，应从上往下读。

在读数时，一般先读上下两根视距丝，计算出视距，再读中丝计算高差。

2. 视距的读取

视距的读取有两种方法：一种是读取上下丝读数计算视距；第二种是直接读取视距。

1）计算视距

利用（上丝读数－下丝读数）×100 可求得立尺点到水准仪的距离。如果上、下丝读数单位是毫米，计算出的距离也是以毫米为单位。习惯上，将计算结果还要除以1000，将单位换算为米。图 2-20 左图中的黑面读数，上丝读数减下丝读数为 1689－1487＝0202mm，即视距为 0202mm×100 /1000＝20.2m。

2）直接读取视距

从视距计算公式可以得出，标尺上 1cm 间隔对应的实地距离为 1m。只要数出上下丝之间有多少条黑白相间的条纹，就知道视距有多少米。直接读取保留到整米。图 2-20 右图中的红面读数，上下丝之间一共有 19 条红白相间的条纹，即视距为 19m。对于等外水准测量和图根水准测量，视距可以直接读取。

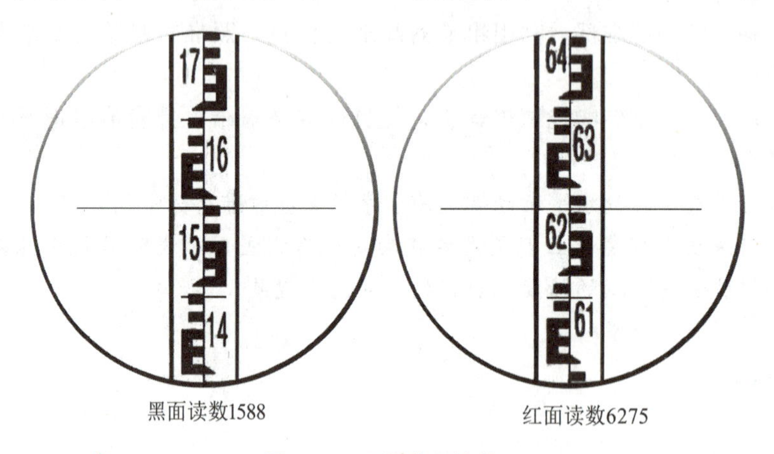

图 2-20　双面直尺读数

任务 2.4　水准路线的布设

水准路线的布设（微课）

水准路线的布设（课件）

2.4.1　水准路线的布设形式

水准路线的布设形式分为单一水准路线和水准网。根据测区的自然地理状况和已知点的数量及分布状况，单一水准路线的布设形式有附合水准路线、闭合水准路线和支水准路线等三种。

1. 附合水准路线

从一个已知高程的水准点出发，沿一条路线进行水准测量，以测定各个未知水准点的高程，最后附合到另一已知高程的水准点所构成的一条水准路线，称为附合水准路线。如图 2-21 所示，从已知水准点 BM_A 出发，沿路线进行水准测量，经过未知水准点 1，2，…，i 等，最后连测到另一个已知高程的水准点 BM_B 上。

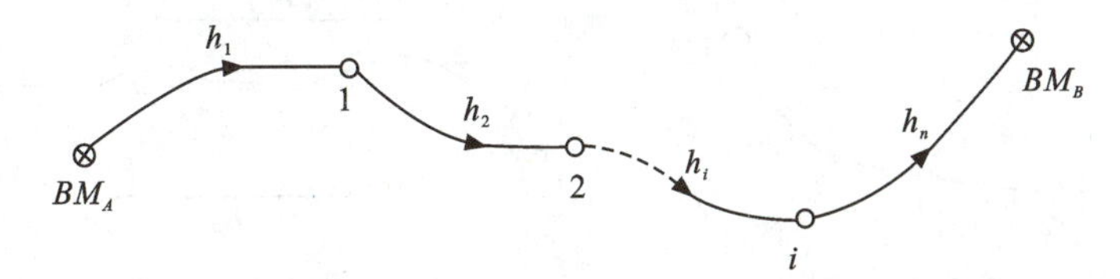

图 2-21　附合水准路线

附合水准路线可进行观测成果的内部检核。在理论上，水准路线所有测站的高差之和 $\sum h$，应该等于两个已知水准点之间的高差($H_{终} - H_{始}$)。但是，由于水准测量中仪器误差、观测误差以及外界的影响，使水准测量中不可避免地存在着误差，一般来说 $\sum h$ 和 $H_{终} - H_{始}$ 不完全相等，两者之差称为高差闭合差，其值应在允许范围内。附合水准路线的高差闭合差计算公式为：

$$f_h = \sum h_i - (H_{终} - H_{始}) \tag{2-7}$$

2. 闭合水准路线

从一个已知高程的水准点出发，沿一条环形路线进行水准测量，以测定各个未知水准点的高程，最后仍闭合到原已知水准点所组成的环形水准路线，称为闭合水准路线，如图 2-22 所示。闭合水准路线也可通过高差闭合差进行观测成果的内部检核。但是，如果起点高程有错误，将不会被发现。理论上，闭合水准路线的各测站高差之和为零。但是，实测高差的和不一定等于零，闭合水准路线的高差闭合差计算公式为：

$$f_h = \sum h_i \tag{2-8}$$

3. 支水准路线

从一个已知高程的水准点出发，沿一条路线进行水准测量，以测定各个未知水准点的高程，最后没有连测到已知高程的水准点，这样的水准路线称为支水准路线，如图 2-23 所示。为了能进行观测成果的检核和提高精度，支水准路线必须进行往返观测，并认真检查已知水准点高程的正确性。在理论上，支水准路线的往测高差的绝对值应该与返测高差的绝对值相等、符号相反。因此，实际测量的往、返测高差之和称为支水准路线的高差闭合差，即：

$$f_h = h_{往} + h_{返} \tag{2-9}$$

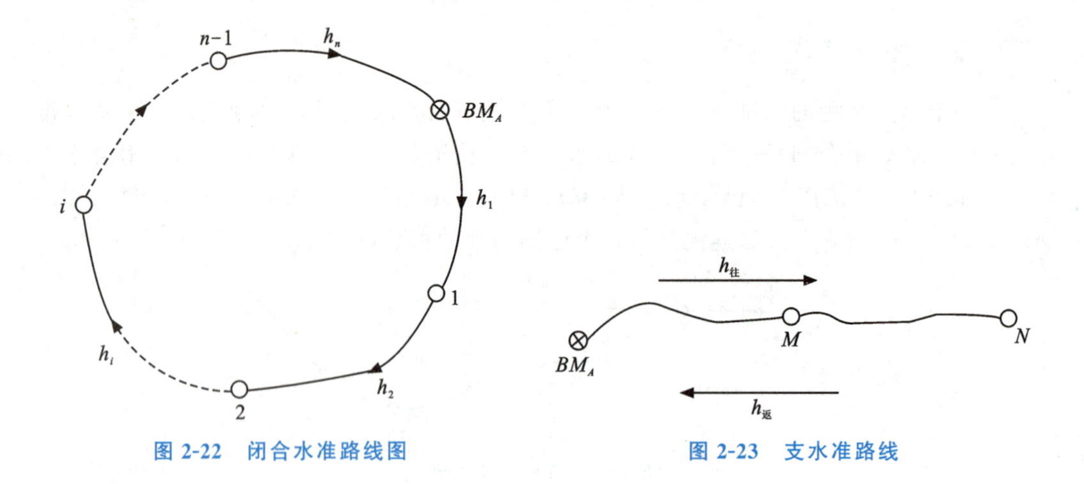

图 2-22　闭合水准路线图

图 2-23　支水准路线

4. 水准网

水准网是指由若干条单一水准路线相互连接而成的图形，如图 2-24 所示。水准网有各种各样的形式，如附合水准网、闭合水准网、独立水准网。水准网的高差闭合差计算较单一的线路水准测量计算复杂很多，本书不予介绍。

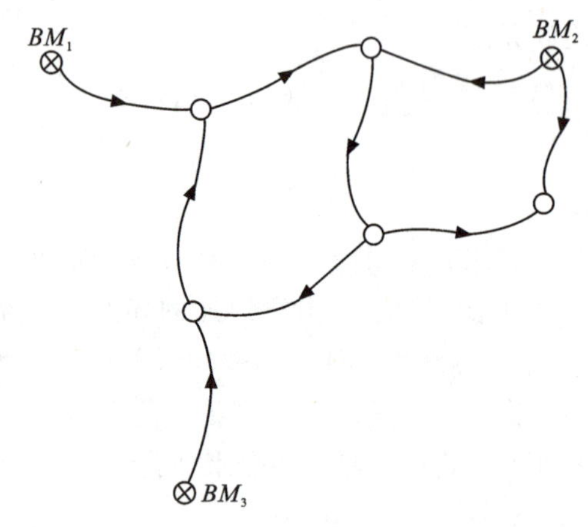

图 2-24　水准网示意图

2.4.2　水准路线的设计和埋石

进行水准测量必须先做技术设计，其目的在于根据作业的具体任务要求，从全局考虑统筹安排，使整个水准测量任务能够顺利地进行。此项工作的好坏，不仅直接影响到水准测量的速度、精度和成果的使用，而且还影响到与此有关的工程建设速度和质量，因此必须认真负责地做好水准路线的设计工作。

1. 收集资料

在拟订水准路线以前，应收集现有的较小比例尺地形图、测区的地理状况、测区已有的水准测量资料，包括水准点的高程、精度、高程系统、施测年份及施测单位等，并对这些资料进行综合分析。

2. 实地踏勘

根据收集的资料，到实地进行踏勘，核对地形图的正确性，了解水准点的现状，例如是保存完好还是已被破坏。在此基础上根据任务要求确定如何合理使用已有资料。

3. 技术设计

在地形图上，根据已知点的分布状况和自然地理状况，确定布设什么样的水准路线。一般来说，对精度要求高的水准路线应该沿公路、主干道布设，精度要求较低的水准路线也应尽可能沿各类道路布设，目的在于路线通过的地面要坚实，使仪器和标尺都能稳定。为了不增加测站数，并保证足够的精度，还应使路线的坡度较小，并根据有关规范规定的水准路线长度，确定出未知水准点的位置。

规范规定，等外水准测量中，高级点间附合路线或闭合环线长度不得大于 10km；单结点路线长度不得大于 7km；支水准路线长度不得大于 2.5km，图根水准测量中，当等高距为 0.5m 时，附合路线或闭合路线全长不得超过 5km，支水准路线全长不得大于 2km；当等高距为 1m 时，附合路线或闭合路线全长不得超过 8km，支水准路线全长不得超过 3km。

图上设计结束后，绘制一份水准路线布设图。图上按一定比例绘出水准路线、水准点的位置，注明水准路线的等级、水准点的编号。

除了水准线路的布设外，技术设计的内容还包括测量的目的、任务介绍、地理概况、适用的规范、技术要求、工作日程安排、人员分配、观测实施、成果处理、检查提交等。具体可参见《测绘技术设计规定》(CH/T 1004—2005)。

4. 埋石

在进行水准路线设计时，可将已有的三角点、导线点等平面控制点作为未知水准点（因这些点还需测量出高程），如需单独选定水准点，应埋设标石。选择埋设水准点的具体地点，应能保证标石稳定、安全、长期保存，而且又便于使用。基本控制点的标石，通常用混凝土制作，可以预制，也可以现场浇灌，其尺寸如图 2-25（a）所示。所有水准点（含水准路线中的三角点、导线点等）埋石后，应绘制出埋石点的“点之记”，如图 2-25（b）所示，以便于以后使用时寻找。对于临时性的点位，可打木桩或选定坚固的地物，如水泥墩、大岩石等，并在上面做明显标志。

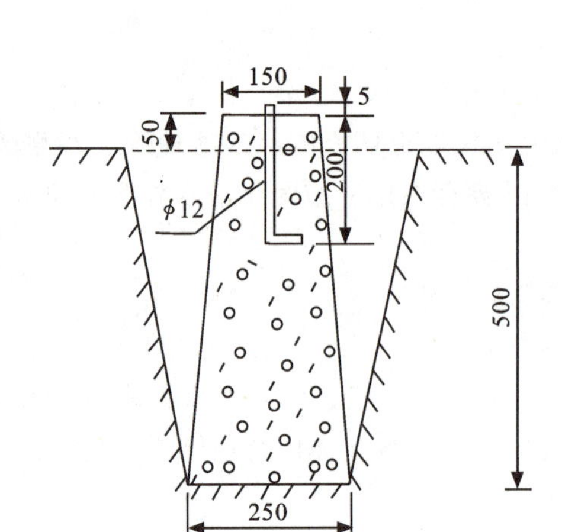

点名	IV_{25}
标石类型	普通水准点标石
所在地点	测绘学校

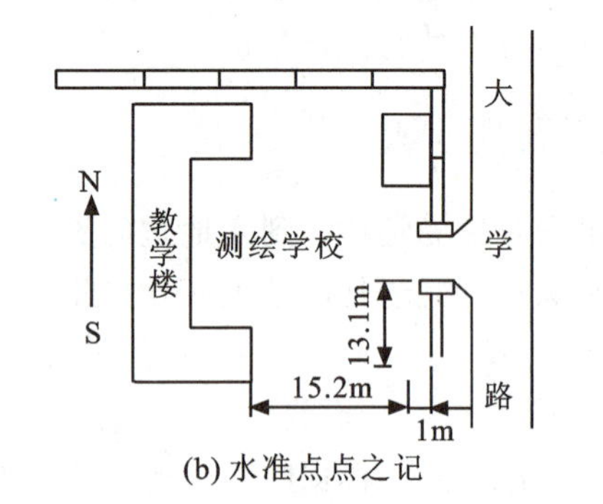

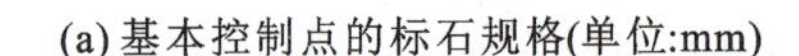
(a) 基本控制点的标石规格(单位:mm)　　(b) 水准点点之记

图 2-25　标石及点之记示意图

任务 2.5　水准测量的外业施测

为了适应各方面的需要，国家测绘部门对全国的水准测量做了统一的规定，按不同的要求规定了四个等级：一等、二等、三等、四等。一等水准测量精度最高，四等水准测量精度最低；一、二等水准测量是研究地球形状和大小、海洋平均海水面变化的重要资料，同时根据重复测量的结果，可以研究地壳的垂直形变规律，是地震预报的重要数据；三、四等水准测量直接为地形测图和各种工程建设提供高程控制点。除国家等级的水准测量外，还有等外水准测量和图根水准测量，它们采用精度较低的水准仪，测算工作也比较简单，其中图根水准测量主要用于地形图测绘中测定图根点的高程。

由于各等级水准测量的主要用途及精度要求不同，水准测量的规范依次对各等级水准测量的路线布设、使用仪器以及具体施测过程都有不同的规定。

2.5.1　图根水准测量

图根水准测量外业实施（微课）

1. 一般规定

一级图根水准路线应起闭于国家等级高程控制点，支线水准点不得再发展。使用仪器精度不低于 DS10 型水准仪，单程观测（水准支线应往返观测），估读至毫米，视距不大于 100m，且前后视距应大致相等，视线高度三丝能读数。图根水准测量路线的高程闭合差或支水准路线的往返测高差较差应不超过 $40\sqrt{L}$，其中 L 为路线全长，以千米为单位。闭合差或较差以毫米为单位。

图根水准测量外业实施（课件）

2. 施测过程

图根水准测量常采用附合水准路线、闭合水准路线和支水准路线三种水准路线布设形式。假设图 2-26 为一条图根级别的附合水准路线。测量员从已知水准点 A 出发，经过转点 TP_1、TP_2、未知水准点 B、转点 TP_3，最后测到已知水准点 C。在测量过程中，起点 A 和终点 C 上只需竖立一次水准尺、读取一个数，而在中间的未知水准点 B 和各转点 TP_1、TP_2、TP_3 上，则必须竖立两次尺、读两次数。例如，对于 TP_1 点，在第一站读数为 b_1（前视读数），到第二站其读数为 a_2（后视读数），TP_2，TP_3 亦是如此。这样，便将已知点 A 的高程通过 TP_1 传递到 TP_2，TP_2 传递到未知水准点 B，B 传递到 TP_3，TP_3 最后传递到已知水准点 C。

在水准路线和水准网中，相邻两个水准点之间称为一个测段。如图 2-26 所示，水准点 A 到水准点 B 为一测段；水准点 B 到水准点 C 为一测段。每安置一次仪器进行观测称为一个测站。一个测段内包含一个或多个测站。图根水准测量应以测段为单位，逐测段观测。一个测段的观测，应该从水准点开始连续设站，逐站进行观测至下一个水准点结束。

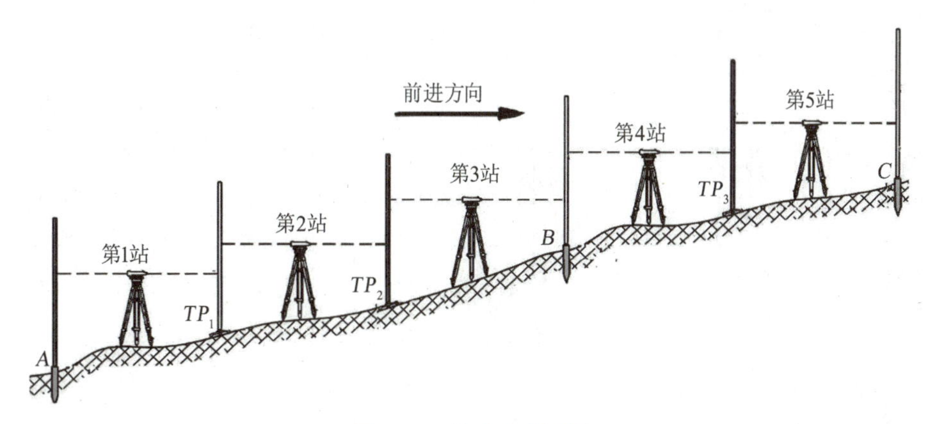

图 2-26　线路水准测量

如果对某个转点上水准尺的观测出错（如尺垫的位置变动、土质松软引起尺子下沉太多、读数记录错误等），那么，这个错误就会一直传递到最后一站，使未知点 B 对已知点 A 的高差中也带有这个错误，这是不允许的。因此，对于每个测站的观测都必须认真仔细，不能出错。转点应选在土质坚实的地面上。尤其要注意的是，当把仪器从一个测站搬到下一测站时，前尺的尺垫不能移动。在观测过程中，不允许碰动尺垫，如有碰动，则该测段内的所有观测成果均应予报废，进行重测。

3. 测站观测与记录

水准测量迁站时的注意事项（动画）

对照图 2-26 及表 2-2，第一个测站的作业步骤大致如下。

(1) 立尺员甲在 A 点竖立水准尺，作第一站的后视；观测员在适当地点（考虑视距限差要求及方便观测）安置水准仪，粗略整平仪器；立尺员乙保证前视距须与后视距大致相等的前提下（一般用步测），选择一个合适位置作为转点 TP_1，在此安放尺垫并在其上竖立水准标尺，作为第一个测站的前视。

（2）观测员架好仪器后，瞄准 A 点上的后尺，读取上、下丝读数记入手簿（表 2-2 第 3 列），读取后尺中丝读数记入第 5 列。

（3）照准 TP_1 上的前尺，读取上、下丝和中丝读数，记入手簿相应位置。

（4）计算视距和高差，分别记于手簿第 4 列和第 6 列，完成第一个测站的测量工作。

接着，观测员将仪器迁至第二站，记录员指示立尺员甲可以迁站，立尺员甲在前进路线上选择一合适位置作为转点 TP_2，在此安放尺垫并在其上竖立水准标尺，作为第二个测站的前尺。立尺员乙在确保 TP_1 处尺垫不动的情况下，转身面向观测员竖立水准尺（变为第二个测站的后尺），观测、记录方法如前。如此进行下去，直至到达 C 点完成全部观测。

表 2-2　图根水准测量记录手簿

<table>
<tr><th rowspan="3">测站</th><th rowspan="3">测点</th><th colspan="2">上、下丝读数</th><th>中丝读数</th><th rowspan="3">高差/m</th><th rowspan="3">高程/m</th></tr>
<tr><th>上丝/mm</th><th rowspan="2">视距/m</th><th>后尺/mm</th></tr>
<tr><th>下丝/mm</th><th>前尺/mm</th></tr>
<tr><td>1</td><td>2</td><td>3</td><td>4</td><td>5</td><td>6</td><td>7</td></tr>
<tr><td rowspan="4">1</td><td rowspan="2">A_1</td><td>2750</td><td rowspan="2">53.1</td><td rowspan="2">2485</td><td rowspan="4">+1.752</td><td rowspan="2">31.685</td></tr>
<tr><td>2219</td></tr>
<tr><td rowspan="2">TP_1</td><td>0990</td><td rowspan="2">51.2</td><td rowspan="2">0733</td><td rowspan="2"></td></tr>
<tr><td>0478</td></tr>
<tr><td rowspan="4">2</td><td rowspan="2">TP_1</td><td>0695</td><td rowspan="2">6.8</td><td rowspan="2">0660</td><td rowspan="4">−1.655</td><td rowspan="2"></td></tr>
<tr><td>0627</td></tr>
<tr><td rowspan="2">TP_2</td><td>2347</td><td rowspan="2">6.6</td><td rowspan="2">2315</td><td rowspan="2"></td></tr>
<tr><td>2281</td></tr>
<tr><td rowspan="4">3</td><td rowspan="2">TP_2</td><td>1330</td><td rowspan="2">72.0</td><td rowspan="2">0969</td><td rowspan="4">−0.758</td><td rowspan="2"></td></tr>
<tr><td>0610</td></tr>
<tr><td rowspan="2">B_1</td><td>2090</td><td rowspan="2">73.0</td><td rowspan="2">1727</td><td rowspan="2"></td></tr>
<tr><td>1360</td></tr>
<tr><td rowspan="4">4</td><td rowspan="2">B_1</td><td>2041</td><td rowspan="2">69.9</td><td rowspan="2">1693</td><td rowspan="4">+0.206</td><td rowspan="2"></td></tr>
<tr><td>1342</td></tr>
<tr><td rowspan="2">TP_3</td><td>1842</td><td rowspan="2">70.9</td><td rowspan="2">1487</td><td rowspan="2"></td></tr>
<tr><td>1133</td></tr>
</table>

续表

测站	测点	上、下丝读数		中丝读数	高差/m	高程/m
		上丝/mm	视距/m	后尺/mm		
		下丝/mm		前尺/mm		
5	TP_3	1943	72.3	1582	+0.157	
		1220				
	C_1	1793	73.4	1425		31.382
		1059				
计算检核		$\sum S=$ 549.2	$\sum a-\sum b=7.389-7.687=-0.298$		$\sum h=-0.298$	

表中 A_1、C_1 为已知水准点，B_1 为未知水准点，TP_1、TP_2、TP_3 为转点。

4. 计算与检核

表 2-2 中的最后一行是对视距总和、高差进行计算与检核。

(1) 其中第 4 列 $\sum S$ 为视距总和，它代表了水准路线的总长度。不同等级的水准测量对水准路线的长度有不同的要求。水准路线的长短反映了水准点的密度，各测段的水准路线太长则水准点密度不够（同时还会影响水准测量成果的精度），太短则会增加测站数，导致精度降低。

(2) 第 5、6 列对记录中每一页的高差计算进行检核。利用式 (2-5)，先求得高差总和：

$$h_{AC}=h_1+h_2+\cdots+h_n=-0.298\text{m}$$

计算后视读数总和与前视读数总和，以及二者之差，得：

$$\sum a-\sum b=7.389-7.687=-0.298\text{m}$$

上述两数相等，说明各测站高差计算无误。

(3) 计算高差闭合差以及高差闭合差限差。

附合水准路线的高差闭合差：

$$f_h=h_{AC}-(H_C-H_A)=-0.298-(31.382-31.685)=+0.005\text{m}=+5\text{mm}$$

图根水准测量高差闭合差限差：

$$\pm 40\sqrt{L}=\pm 29\text{mm}$$

闭合差小于限差，外业观测数据合格。

四等水准测量外业实施（微课）

2.5.2　三、四等水准测量

四等水准测量外业实施（课件）

1. 一般规定

(1) 使用 DS3 级以上的光学水准仪或数字水准仪。光学水准仪配备双面区格式木制直尺，数字水准仪配备条码式精密水准尺。尺垫质量不小于1kg。

（2）自动安平光学水准仪每天检校一次 i 角，作业开始后的7个工作日内，若 i 角较为稳定，以后每隔15天检校一次。数字水准仪，整个作业期间应在每天开测前进行 i 角测定。若 i 角大于±20"，送厂校正后才能使用。

（3）每测段的往测和返测的测站数应为偶数。由往测转为返测时，两根标尺应互换位置，并重新整置仪器。

（4）三、四等水准观测的视线长度、前后视距、视线高度等要求见表2-3。

（5）数字水准仪测量的高程单位和记录到内存的单位为米，最小显示位为0.1mm，测量前需要设置前后视距差限差、前后视距差累积限差、两次读数高差之差限差等测站限差参数。

表2-3　三、四等水准测量观测限差

等级	仪器类别	视线长度/m	前后视距差/m	前后视距累计差/m	视线高度	基辅分划或黑红面读数之差/mm	基辅分划、黑红面两次高差之差/mm	数字水准仪重复测量次数
三等	DS3	≤75	≤2.0	≤5.0	三丝能读数	2.0	3.0	≥3次
	DS1/DS05	≤100						
四等	DS3	≤100	≤3.0	≤10.0	三丝能读数	3.0	5.0	≥2次
	DS1/DS05	≤150						

注：摘自《国家三、四等水准测量规范》（GB/T 12898—2009）

2. 施测过程

三、四等水准测量常采用附合水准路线和闭合水准路线，四等水准测量也可以采用支水准路线布设形式。三、四等水准测量应以测段为单位，逐测段观测。对于三等水准测量，采用中丝读数法进行往返测。用下丝读数减去上丝读数计算视距。当使用具有光学测微器的水准仪和线条式因瓦标尺进行观测时，可采用单程双转点法观测。两种方法每站的观测顺序为后、前、前、后（黑、黑、红、红）。对于四等水准测量，采用中丝读数法进行单程观测，用下丝读数减去上丝读数计算视距。当采用双面区格式木制直尺时，每测站观测顺序为后、后、前、前（黑、红、黑、红）；当采用单面标尺时，应变动仪器高度并观测两次。支水准路线应进行往返观测或单程双转点法观测。

在观测过程中，转动照准部要轻、稳。由后视尺转到前视尺后，先检查圆水准气泡再读数，如发现气泡偏移超过规定范围，则观测数据作废，整平仪器后重新观测，不能转动脚螺旋调圆水准器气泡居中后继续观测，以免视线高度变动。记录员应该把观测员所报的读数复诵一遍以免出错。每测站的各项数据完成计算，并且各项限差都不超限才可以迁站，否则该站应立即重测。在一测站还没观测完时，严禁碰动后尺的尺垫。观测中，水准标尺要立直、立稳，观测员、记录员、立尺员要互相配合好。

3. 测站观测与记录

三、四等水准测量的观测方法因等级、参加人数和使用的仪器类型不同而不同。最常用的有改变仪器高法、双面尺法、单程双转点法、单程双仪器法等。下面介绍光学水准仪双面尺法的观测方法。

采用光学水准仪和双面木质标尺进行观测，一测站操作程序如下（以四等水准测量为例）。

（1）照准后视标尺黑面，读取上、下丝读数和黑面中丝读数，分别记入表 2-4 中第（1）、（2）、（3）栏。

（2）照准后视标尺红面，读取红面中丝读数，记入表 2-4 中第（4）栏。

（3）旋转照准部，照准前视标尺黑面，读取上、下丝读数和黑面中丝读数，分别记入表 2-4 中第（5）、（6）、（7）栏。

（4）照准前视标尺红面，读取红面中丝读数，记入表 2-4 中第（8）栏。

以上的观测顺序可以归结为：后、后、前、前（黑、红、黑、红）。

表 2-4　四等水准测量观测记录表示例

测站编号	后尺 上丝 / 下丝	前尺 上丝 / 下丝	方向及尺号	标尺读数		黑＋K－红	高差中数	备注
	后距	前距		黑面	红面			
	视距差 d	$\sum d$						
	（1）	（5）	后	（3）	（4）	（13）	（18）	
	（2）	（6）	前	（7）	（8）	（14）		
	（9）	（10）	后－前	（15）	（16）	（17）		
	（11）	（12）						
1	1714	1851	后	1538	6324	＋1	－0.135	
	1359	1498	前	1673	6359	＋1		
	35.5	35.3	后－前	－135	－35	0		
	＋0.2	＋0.2						

4. 计算与检核

为了保证每一测站的结果正确而又合乎精度要求，在每站观测过程中及结束后，应立即按下列步骤进行计算和检核。

(1) 计算前、后视距，视距差 d 及视距累积差 d。

后视距：(9)=[(1)−(2)]×100

前视距：(10)=[(5)−(6)]×100

(9)、(10) 通常还需除以 1000 将单位换算成米。若使用 DS3 型水准仪进行四等水准测量，则 (9)、(10) 应小于等于 100m。

前、后视距差 d：(11)=(9)−(10)

视距累积差 d：(12)=前站的(12)+本站的(11)

如 d 或 $\sum d$ 超过规定限差，只能移动前视标尺位置（前标尺不能动时移动仪器位置），后视标尺绝不能动，否则，要从该测段起点重测。另外，记录员应经常将累积差告诉观测员和前标尺员，以便随时调整前视距，使视距累积差保持在零附近。

(2) 同一标尺黑、红面读数差的检核。

同一标尺黑、红面的读数之差，应等于该尺黑、红面的常数差 4687 或 4787，限差如表 2-3 所示。黑、红面读数差记在手簿的 (13)、(14) 处，其算式为：K+黑−红，即：

(13)=K+(3)−(4)

(14)=K+(7)−(8)

K 为标尺黑、红面的常数差。在实际工作中，若 (13) 或 (14) 超限，应及时重新观测本测站，超限的记录应废去。

(3) 高差的计算与检核。

标尺黑面读数算得的高差即黑面高差，记于 (15) 处。

(15)=(3)−(7)

标尺红面读数算得的高差即红面高差，记于 (16) 处。

(16)=(4)−(8)

(17)=(15)−[(16)±100]

检核计算(17)=(13)−(14)

如果后视尺是 4687，则应加 100；如果后视尺是 4787，则应减 100。按横向和纵向算出的 (17) 应完全一致，否则，说明计算有误，应查出原因改正。四等水准测量中，当 (17) 项的绝对值大于规定值 5mm 时，应重测本站。

若黑、红面读数差和黑红面高差之差均未超过限差，即可计算高差中数，记于 (18) 处。

(18)=(15)+[(16)±100]

高差中数取位至毫米，若出现 0.5mm，则采取“奇进偶舍”原则进行取位。“奇进偶舍”原则是指，如果保留位数的后一位是 5，而且 5 后面不再有数，要根据尾数“5”的前一位决定是舍去还是进入，如果是奇数则进入，如果是偶数则舍去。例如 5.2115 米取位到毫米为 5.212 米；5.2205 米取位到毫米为 5.220 米。

在测站上，只有当每一项检核计算都合格，即表 2-4 中的（9）、（10）、（11）、（12）、（13）、（14）、（17）都符合限差要求时，才能迁站。

（4）高差闭合差的检核。

每条水准路线观测结束后，在野外要计算该路线的高差闭合差，并与其限差比较，如果超过限差，则应找出原因重测。重测时，可先找可靠性较小的测段重测。当用重测高差参与闭合差计算不超限时，则取重测结果，如超限，则应找其他可靠性较小的整测段重测，直到满足限差要求。三、四等水准测量的高差闭合差限差如表 2-5 所示。

表 2-5　三、四等水准测量高差闭合差的限差

等级	测段、路线往返测高差不符值	测段、路线的左、右路线高差不符值	附合路线或环线闭合差		检测已测测段高差的差
			平原	山区	
三等	$\pm 12\sqrt{K}$	$\pm 8\sqrt{K}$	$\pm 12\sqrt{L}$	$\pm 15\sqrt{L}$	$\pm 20\sqrt{R}$
四等	$\pm 20\sqrt{K}$	$\pm 14\sqrt{K}$	$\pm 20\sqrt{L}$	$\pm 25\sqrt{L}$	$\pm 30\sqrt{R}$

注：K——测段或路线的长度，单位为千米（km）；
L——附合路线或环线的长度，单位为千米（km）；
R——检测测段的长度，单位为千米（km）；
山区指高程超过 1000m 或路线中最大高差超过 400m 的地区。

注：摘自《国家三、四等水准测量规范》（GB/T 12898—2009）

2.5.3　二等水准测量

1. 一般规定

（1）使用 DS1 级以上的自动安平光学水准仪或自动安平数字水准仪。配备线条式因瓦水准尺或条码式因瓦水准尺。尺垫质量不小于 3kg。

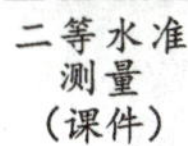

（2）自动安平光学水准仪每天检校一次 i 角，作业开始后的 7 个工作日内，若 i 角较为稳定，以后每隔 15 天检校一次。数字水准仪，整个作业期间应在每天开测前进行 i 角测定。若 i 角大于±15"，送厂校正后才能使用。

（3）数字水准仪重复测量次数不小于 2 次，测量精度精确至 0.01mm。

（4）每测段的往测和返测的测站数应为偶数。由往测转为返测时，两根标尺应互换位置，并重新整置仪器。

(5) 对于数字水准仪，应避免望远镜直接对着太阳；尽量避免视线被遮挡，遮挡不要超过标尺在望远镜中截长的 20%；仪器只能在厂方规定的温度范围内工作。

(6) 使用数字水准仪进行二等水准测量，视线长度、前后视距、视线高度等要求如表 2-6 所示。

表 2-6　二等水准测量技术要求（数字水准仪）

视线长度/m	前后视距差/m	前后视距累积差/m	视线高度/m		两次读数所得高差之差/mm	水准仪重复测量次数	闭合差/mm
			2 米尺	3 米尺			
≥3 且≤50	≤1.5	≤6.0	≥0.55 且≤1.85	≥0.55 且≤2.80	≤0.6	≥2 次	$\pm 4\sqrt{L}$

注：摘自《国家一、二等水准测量规范》(GB/T 12897—2006)

2. 施测过程

二等水准测量常采用附合水准路线和闭合水准路线布设形式。采用单路线往返观测，在每一区段内，先连续进行所有测段的往测（或返测），随后再连续进行该区段的返测（或往测），往测和返测应使用同一类型的仪器和转点尺承沿同一道路，分别在上午与下午进行。若区段较长，也可将区段分成 20～30km 的几个分段，在分段内连续进行所有测段的往返观测。

使用数字水准仪，往返测奇偶测站的观测顺序不同。奇数测站照准标尺分划的顺序为后、前、前、后；偶数测站照准标尺分划的顺序为前、后、后、前。

观测前 30 分钟，应将仪器置于露天阴影下，使仪器与外界气温趋于一致；设站时，应用测伞遮蔽阳光；迁站时，应罩以仪器罩。使用数字水准仪前，还应进行预热，预热不少于 20 次单次测量。

除路线转弯处外，每一测站上仪器与前后视标尺的三个位置，应接近一条直线。在安置三脚架时，应使其中两脚与水准路线的方向平行，而第三脚轮换置于路线方向的左侧与右侧。

3. 测站观测与记录

采用数字水准仪，一测站操作程序如下（以奇数站为例）。

(1) 首先将仪器整平（望远镜绕垂直轴旋转，圆气泡始终位于指标环中央）。

(2) 将望远镜对准后视标尺（此时，标尺应按圆水准器整置于垂直位置），用垂直丝照准条码中央，精确调焦至条码影像清晰，按测量键，显示读数后，将视距、中丝读数分别记入表 2-7 中第 (1)、(2) 栏。

（3）旋转望远镜照准前视标尺条码中央，精确调焦至条码影像清晰，按测量键，显示读数后，将视距、中丝读数分别记入表 2-7 中第（3）、（4）栏。

（4）继续照准前视标尺，按测量键，显示读数后，将中丝读数记入表 2-7 中第（5）栏。

（5）旋转望远镜照准后视标尺条码中央，精确调焦至条码影像清晰，按测量键。显示读数后，将中丝读数记入表 2-7 中第（6）栏。

表 2-7　二等水准测量观测记录表

<table>
<tr><th rowspan="2">测站编号</th><th>后距</th><th>前距</th><th rowspan="2">方向及尺号</th><th colspan="2">标尺读数</th><th rowspan="2">两次读数之差</th></tr>
<tr><th>视距差</th><th>累积视距差</th><th>第一次读数</th><th>第二次读数</th></tr>
<tr><td rowspan="4"></td><td rowspan="2">(1)</td><td rowspan="2">(3)</td><td>后</td><td>(2)</td><td>(6)</td><td>(11)</td></tr>
<tr><td>前</td><td>(4)</td><td>(5)</td><td>(12)</td></tr>
<tr><td rowspan="2">(7)</td><td rowspan="2">(8)</td><td>后－前</td><td>(9)</td><td>(10)</td><td>(13)</td></tr>
<tr><td>h</td><td colspan="2">(14)</td><td></td></tr>
<tr><td rowspan="4">1</td><td rowspan="2">41.5</td><td rowspan="2">41.4</td><td>后</td><td>113916</td><td>113906</td><td>+10</td></tr>
<tr><td>前</td><td>109272</td><td>109260</td><td>+12</td></tr>
<tr><td rowspan="2">+0.1</td><td rowspan="2">+0.1</td><td>后－前</td><td>+4644</td><td>+4646</td><td>−2</td></tr>
<tr><td>h</td><td colspan="2">+0.04645</td><td></td></tr>
</table>

4. 计算与检核

（1）视距差 d、视距累积差 d 的计算。

前、后视距差 d：(7)＝(1)－(3)

视距累积差 d：(8)＝前站的(8)＋本站的(7)

如 d 或 $\sum d$ 超过规定限差，只能移动前视标尺位置（前标尺不能动时移动仪器位置），后视标尺绝不能动，否则，要从该测段起点重测。另外，记录员应经常将累积差告诉观测员和前标尺员，以便随时调整前距，使视距累积差保持在零附近。

（2）同一标尺两次读数差的计算。

(11)＝(2)－(6)

(12)＝(4)－(5)

（3）高差的计算与检核。

(9)＝(2)－(4)

(10)＝(6)－(5)

(13)＝(9)－(10)

当（13）项的绝对值小于等于规定值 0.6mm 时，即可计算高差中数，记于

(14) 处。

(14)=[(9)+(10)]/2

2.5.4 野外观测工作的注意事项

造成水准测量中的事故或精度达不到要求而返工的原因，往往是作业人员对工作不熟悉和不细心。为此，除要求作业人员树立高度的责任心外，还应注意以下几点。

1. 观测

(1) 观测前，必须对仪器进行认真检校，使之达到该满足的精度要求。

(2) 在安置仪器时，手要抓牢仪器，规范操作，避免仪器摔落到地上。仪器应安置在土质坚实的地方，并将三脚架踩实，防止仪器下沉。

(3) 观测中，作业人员一定不要离开仪器。烈日下或雨天，撑伞保护仪器，确保仪器的安全。

(4) 水准仪至前、后水准尺的距离应尽量相等。当前后视距相差过大时，以及视距差的累积值相差过大时，观测员要指挥立尺员改变前尺位置，或者改变仪器位置以满足要求。

(5) 每次读数一定要消除视差；读数时应仔细、果断、迅速、准确。

(6) 应首先使圆水准器气泡严格居中，再进行观测。观测过程中，若气泡只是轻微的偏移，千万不能再调圆水准器气泡，也就是说在每测站观测时圆水准器气泡只能调一次，否则将会改变仪器的高度，使观测前、后尺时视线不是一条水平视线，而给观测的高差带来一定的误差；若发现气泡偏离超过规定范围，则应整平仪器重新观测。

(7) 搬站时，应将三脚架收拢，用双手托住三脚架，使仪器朝上，稳步前进，远距离搬运时，应将仪器装箱。

2. 立尺

(1) 水准点（已知点或待定点）上都不能放尺垫，只有转点才放尺垫。转点应选在土质坚实的地方，立尺前必须将尺垫踏实。

(2) 水准尺必须竖直（水准尺上的圆水准气泡居中），应立在水准点顶端或尺垫中央半球形的顶部，两手扶尺，保持水准尺稳定。

(3) 水准仪搬站时，作为前视点的立尺员，应保护好作为转点的尺垫，尺子可从尺垫上拿下，尺垫不能受到碰动。

3. 记录

(1) 记录员听到观测员读数后，要复诵一遍，无误后，应立即直接记录到表格相应栏中，严禁记入别处，而后转抄。

（2）字体要端正、整洁、清晰、大小要适中，按照记录字体的要求进行书写，记录有错，应以横线正规划去，在其上方写上正确的数字与文字，不准用橡皮擦和涂改液。数据超限，应将整个测站数据以斜线划去，在备注栏内注明原因。

（3）在同一测站内不得有两个相关数字“连环更改”。例如：更改了标尺的黑面前两位读数后，就不能再改同一标尺的红面前两位读数。否则就叫连环更改。有连环更改记录时应立即废去重测。

（4）对于尾数有错误（如三四等水准测量中，木制标尺的厘米位和毫米位）的记录，不论什么原因都不允许更改，而应将该测站观测结果废去重测。

（5）凡有正、负意义的量，在记录计算时，都应带上“+”“-”号，正号不能省略。数据记录时，如果有效数字不足时，则在有效数字前用“0”补足。

（6）作业人员应在手簿的相应栏内签名，并填注作业日期、开始及结束时刻、天气及观测情况和使用仪器型号等。

（7）每站的数据必须完成计算和检核，合格后方可搬站。

任务2.6 水准测量的内业计算

2.6.1 检查、整理外业成果

四等水准测量内业计算（微课）

水准测量外业工作结束后，要及时全面检查记录手簿。查看记录计算是否齐全，计算是否正确，有无违反规范规定的现象。确认手簿记录与计算无误后，根据相应规范要求对闭合差进行检核。如果闭合差超过规范要求，则重测某些测段，直到满足限差要求为止。表2-8为各等级水准测量高差闭合差限值。

四等水准测量内业计算（课件）

表2-8 各等级水准测量高差闭合差限值

等级	附合或环线闭合差/mm	
	平地	山地
二等	$4\sqrt{L}$	—
三等	$12\sqrt{L}$	$4\sqrt{n}$
四等	$20\sqrt{L}$	$6\sqrt{n}$
五等	$30\sqrt{L}$	—
图根	$40\sqrt{L}$	$12\sqrt{n}$

注：L为附合或环线的水准路线长度，单位为千米，n为测站数。摘自《工程测量标准》（GB 50026—2020）

2.6.2 绘制水准路线略图

在图纸上标出各水准点位置（已知点水准点用“⊗”表示，未知水准点用“○”表示），水准点要与实地的方位一致，并在图上注明点名，用曲线连接各水准点，用箭头标出水准测量的观测方向。最后根据外业记录手簿计算各水准点之间的测段高差和路线长度，将结果标注在各测段相应位置，如图 2-27 所示。测段高差等于测段内所有测站的高差之和。测段路线长度等于该测段内所有测站的前后视距之和。

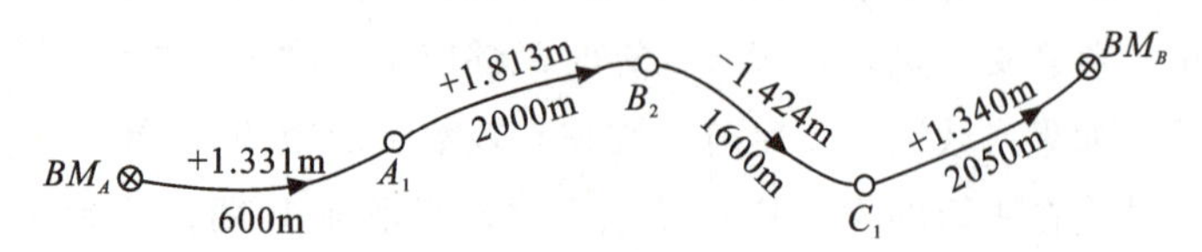

图 2-27　水准路线略图

2.6.3 计算高程

下面以附合水准路线为例进行介绍高程的计算。在图 2-27 的附合水准路线中，共布设了 A_1、B_2、C_1 三个未知水准点，加上已知水准点 BM_A 和 BM_B 点，共五个水准点将整个附合水准路线分成四个测段，现要求计算线路中三个未知水准点 A_1、B_2、C_1 的高程。水准测量的等级按表 2-8 中的四等水准测量要求，具体计算步骤如下。

1. 填写已知数据和观测数据

（1）将图 2-27 中的已知水准点、未知水准点点名按顺序填入表 2-9 第 1 列。将已知水准点的高程填入第 6 列相应位置。将各测段的路线长度依次填入第 2 列，测段高差依次填入第 3 列。

（2）计算水准路线总长和高差总和，分别填入第 2 列、第 3 列的最后一行。

$$\sum L = 0.6 + 2.0 + 1.6 + 2.05 = 6.25(\text{km})$$

$$\sum h = 1.331 + 1.813 - 1.424 + 1.340 = 3.060(\text{m})$$

2. 计算高差闭合差

（1）依据式（2-7）计算该附合线路的高差闭合差为：

$$f_h = \sum h - (H_{终} - H_{始}) = 3.060 - (9.578 - 6.543) = 25(\text{mm})$$

（2）根据表 2-8 四等水准要求，计算闭合差允许值：

$$f_{h允} = \pm 20\sqrt{\sum L} = \pm 50(\text{mm})$$

$|f_h| < |f_{h允}|$，说明野外观测成果符合规范精度要求，可以进行下一步的闭合差分配、计算各水准点高程。

表 2-9　高程误差配赋表

点号	测段长 L/km	观测高差 h/m	高差改正数 ν/mm	改正后高差 $\hat{h}$/m	高程 H/m	备注
1	2	3	4	5	6	7
BM_A					**6.543**	已知点
	0.60	+1.331	−2	+1.329		
A_1					7.872	
	2.00	+1.813	−8	+1.805		
B_2					9.677	
	1.60	−1.424	−7	−1.431		
C_1					8.246	
	2.05	+1.340	−8	+1.332		
BM_B					**9.578**	已知点
$\sum$	6.25	+3.060	−25	+3.035		

3. 分配闭合差

对于平坦地区，闭合差分配按路线长度 L 成正比例的原则，反号进行分配。用数学公式表示为：

$$\nu_i = -\frac{L_i}{\sum L} \times f_h \tag{2-10}$$

式中：$\sum L$ 为水准路线总长度；L_i 为第 i 测段的路线长；ν_i 为第 i 测段观测高差改正数，改正数凑整取位至毫米，余数可分配于长测段中。

对于山区，闭合差分配按测站数 n 成正比例的原则，反号进行分配。用数学公式表示为：

$$\nu_i = -\frac{n_i}{\sum n} \times f_h \tag{2-11}$$

式中：$\sum n$ 为水准路线总测站数，n_i 为第 i 测段测站数。

各测段高差改正数之和与闭合差数值上应相等，但符号相反，即用 $\sum \nu = -f_h$ 检核。表 2-9 中改正数之和为 −25mm，与闭合差 +25mm 绝对值相等，符号相反。

各测段高差观测值加上相应改正数即得改正后高差 $\hat{h}_i$

$$\hat{h}_i = h_i + \nu_i \tag{2-12}$$

表 2-9 中第 5 列为各测段相应改正后的高差。改正后高差之和与 $H_终 - H_始$ 应相等，即等于 +3.035m。

4. 计算各未知点高程

由起始点的已知高程 $H_始$ 开始，逐个加上与相邻点间的改正后高差 $\hat{h}_i$，即得下一点的高程 H_i。

$$H_i = H_{i-1} + \hat{h}_i \tag{2-13}$$

推出的最后一个高程值应与已知高程值 $H_{终}$ 完全一致。

表 2-9 中第 6 列，$H_{A_1}=(6.543+1.329)\text{ m}=7.872\text{m}$，依此类推，求出其他水准点的高程。

5. 闭合水准路线的内业计算

闭合水准路线、支水准路线的内业计算，除了高差闭合差计算公式不同外，其余计算公式和计算过程与附合水准路线相同。表 2-10 为某闭合水准路线的内业计算案例。

表 2-10 某闭合水准路线的内业计算

点号	路线长度 L/km	观测高差 h/m	高差改正数 ν/mm	改正后高差 $\hat{h}$/m	高程 H/m	备注
1	2	3	4	5	6	7
A					46.243	已知点
	0.44	−8.762	−4	−8.766		
B					37.477	
	0.36	+0.791	−3	+0.788		
C					38.265	
	0.33	+2.009	−3	+2.006		
D					40.271	
	0.24	+5.973	−1	+5.972		
A					46.243	已知点
$\sum$	1.37	+0.011	−11	0		
$f_h=\sum h=+11\text{mm}$		$f_{h允}=\pm 20\sqrt{\sum L}=\pm 23\text{mm}$			$f_h < f_{h允}$	

任务 2.7 水准仪的检验与校正

水准仪是水准测量的主要仪器，仪器是否合乎要求，直接关系到水准测量成果的好坏。因此，在使用前必须对仪器进行细致的检查，必要时进行校正，以保证测量工作的顺利进行。现代使用的大都是自动安平水准仪，因此下面主要介绍自动安平水准仪的检验与校正。

2.7.1 圆水准轴平行于仪器竖轴的检验与校正

1. 检校目的

使圆水准轴平行于仪器的竖轴，即当圆水准器气泡居中时，竖轴位于铅垂位置，如图 2-28 所示。

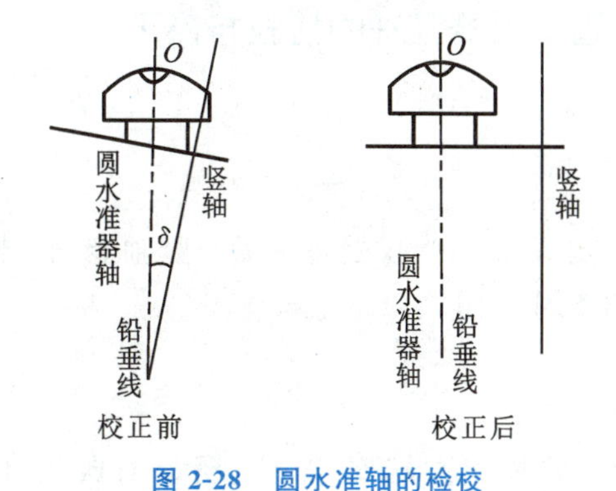

图 2-28　圆水准轴的检校

2. 检验方法

(1) 安装好仪器，将三脚架固定踩稳。转动照准部使望远镜平行于任意两个脚螺旋的连线，调整脚螺旋使圆水准器气泡居中，如图 2-29 (a) 所示。此时圆水准轴竖直，但仪器竖轴不一定竖直。

(2) 将仪器照准部（绕竖轴）慢慢旋转 180°，若气泡一直稳定居中，则表示圆水准器轴已平行于竖轴。若气泡偏离中央，则需要校正，如图 2-29 (b) 所示 。

3. 校正方法

(1) 先用脚螺旋将气泡向仪器中心移动一半，如图 2-29 (c) 所示。

(2) 再用校正针对水准器校正，使气泡完全居中，如图 2-29 (d) 所示。圆水准器盒子的底部有三个校正螺钉，当用校正针旋动这三个螺钉时，水准气泡便会移动，如图 2-29 (e) 所示。操作时，三个螺钉先松后紧，校正完毕后，必须使三个校正螺钉都处于旋紧状态。

(3) 用同样的方法检查其他方向，反复步骤 (1)、(2)，直到仪器转到任何方向气泡均居中。

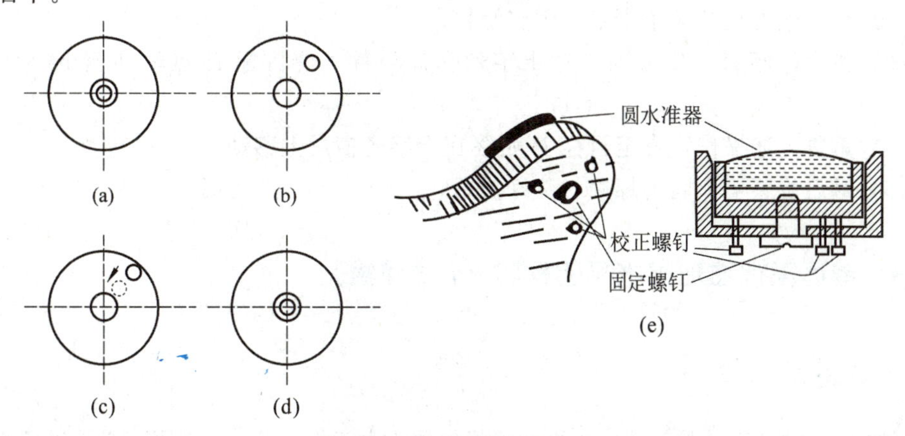

图 2-29　圆水准器校正方法

2.7.2 十字丝横丝垂直于仪器竖轴的检验与校正

1. 检校目的

使十字丝的横丝垂直于竖轴。当仪器整平后，竖轴竖直，横丝位于水平位置，用横丝上任意位置截取的读数才相同。

2. 检验方法

（1）整平水准仪后，将横丝左端照准一个明显的点状目标 P，如图 2-30（a）所示。

（2）旋转水平微动螺旋，如果标志点 P 一直在横丝上移动，则说明横丝垂直于竖轴，不需要校正，如图 2-30（b）所示。否则需要校正，如图 2-30（c）、（d）所示。

注：工作中可以竖立一根水准尺来代替 P 点，分别用十字丝长横丝的两端读取水准尺的读数，进行比较，若读数相同，则横丝处于水平状态，不需要校正。

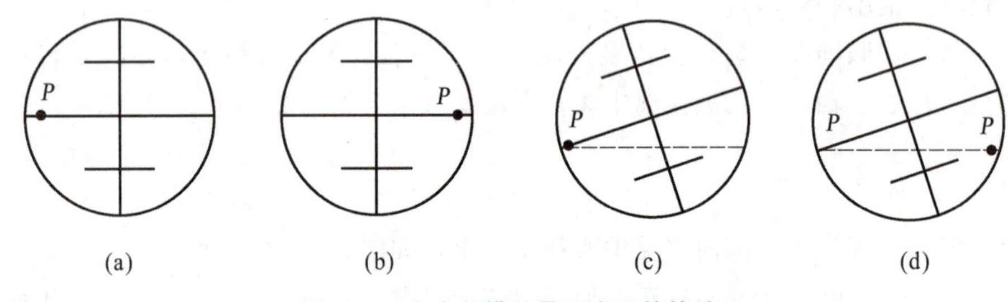

图 2-30 十字丝横丝是否水平的检验

3. 校正方法

（1）打开十字丝分划板的护罩，可见到十字丝校正设备，如图 2-31（a）、（b）所示。

（2）用螺丝刀松开 4 个十字丝固定螺钉。

（3）按横丝倾斜的反方向转动十字丝套筒组件，使目标 P 点移动至十字丝横丝上面。

（4）重复上述操作，直至目标 P 始终在十字丝横丝上移动。

（5）最后旋紧 4 个固定螺旋，装好护罩。

2.7.3 望远镜视准轴应水平的检验（i 角检验）

1. 检验目的

检查望远镜视准轴是否能够水平，确保仪器正常工作。若 i 角超限，必须送厂检修。

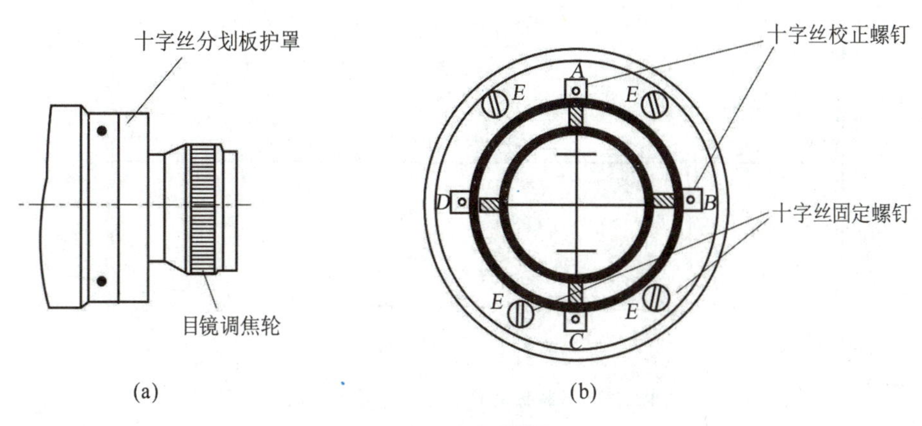

图 2-31　十字丝的校正

2. 检验方法

（1）如图 2-32 所示，选择一较平坦地面，相距约 60m 处竖立 A、B 两把标尺，在两尺中间位置安置水准仪。测量 A、B 两尺之间的高差 $h_1=a_1-b_1$。由图 2-32 可知，AB 之间的实际高差为：

$$h=a'_1-b'_1=a_1-b_1=h_1 \tag{2-14}$$

（2）将仪器搬到距 A 尺 10m 左右，安置水准仪，如图 2-33 所示。测量 A、B 两尺之间的高差 $h_2=a_2-b_2$。由图 2-33 可知：

$$\begin{aligned} h &=a'_2-b'_2=(a_2-\Delta_a)-(b_2-\Delta_b) \\ &=a_2-b_2-(\Delta_a-\Delta_b)=h_2-(\Delta_a-\Delta_b) \end{aligned} \tag{2-15}$$

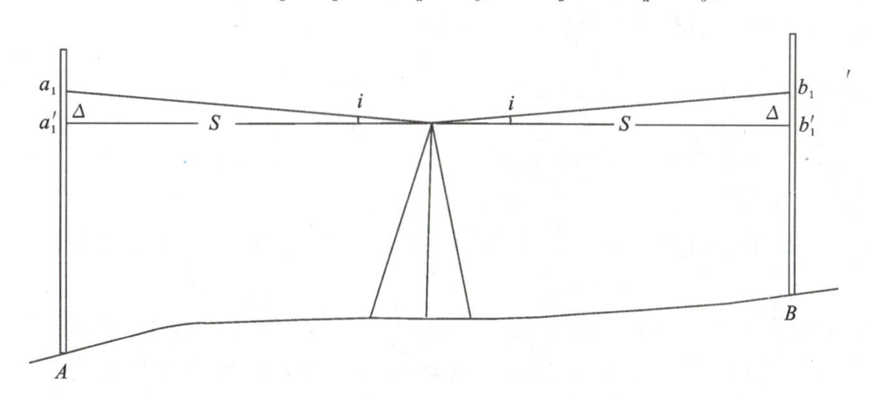

图 2-32　水准仪 i 角检验示意图（1）

根据相似三角形成比例的特点，可知：

$$\begin{cases} \Delta_a=\dfrac{S_a}{S}\Delta \\ \Delta_b=\dfrac{S_b}{S}\Delta \end{cases} \tag{2-16}$$

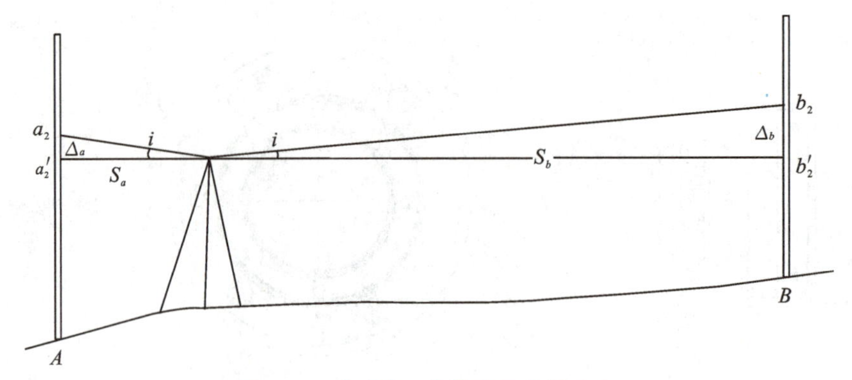

图 2-33　水准仪 i 角检验示意图（2）

根据式（2-14）及式（2-15）有：$\Delta_a - \Delta_b = h_2 - h_1$。进而可以推出：

$$i = \frac{\Delta}{S}\rho'' = \frac{h_2 - h_1}{S_a - S_b}\rho'' \tag{2-17}$$

式（2-17）为计算水准仪 i 角的通用公式。式中：h 和 S 均以毫米为单位，$\rho'' = 206265''$。若计算出的 i 角在规范规定的要求之内（如四等水准测量 i 角不能大于 $\pm 20''$），则可以进行相应等级的水准测量。否则，仪器应送工厂去检修。

2.7.4　自动安平水准仪补偿器性能的检验

1. 检验目的

确认仪器的自动补偿器是否在补偿范围内正常工作。

2. 检验方法

（1）选择一平坦地带，在相距约 50m 的 A、B 点分别竖立标尺，在 A、B 连线中间架好仪器，安置仪器时使其中两个脚螺旋（1 号、2 号）的连线垂直于 AB 连线，如图 2-34（a）所示。用圆水准器整平仪器，读取前后水准尺上的正确读数，计算高差 $h_{正}$。

（2）旋转位于 AB 观测方向上的 3 号脚螺旋，让气泡中心偏离水准器零点一格，使仪器向前稍倾斜，读取前后水准尺上的读数，观察分析数据变化情况，计算高差 $h_{前}$。再次反向旋转这个脚螺旋，让气泡中心向相反方向偏离零点一格并读数，观察分析数据变化，计算 $h_{后}$。

（3）重新整平仪器，用位于垂直于视线 AB 方向上的 1 号或 2 号脚螺旋，先后使仪器向左、右两侧倾斜，并分别使气泡的中心偏离零点一格后读数，观察分析数据变化，计算出 $h_{左}$、$h_{右}$。

正常情况下，仪器竖轴向前、后、左、右倾斜时所测得的高差 $h_{前}$、$h_{后}$、$h_{左}$、$h_{右}$，分别与仪器整平时所得的正确高差 $h_{正}$ 进行比较，其差值 Δh 应比较接近而且数值

较小，例如对于四等水准的区格式标尺，应为 3mm 左右，可认为补偿器工作正常。如相差太大，应进行检修。

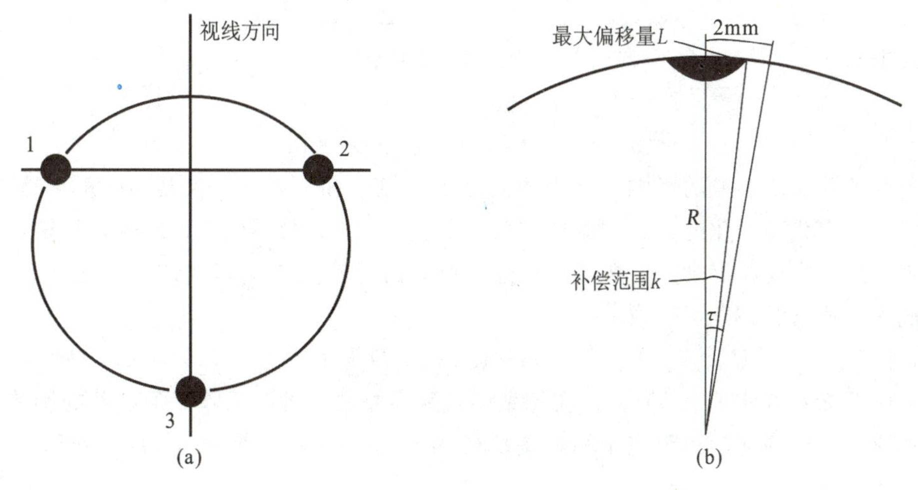

图 2-34　补偿器性能的检验

任务 2.8　水准测量误差的主要来源

水准测量不可避免地会产生误差，这些误差主要来源于三个方面：仪器误差、观测误差以及外界环境引起的误差。为了提高水准测量的精度，应从水准测量的仪器和观测方法的实际情况出发，分析其误差来源及影响规律，从中找出消除或减弱这些误差的方法。

水准测量误差来源（微课）

2.8.1　仪器误差

水准测量误差来源（课件）

水准仪使用前，应按规范规定进行水准仪的检验与校正，以确保仪器各轴线满足条件。但由于仪器在生产结构上不可能做到完美无缺，仪器的检验与校正也不可能完全到位，这样，仪器使用时总会有一些残余误差存在，其中最主要的是管水准轴不平行于视准轴的误差（又称为 i 角残余误差、i 角误差）。而水准尺作为水准测量的重要设备，使用前同样应进行仔细检验检查。

1. i 角误差

1）微倾式水准仪

对于微倾式水准仪，视准轴应与管水准轴平行。但由于仪器校正不完备，总会剩下一个微小的 i 角的存在，当管水准气泡居中时，视准轴并不水平，这样在标尺上读取的读数就产生了误差，这个误差称之为 i 角误差。如图 2-35 所示，后视和前视的 i 角分别为 i_1 和 i_2，视线长度分别为 D_1 和 D_2，受 i 角影响产生的误差分别为 Δ_1 和 Δ_2。

根据式（2-1）可知，AB 两点间的高差为

$$h = (a - \Delta_1) - (b - \Delta_2) = (a - b) - (\Delta_1 - \Delta_2)$$

式中 $\Delta_1 - \Delta_2$ 即 i 角产生的误差。由图 2-35 可知：

$$\Delta_1 = D_1 \times \tan i_1, \quad \Delta_2 = D_2 \times \tan i_2$$

故

$$h = (a - b) - (D_1 \times \tan i_1 - D_2 \times \tan i_2) \tag{2-18}$$

若要消除 i 角误差的影响，就必须满足 $D_1 = D_2$ 和 $i_1 = i_2$。仪器的 i 角不是定值，是随温度的变化而变化的，并与调焦有关。欲使 $i_1 = i_2$，仪器的温度应保持稳定，这就要求观测过程中要打好伞，并要避免望远镜在前后尺读数期间多次调焦。在 $i_1 = i_2 = i$ 的情况下，式（2-18）可写成

$$h = (a - b) - \tan i \times (D_1 - D_2) \tag{2-19}$$

由此可知，若使 $D_1 = D_2$，则在每站的观测高差中，可以消除 i 角误差的影响。在实际作业中，做到前后视距完全相等是比较困难的，但只要使 D_1 与 D_2 接近，i 角影响就可忽略不计。

参考式（2-5），一测段的高差为：

$$\sum h = \sum (a - b) - \tan i \times \sum (D_1 - D_2) \tag{2-20}$$

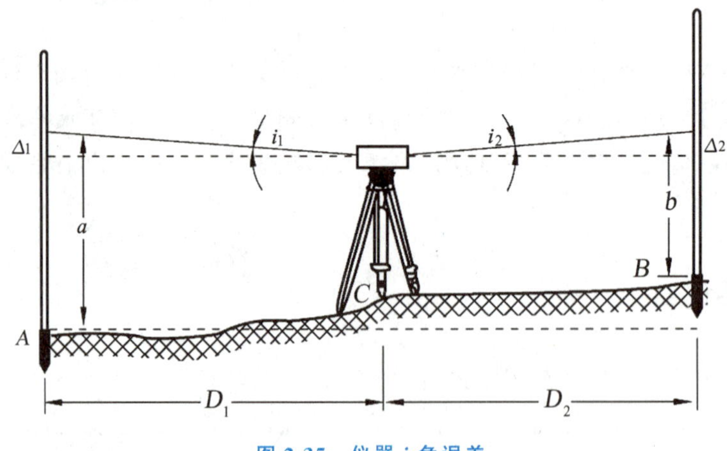

图 2-35　仪器 i 角误差

对每一个测段来说，若使其前后视距累积差 $\sum(D_1 - D_2)$ 很小，就可以使 $\sum h$ 的误差接近于零，从而减弱了前后视距对测段高差的影响。例如，当 $i = 20''$，$\sum(D_1 - D_2) = 10\text{m}$ 时，则：

$$\tan i \times \sum (D_1 - D_2) \approx 1\text{mm}$$

因此，水准测量中对前后视距差及视距累积差做出了限制规定。

对于自动安平水准仪，由于自动补偿不能完全到位，也会导致视准轴不能水平，于是同样也存在上述 i 角误差的视准轴误差 $\Delta\alpha$，该视准轴误差又称作补偿误差。

2）自动安平水准仪

自动安平水准仪的视准轴补偿误差 $\Delta\alpha$ 对观测高差的影响不能像微倾式水准仪那样，可以用前后视距相等的方法来消除。该误差与测站前后视距的和成正比例。视准轴补偿误差对前、后尺读数产生的误差符号相反，若对前尺产生了 ΔL 的误差，则在一个测站上，将对测定的高差产生 $2\Delta L$ 的误差。可以采用以下两种方法减小该项误差对高差的影响。

（1）固定标尺方向安置仪器。

在水准测量中，在每一测站上望远镜均先指向某一固定标尺方向，然后整平圆水准器，如在奇数测站时是以望远镜对准后视标尺整平圆水准器，那么在偶数测站时则应使望远镜对准前视标尺整平圆水准器。这样，相邻测站上视准轴补偿误差对所测高差的影响将改变正负号，对整个水准路线来说，其误差的影响就被巧妙地减弱了。

（2）两次安置仪器法。

第一次安置仪器时，使望远镜对准后视标尺整平圆水准器，进行一组高差读数；第二次安置仪器时，则将望远镜对准前视标尺整平圆水准器，进行另一组高差读数，取两组高差值的平均值作为该测站的高差，此时视准轴补偿误差的影响就能自动消除，从而保证了测量成果的精度。

2. 水准尺零点差

标尺底面与其分划零点的差值称为水准标尺的零点差。如图2-36所示，设Ⅱ号标尺因磨损使得读数增大，其磨损量为 δ，则每一测站的高差应为

$$h_1=a_1-(b_1-\delta)=a_1-b_1+\delta$$
$$h_2=(a_2-\delta)-b_2=a_2-b_2-\delta$$
$$h_3=a_3-(b_3-\delta)=a_3-b_3+\delta$$
$$h_4=(a_4-\delta)-b_4=a_4-b_4-\delta$$

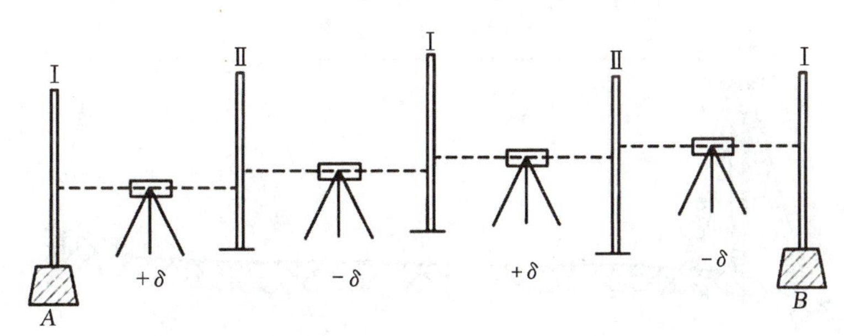

图2-36　水准尺零点差产生的误差

可见各站测得的高差中，δ 的符号“+”“−”交替出现。因此，每测段只要是偶数站，就能消除标尺零点差的影响，所以在等级水准测量中规定每测段的测站数必须是偶数。等外水准测量无此规定。

2.8.2 观测误差

观测误差主要是由于人们在仪器操作时，受自身条件所限（如人眼分辨能力等），所引起的误差。

1. 水准尺估读误差

水准尺的估读误差与水准尺的基本分划值有关，如果是以厘米为基本分划的水准尺，通常要求估读到 1mm，估读时，是以十字丝在尺面上的位置来判断的，如果从望远镜中观察到的十字丝的宽度，已超过尺上基本分划的十分之一，即超过 1mm，那么，估读到毫米的准确度就会受到影响。因此，估读误差又与望远镜的放大率和视线长度有关，放大率高，估读误差可以较小，视线长了，误差就会较大。一般认为，在视线 100m 以内，厘米基本分划的标尺估读误差约为 1mm。所以，应按规范规定的仪器等级和视距长度进行水准测量。另外，观测员作业时须认真、仔细、规范化操作，小心消除视差，提高读数精度。

2. 水准尺倾斜误差

由图 2-37 可以看出，立于尺垫或水准点上的水准尺，若在观测时倾斜，则会使读数增大，从而影响水准测量的读数精度。

设水准尺倾斜角度为 ε，倾斜水准尺上读数为 b'，则竖直时的读数 b 应为

$$b=b'\cos\varepsilon$$

由此产生的读数误差为：

$$\Delta b=b'-b=b'(1-\cos\varepsilon) \tag{2-21}$$

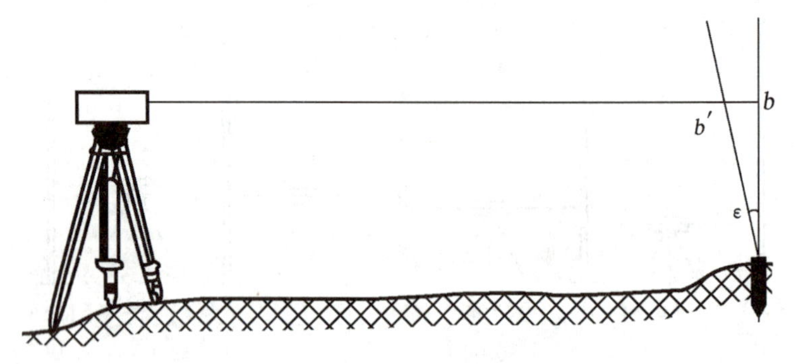

图 2-37　水准尺倾斜的影响

将 $\cos\varepsilon$ 按泰勒级数展开，取至二次项，则得

$$\Delta b\approx\frac{1}{2}b'\left(\frac{\varepsilon}{\rho}\right)^2 \tag{2-22}$$

即水准尺倾斜引起的读数误差与读数的大小 b'（视线高度）成正比，同时与水准尺倾斜的角度 ε 的平方成正比。

目估立尺时，ε 可达 2°，当按最不利的情况考虑，取 $b'=3\text{m}$ 时，由式（2-22）可算得 $\Delta b=1.8\text{mm}$。

若要求读数误差 $\Delta b\leqslant 0.1\text{mm}$，仍取 $b'=3\text{m}$，则由式（2-22）得

$$\varepsilon\leqslant\pm\rho'\sqrt{\frac{2\times\Delta b}{b'}}\approx\pm 28'$$

目估立尺很难做到水准尺倾斜角度小于 28″，故在水准尺上装圆水准器是必要的。如果标尺没有安装圆水准器，或圆水准器已经失效，则要求立尺员站在标尺的侧面立尺，这样立尺员可以大致目测到标尺是否有较大的前后倾斜。因为仪器操作员在望远镜中可以看到标尺左右倾斜，却无法看到标尺的前后倾斜。而在极端不利情况下，可以使用前后摇尺法观测：立尺员将尺的顶端慢慢前后摇动，仪器观测到的最小读数便是标尺直立时的读数。

值得注意的是，水准尺倾斜误差虽然在后视减前视时，对于每站高差可以抵消一部分，但是如果往测一直是上坡的情况，则后视读数总是大于前视读数，该项误差的符号为正，各站累计结果，高差总数值将增大。而在返测时（一直是下坡），高差和倾斜误差的符号又刚好和往测相反，即返测总高差的绝对值也因此加大。所以，往返测结果不能抵消标尺倾斜误差的影响。

故在陡坡地区作业时，特别应使用装有圆水准器的标尺，立尺员要更加认真，以尽量减少标尺倾斜误差的影响。

2.8.3 外界因素的影响

外界因素对水准测量的影响很多，这里主要介绍以下几种。

1. 仪器下沉（或上升）引起的误差

在观测过程中，由于仪器的自重等原因，仪器可能渐渐下沉，它将使读数减小；由于土壤的弹性，也有可能使仪器上升，它将使读数增大。假设仪器下沉（或上升）的速度与时间成正比，如图 2-38 所示，若从读取后视读数 a_1 到读取前视读数 b_1 为止的一段时间内，仪器下沉了 Δ，则高差中必然包含这项误差，即有 $h_1=(a_1-\Delta)-b_1$。

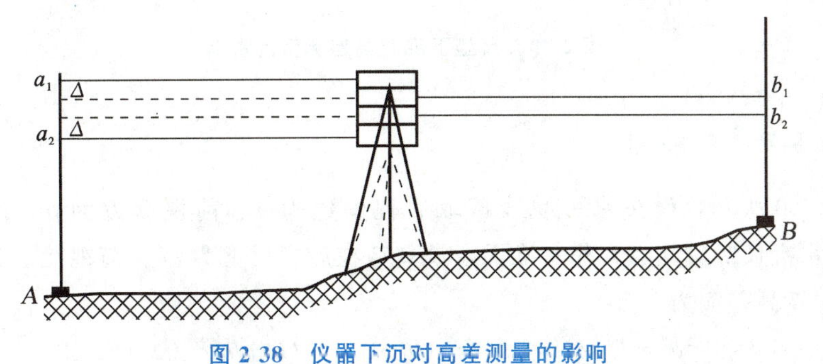

图 2 38　仪器下沉对高差测量的影响

为了减弱此项误差影响，可在同一测站进行第二次观测，而且在第二次观测时，先读前视读数 b_2，再读后视 a_2。这样，第二次所得高差为 $h_2=(a_2+\Delta)-b_2$。

取两次高差的平均值为最后结果，即：

$$h=(h_1+h_2)/2=[(a_1-b_1)+(a_2-b_2)]/2$$

上式中已消除仪器下沉对高差的影响。但是，实际上，由于下沉速度并不一定和时间成正比，所以采取上述“后、前、前、后”的顺序观测，只能减弱其影响，而不能完全消除它。为了尽量减弱仪器下沉影响，仪器应安置在土质坚实的地方，同时还应熟练掌握操作技术，设法提高观测的速度。

2. 尺垫下沉（或上升）引起的误差

如果在仪器搬站过程中，由于尺垫本身的重量或其他原因，使尺垫逐渐下沉，将使下一站的后视读数增大 Δ，如图 2-39 所示。这项误差是除了首站之外的每一站均产生一个独立的下沉量，具有不断累加的系统性质，无法像对待仪器下沉误差那样，可以用双观测顺序使之大致消除。

但是，如果是进行的往返测量，则在返测时，假定尺垫同样发生下沉，而且与往测的下沉量相同，则由于产生的误差的符号相同，均为正数（都是后视读数增大），而往测与返测的高差符号相反，因此，取往测和返测高差的平均值（用往测高差结果减返测高差结果再除以 2）时，将会抵消或减弱此项误差的影响。

值得注意的是，工作中难以做到使返测立尺点与往测立尺点位置相同，而尺垫的上升或下沉与天气、环境有关，不一定返测时情况还是相同（例如，下雨前后就大不相同），况且，许多水准测量也并没有进行往返观测。所以，为了尽量减弱尺垫上升或下沉的影响，立尺点应选择土质坚实的地方，同时要求观测员熟练掌握操作技术，提高观测速度。

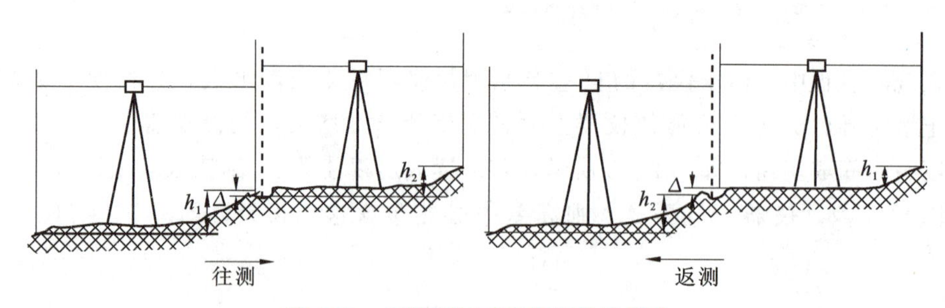

图 2-39　尺垫下沉对高差测量的影响

3. 地球曲率的影响

如图 2-40 所示，设按水平视线截取后视读数为 a、前视读数为 b，过仪器中心（视准轴与水准仪竖轴交点）作水准面，设其截在后视尺上为 a'、前视尺上为 b'。由图可以看出两点高差应为

$$h_{AB}=a'-b'=(a-\Delta_1)-(b-\Delta_2)=(a-b)-(\Delta_1-\Delta_2)$$

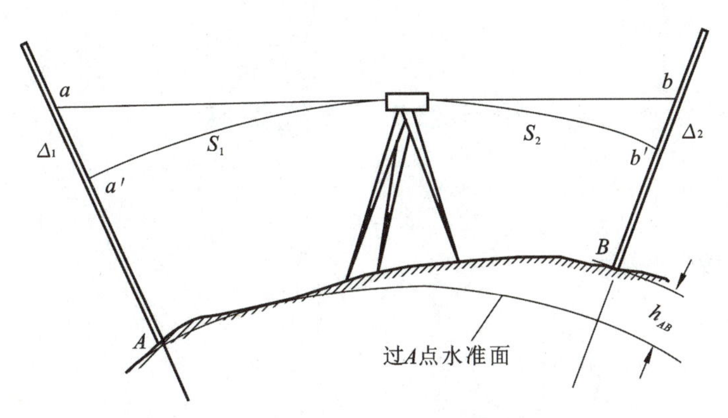

图 2-40 地球曲率对水准测量的影响

如果使 $\Delta_1=\Delta_2$，则仍有 $h_{AB}=a-b$。故将仪器安置在前、后视距离相等的中间位置，其观测所得高差就可以消除地球曲率的影响。

4. 大气折光的影响

光线通过不同密度的介质时将会发生折射，且总是由疏介质折向密介质，因而水准测量时实际的视线并不是一条直线。一般情况下，大气层的空气密度上疏下密，测量视线通过这种大气层时，就将发生连续折射，成为一条向下弯折的曲线，使在尺上的读数减小，如图 2-41（a）所示。但是，许多实验结果表明，当视线靠近地面（约 1.5m 以下）时，空气密度下面比上面反而要稀薄，视线将成为一条向上弯折的曲线，使在尺上的读数增大，如图 2-40（b）中的 B 尺读数。

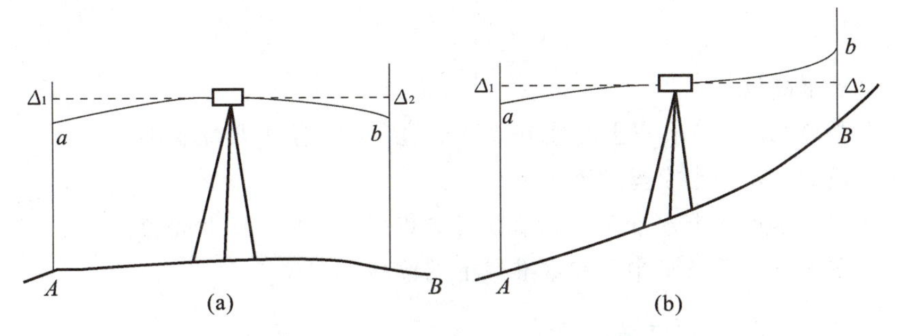

图 2-41 大气折光对标尺读数的影响

如图 2-41（a）所示，如果地面平坦，且视线方向上地面覆盖物的种类基本类似，则前后视线的折射方向相同（同时向上或向下），有 $h_{AB}=(a+\Delta_1)-(b+\Delta_2)=a-b+(\Delta_1-\Delta_2)$，$\Delta=\Delta_1-\Delta_2$。在野外测量中，只要顾及前后视距大致相等，$\Delta_1\approx\Delta_2$，便可以大致抵消大气折光的影响。

图 2-41（b）中，$h_{AB}=(a+\Delta_1)-(b-\Delta_2)=a-b+(\Delta_1+\Delta_2)$，$\Delta=\Delta_1+\Delta_2$，这就是很不利的情况。因此当在山地或经过长坡度测量时，前后视线离地面的高度相差较大，它们所受大气折光的影响就较复杂，并且由于时间、气候、温度的变化不定性，无法用往返测的方法来消除。这时，应该缩短视线的长度，提高视线的高度，

以减弱大气折光的影响。

任务 2.9　技能训练

水准仪的安置(虚拟仿真)

2.9.1　水准仪的使用

1. 实训目的

(1) 认识水准仪、水准尺和尺垫的使用方法。
(2) 掌握水准仪的安置方法与步骤。
(3) 能够利用水准仪瞄准目标。
(4) 能够利用水准仪的三条横丝在水准尺上进行正确读数。

2. 实训任务

在水准测量实训场练习水准仪的安置，使用水准仪瞄准水准尺，调焦并读数。

3. 实训设备与资料

(1) 自动安平水准仪 1 台，三脚架 1 个，水准尺 1 对，尺垫 1 对。
(2) 实训记录表 1 张，记录板 1 个，2H 铅笔 1 支。

4. 操作流程

(1) 安置水准仪；
(2) 在距离水准仪 5m 以上的地方放置尺垫，在尺垫上竖立水准尺。
(3) 目镜对光，使十字丝清晰可见。
(4) 使用水准仪瞄准水准尺，调节物镜调焦螺旋，使水准尺清晰可见。
(5) 读取上丝、下丝和中丝在水准尺上的读数。

5. 注意事项及实训要求

(1) 实训前，认真阅读实训内容和相关学习内容，清点检查使用的仪器工具，确保其完好无损。

(2) 各小组按实习内容精心策划好工作，小组成员轮流进行仪器操作、记录、立尺等各项工种，严格按老师的各项示范动作进行，服从老师，听从指挥，团结协作，按时保质保量完成任务。

(3) 实训过程中注意人身安全和仪器设备及数据资料安全，书写工整，要共同探索，相互协调，学会查阅资料解决问题。

(4) 实训结束，按时归还实训设备，将实训设备放到指定位置，设备要摆放整齐。

6. 提交成果

实训结束，每小组应提交下列成果，作为评定成绩的依据：

（1）记录表格；

（2）实训总结报告。

2.9.2　一测站水准测量

1. 实训目的

一测站水准测量（虚拟仿真）

一测站水准测量记录表

（1）能正确设站，完成一测站水准测量的观测任务。

（2）能根据观测数据计算出视距和高差。

（3）能根据水准测量原理，计算未知水准点的高程。

2. 实训任务

在水准测量实训场完成一测站水准测量的观测，计算地面上两水准点之间的高差，并计算未知点高程。

3. 实训设备与资料

（1）自动安平水准仪 1 台，三脚架 1 个，水准尺 1 对，尺垫 1 对。

（2）实训记录表 1 张，记录板 1 个，2H 铅笔 1 支。

4. 操作流程

（1）在两水准点中间位置安置水准仪。

（2）分别在已知水准点和未知水准点上竖立水准尺。

（3）观测后尺黑面上、下、中丝读数，并记录在表格中。

（4）观测前尺黑面上、下、中丝读数，并记录在表格中。

（5）计算视距、高差和未知点高程。

5. 注意事项及实训要求

（1）实训前，认真阅读实训内容和相关学习内容，清点检查使用的仪器工具，确保其完好无损。

（2）各小组按实习内容精心策划好工作，小组成员轮流进行仪器操作、记录、立尺等各项工种，严格按老师的各项示范动作进行，服从老师，听从指挥，团结协作，按时保质保量完成任务。

（3）实训过程中注意人身安全和仪器设备及数据资料安全，书写工整，要共同探索，相互协调，学会查阅资料解决问题。

（4）观测过程中，如果发现水准仪气泡偏移超出范围，需要整平仪器后重新观测。

（5）实训结束，按时归还实训设备，将实训设备放到指定位置，设备要摆放整齐。

6. 提交成果

实训结束，每小组应提交下列成果，作为评定成绩的依据：

（1）记录表格；

（2）实训总结报告。

2.9.3 多测站水准测量

1. 实训目的

多站式水准测量（虚拟仿真）

（1）能正确选择转点和测站位置，完成多测站水准测量的观测任务。

（2）能根据观测数据计算出测段长度和测段高差。

（3）能根据水准测量原理，计算未知水准点的高程。

2. 实训任务

多测站水准测量记录表

在水准测量实训场完成多测站水准测量的观测，计算测段之间的高差，并计算未知点高程。

3. 实训设备与资料

（1）自动安平水准仪 1 台，三脚架 1 个，水准尺 1 对，尺垫 1 对。

（2）实训记录表 1 张，记录板 1 个，2H 铅笔 1 支。

4. 操作流程

（1）立尺员 A 在起始水准点上竖立水准尺。

（2）仪器操作员在前方适当位置设置测站，并安置水准仪。

（3）立尺员 B 用脚步丈量后尺到水准仪的步数，然后从水准仪往前方走同样步数处放置尺垫，在尺垫上竖立另一把水准尺。

（4）仪器操作员读取后尺和前尺的上、下、中丝读数，记录员将数据记录在表格中，并计算出视距和高差。

（5）仪器操作员迁站，并设置下一个测站。

（6）后尺立尺员拿起水准尺，重复执行步骤（3）。

（7）仪器操作员和记录员重复执行步骤（4）。

（8）重复执行步骤（5）～（7），直到完成测量工作。

5. 注意事项及实训要求

（1）实训前，认真阅读实训内容和相关学习内容，清点检查使用的仪器工具，确保其完好无损。

（2）各小组按实习内容精心策划好工作，小组成员轮流进行仪器操作、记录、立尺等各项工种。严格按老师的各项示范动作进行，服从老师，听从指挥，团结协作，按时保质保量完成任务。

（3）实训过程中注意人身安全和仪器设备及数据资料安全，书写工整，按规范划改，记录表格上不能使用橡皮擦，不能就字改字。

（4）水准点上不能放置尺垫，水准尺直接立在水准点上，转点处先放置尺垫，在尺垫上竖立水准尺。

（5）水准尺必须竖直（水准尺上的圆水准气泡居中），应立在尺垫中央半球形的顶部，两手扶尺，保持水准尺稳定。

（6）实训结束，按时归还实训设备，将实训设备放到指定位置，设备要摆放整齐。

6. 提交成果

实训结束，每小组应提交下列成果，作为评定成绩的依据：

（1）记录表格；

（2）实训总结报告。

2.9.4　图根水准测量

1. 实训目的

（1）掌握附合水准路线的设计、选点。

（2）掌握图根水准测量的外业观测。

（3）掌握图根水准测量的内业计算。

图根水准测量（虚拟仿真）

2. 实训任务

按照图根水准测量的技术要求，在水准测量实训场完成一条附合水准路线的观测、记录和计算，并完成观测成果的内业平差计算，求出未知水准点高程。

图根水准测量记录表

3. 实训设备与资料

（1）自动安平水准仪 1 台，三脚架 1 个，水准尺 1 对，尺垫 1 对。

（2）实训记录表 1 张，记录板 1 个，2H 铅笔 1 支。

4. 操作流程

（1）在水准测量实训场完成附合水准路线的设计和选点，水准点的命名由“字母＋小组编号”组成，如 A_1、B_1、C_1。

（2）按照图根水准测量的观测要求完成水准路线的观测、记录和计算；具体步骤参考 2.5.1 小节。

（3）计算高差闭合差、高差闭合差限差、高差改正数、改正后高差、未知点高程。

5. 注意事项及实训要求

（1）实训前，认真阅读实训内容和相关学习内容，清点检查使用的仪器工具，确保其完好无损。

（2）各小组按实习内容精心策划好工作，小组成员轮流进行仪器操作、记录、立尺等各项工种。严格按老师的各项示范动作进行，服从老师，听从指挥，团结协作，按时保质保量完成任务。

（3）迁站时，前尺的尺垫坚决不能移动，且在观测过程中，不允许碰动尺垫，如有碰动，则该测段内的所有观测成果均应予报废，进行重测。

（4）水准点上不能放置尺垫，水准尺直接立在水准点上，转点处先放置尺垫，在尺垫上竖立水准尺。

（5）实训结束，按时归还实训设备，将实训设备放到指定位置，设备要摆放整齐。

6. 提交成果

实训结束，每小组应提交下列成果，作为评定成绩的依据：

（1）记录表格；

（2）实训总结报告。

2.9.5 双面尺法水准测量

双面尺法水准测量(虚拟仿真)

1. 实训目的

（1）掌握双面尺法水准测量一测站内的各项操作、记录、计算、立尺工作。

（2）认识一对双面尺的黑面起始刻划、红面起始刻划，清楚它们的含义。

（3）体会与理解测站中各项限差要求的意义。

双面尺法水准测量记录表

2. 实训任务

在水准测量实训场完成双面尺法水准测量的观测、记录和计算。

3. 实训设备与资料

（1）自动安平水准仪 1 台，三脚架 1 个，水准尺 1 对，尺垫 1 对。

（2）实训记录表 1 张，记录板 1 个，2H 铅笔 1 支。

4. 操作流程

（1）在起始水准点上竖立后尺。

（2）仪器操作员在前方适当位置设置测站，并安置水准仪。

（3）在前方适当位置竖立前尺，使前后视距大致相等。

（4）读取后尺黑面上、下、中丝读数，读取红面中丝读数。

（5）读取前尺黑面上、下、中丝读数，读取红面中丝读数。

（6）记录员将数据记录在表格中，并完成所有项目的计算。

（7）如果数据符合要求，则记录员可以指挥迁站，否则重测。

（8）迁站后，小组内部轮换工作，直到完成测量工作。

5. 注意事项及实训要求

（1）实训前，认真阅读实训内容和相关学习内容，清点检查使用的仪器工具，确保其完好无损。

（2）各小组按实习内容精心策划好工作，小组成员轮流进行仪器操作、记录、立尺等各项工种。严格按老师的各项示范动作进行，服从老师，听从指挥，团结协作，按时保质保量完成任务。

（3）实训过程中注意人身安全和仪器设备及数据资料安全，书写工整，按规范划改，记录表格上不能使用橡皮擦，不能就字改字。

（4）注意视距差≤3m，累计视距差≤10m，黑红面读数之差≤3mm，黑红面高差之差≤5mm，否则重测该测站。

（5）实训结束，按时归还实训设备，将实训设备放到指定位置，设备要摆放整齐。

6. 提交成果

实训结束，每小组应提交下列成果，作为评定成绩的依据：

（1）记录表格；

（2）实训总结报告。

2.9.6 四等水准测量

四等水准测量(虚拟仿真)

1. 实训目的

四等水准测量观测记录表

（1）掌握闭合水准路线的设计、选点。

（2）掌握四等水准测量的外业观测。

（3）掌握四等水准测量的内业计算。

2. 实训任务

按照四等水准测量的技术要求，在水准测量实训场完成一条闭合水准路线的观测、记录和计算，并完成观测成果的内业平差计算，求出未知水准点高程。

3. 实训设备与资料

（1）自动安平水准仪 1 台，三脚架 1 个，水准尺 1 对，尺垫 1 对。

（2）实训记录表 1 张，记录板 1 个，2H 铅笔 1 支。

4. 操作流程

（1）在水准测量实训场完成闭合水准路线的设计和选点，水准点的命名由“字母＋小组编号”组成，如 A_1、B_1、C_1、D_1。

（2）按照四等水准测量的观测要求完成水准路线的观测、记录和计算；具体步骤参考 2.5.2 小节。

（3）计算高差闭合差、高差闭合差限差、高差改正数、改正后高差、未知点高程。

5. 注意事项及实训要求

（1）实训前，认真阅读实训内容和相关学习内容，清点检查使用的仪器工具，确保其完好无损。

（2）各小组按实习内容精心策划好工作，小组成员轮流进行仪器操作、记录、立尺等各项工种。严格按老师的各项示范动作进行，服从老师，听从指挥，团结协作，按时保质保量完成任务。

（3）迁站时，前尺的尺垫坚决不能移动，且在观测过程中，不允许碰动尺垫，如有碰动，则该测段内的所有观测成果均应予报废，进行重测。

（4）水准点上不能放置尺垫，水准尺直接立在水准点上，转点处先放置尺垫，在尺垫上竖立水准尺。

（5）注意视距差≤3m，累计视距差≤10m，黑红面读数之差≤3mm，黑红面高差之差≤5mm。

（6）厘米位和毫米位不允许更改，如有记错，则应将该站数据废去重测。

（7）实训结束，按时归还实训设备，将实训设备放到指定位置，设备要摆放整齐。

6. 提交成果

实训结束，每小组应提交下列成果，作为评定成绩的依据：

（1）记录表格；

（2）实训总结报告。

2.9.7　二等水准测量

1. 实训目的

二等水准测量(虚拟仿真)

（1）掌握电子水准仪的使用。
（2）掌握二等水准测量的外业观测。
（3）掌握二等水准测量的内业计算。

2. 实训任务

二等水准测量记录表

按照二等水准测量的技术要求，在水准测量实训场完成一条闭合水准路线的观测、记录和计算，并完成观测成果的内业平差计算，求出未知水准点高程。

3. 实训设备与资料

（1）精密数字水准仪 1 台，三脚架 1 个，条码式因瓦水准尺 1 对，尺垫 1 对。
（2）实训记录表 1 张，记录板 1 个，2H 铅笔 1 支。

4. 操作流程

（1）在水准测量实训场完成闭合水准路线的设计和选点，水准点的命名由“字母＋小组编号”组成，如 A_1、B_1、C_1、D_1。
（2）数字准仪开箱预热和参数设置。
（3）按照二等水准测量的观测要求完成水准路线的观测、记录和计算；具体步骤参考 2.5.3 小节。
（4）计算高差闭合差、高差闭合差限差、高差改正数、改正后高差、未知点高程。

5. 注意事项及实训要求

（1）实训前，认真阅读实训内容和相关学习内容，清点检查使用的仪器工具，确保其完好无损。
（2）各小组按实习内容精心策划好工作，小组成员轮流进行仪器操作、记录、立尺等各项工种。严格按老师的各项示范动作进行，服从老师，听从指挥，团结协作，按时保质保量完成任务。
（3）迁站时，前尺的尺垫坚决不能移动，且在观测过程中，不允许碰动尺垫，如有碰动，则该测段内的所有观测成果均应予报废，进行重测。
（4）水准点上不能放置尺垫，水准尺直接立在水准点上，转点处先放置尺垫，在尺垫上竖立水准尺。
（5）使用尺撑将水准尺竖直（水准尺上的圆水准气泡居中），保持水准尺稳定。
（6）注意视距差≤1.5m，累计视距差≤6m，两次读数所得高差之差≤0.6mm，水准仪重复测量次数≥2 次。

(7) 奇数测站观测顺序为后、前、前、后，偶数站观测顺序为前、后、后、前。

(8) 实训结束，按时归还实训设备，将实训设备放到指定位置，设备要摆放整齐。

6. 提交成果

实训结束，每小组应提交下列成果，作为评定成绩的依据：

(1) 记录表格；

(2) 实训总结报告。

2.9.8 水准仪 i 角测定

1. 实训目的

水准仪i角检验(虚拟仿真)

水准仪i角测定

(1) 掌握水准仪 i 角测定方法。

(2) 理解 i 角对水准测量高差的影响。

2. 实训任务

在水准测量实训场完成水准仪 i 角的测定。

3. 实训设备与资料

(1) 自动安平水准仪 1 台，三脚架 1 个，水准尺 1 对，尺垫 1 对。

(2) 实训记录表 1 张，记录板 1 个，2H 铅笔 1 支。

4. 操作流程

(1) 相距约 80m 处竖立 A、B 两把标尺，在两尺中间位置安置水准仪。

(2) 测量 A、B 两尺之间的高差 $h_1=a_1-b_1$。

(3) 将仪器搬到距 A 尺 10m 左右。

(4) 测量 A、B 两尺之间的高差 $h_2=a_2-b_2$，以及后视距 S_a 和前视距 S_b。

(5) 利用式 (2-17)，计算 i 角。

5. 注意事项及实训要求

(1) 实训前，认真阅读实训内容和相关学习内容，清点检查使用的仪器工具，确保其完好无损。

(2) 各小组按实习内容精心策划好工作，小组成员轮流进行仪器操作、记录、立尺等各项工种，严格按老师的各项示范动作进行，服从老师，听从指挥，团结协作，按时保质保量完成任务。

(3) 实训过程中注意人身安全和仪器设备及数据资料安全，书写工整，要共同探索，相互协调，学会查阅资料解决问题。

(4) 观测过程中，确保水准尺竖立。

(5) 实训结束，按时归还实训设备，将实训设备放到指定位置，设备要摆放整齐。

6. 提交成果

实训结束，每小组应提交下列成果，作为评定成绩的依据：

(1) 记录表格；

(2) 实训总结报告。

课后习题

一、名词解释

水准点　转点　附合水准路线　闭合水准路线　高差闭合差

二、填空题

(1) 在水准测量中，测得后尺中丝读数为1357，前尺中丝读数为1262，则该测站的高差为____m。

(2) 水准仪粗平时，圆水准器中气泡运动方向与______(左或右)手大拇指运动方向一致。

(3) 已知 AB 两点高程为11.166m、11.170m。采用水准测量自 A 点观测至 B 点，得后视中丝读数总和26.420m，前视中丝读数总和为26.431m，则闭合差为________mm。

(4) 双面水准尺同一位置红、黑面读数之差的理论值为______或______。

(5) 进行水准测量时，测得后尺的上丝读数为2864，下丝读数为2421，则后视距为________m。

三、判断题

(1) 在水准测量中设 A 为后视点，B 为前视点，并测得后视读数为1.124m，前视读数为1.428m，则 B 点比 A 点高。(　　)

(2) 自动安平水准仪没有管水准器。(　　)

(3) 转动目镜对光螺旋的目的是看清水准尺。(　　)

(4) DS1水准仪的精度要低于DS3水准仪。(　　)

(5) 水准点上要放置尺垫。(　　)

(6) 迁站时，前尺的尺垫不能移动。(　　)

(7) 水准测量时，读完后尺发现圆水准气泡不居中，可调节居中后继续读前尺。(　　)

(8) 四等水准测量要求每测段测站数为偶数，主要目的是消除 i 角误差。(　　)

四、计算题

(1) 下表为双面尺法水准测量的外业记录手簿，请将表格中遗漏的数据补充完整。

测站编号	后尺 下丝	前尺 下丝	方向及尺号	标尺读数 黑面	标尺读数 红面	黑+K−红	高差中数	备注
	后尺 上丝	前尺 上丝						
	后视距	前视距						
	视距差 d	$\sum d$						
1	1573	0735	后 No. 1	1384		0		No. 1 $K=4787$ No. 2 $K=4687$
	1194	0367	前 No. 2		5239	+1		
		36.8	后−前			−1		
2	2225	2305	后 No. 6	1934	6620			
	1642	1712	前 No. 5		6796	−1		
	58.3		后−前	−0074				

(2) 下表为附合线路水准测量观测成果，请将表格中遗漏的数据补充完整。

点号	路线长 L/km	观测高差 h_i/m	高差改正数 ν_{h_i}/mm	改正后高差 h_i/m	高程 H/m	备注
BM_A	1.5	+4.362			7.967	已知
1	0.6	+2.413				
2	0.8	−3.121				
3	1.0	+1.263				
4	1.2	+2.716				
5	1.6	−3.715				
BM_B					11.819	已知
$\sum$						
$f_h=\sum h_{测}-(H_B-H_A)$ $\quad f_{h允}=\pm 40\sqrt{L}$						

五、简答题

(1) 简述水准测量的原理。

(2) 什么是视差？产生视差的原因是什么？如何消除？

(3) 水准测量误差主要有哪些来源？这些误差可以用什么方法消除或减弱？

项目3　全站仪及水平角测量

项目概况

本项目主要介绍水平角的概念以及测量原理、角度测量仪器——全站仪的结构及其使用方法，在此基础上介绍了水平角测量的两种方法——测回法和方向法，最后分析了水平角测量误差的主要来源。通过本项目的学习，学习者可以理解水平角测量的基本原理，掌握测回法和方向观测法的观测步骤以及表格的记录和计算方法。

学习目标

（1）理解水平角和竖直角的概念。

（2）熟悉全站仪的结构，能正确熟练操作全站仪。

（3）掌握测回法和方向法的观测步骤，以及表格的记录和计算。

（4）会检验和校正全站仪。

（5）能分析水平角测量的误差来源。

（6）通过对水平角测量过程细节的把控，培养学生精益求精的职业素养。

（7）通过对数据观测、记录的严格要求，培养学生严谨认真的职业素养。

任务3.1　角度测量的基本原理

3.1.1　角度的概念

角度测量的原理及仪器（微课）

角度测量的原理及仪器（课件）

角度是两条相交直线形成的夹角。测量中的角度是指第一条直线顺时针旋转到第二条直线所转过的量度值。如图3-1所示，直线OA与直线OB的夹角36°，即直线OA绕顶点O顺时针旋转到OB扫过的角度。角度既是一个数学概念，又是一个具体的物理量，图3-2就是用角度尺测定工件的角度大小。

根据上述定义，角度是具有方向性的。以图3-1为例，直线OA与OB之间的夹角，既可以理解为OA沿顺时针方向旋转至OB所形成的36°角，也可以解读为OA沿逆时针方向旋转至与OB重合时所形成的324°角。一般而言，在数学坐标系中，逆时针方向的旋转被定义为正值，而在测量坐标系中，这一规定则恰好相反，即以顺时针方向的旋转作为正值。诸如钟表的时针、分针、秒针，它们都是遵循顺时针方向旋转来表示时间的增加。同样，在角度测量仪器中，水平度盘的读数也是按照顺时针方向旋转而递增的。

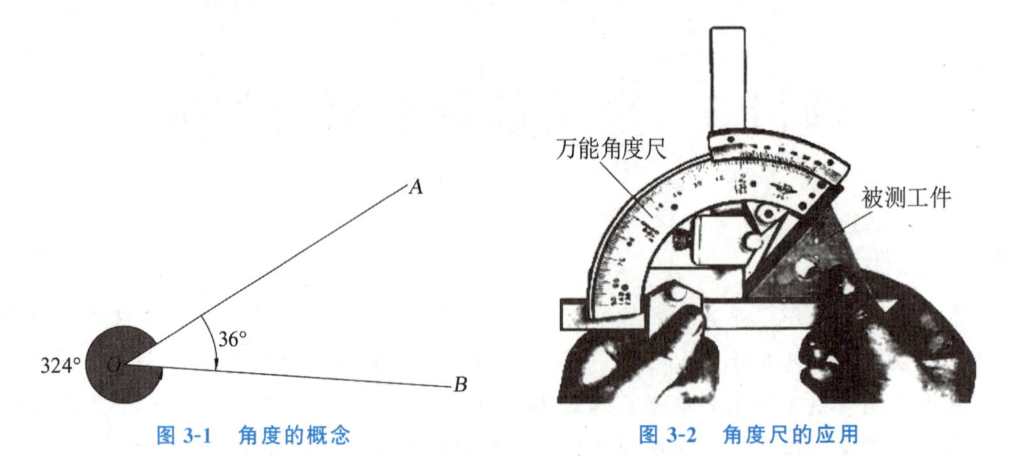

图 3-1　角度的概念　　图 3-2　角度尺的应用

如图 3-3 所示，直线 AB 与直线 CD 相交于 O 点。以顺时针方向旋转，直线 OC 与直线 OA 的夹角为 46°，直线 OA 与 OD 的夹角为 134°。而直线 OD 与直线 OA 的夹角为 226°，直线 OB 与 OD 夹角为 314°。

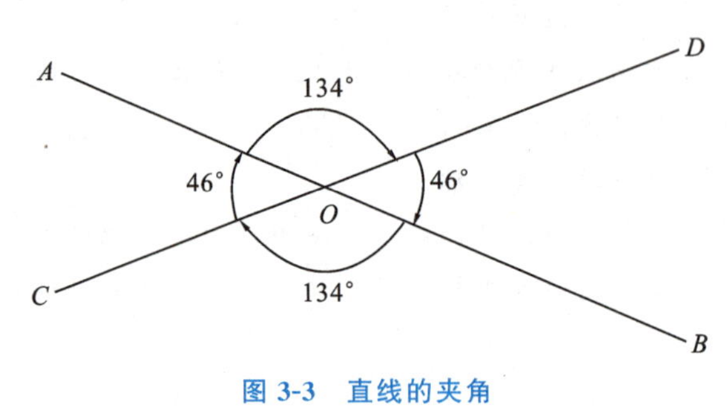

图 3-3　直线的夹角

3.1.2　角度的单位

角度的常用计量单位包括“度”和“弧度”。在“度”的单位体系中，一个圆周角被定义为 360°，并且通常采用 60 进制，即 1°等于 60′，而 1′又等于 60″。但有时候需要使用十进制“度”，它们之间的换算关系可以参考下面这个例子。

十进制角度化为 60 进制的度分秒：

$$85.6933°=85°+0.6933\times60'=85°41.598'$$
$$=85°41'+0.598\times60''=85°41'35.88''$$

60 进制的度分秒化为十进制度：

$$85°41'35.88''=85°+41'/60'+35.88''/3600''=85.6933°$$

“弧度”作为角度的另一种度量方式，是该角度所对应的一段圆弧的长度 L_α 与圆半径 R 的比值 $\alpha=L_\alpha/R$，用来表示这段圆弧所对应的圆心角的大小。实际上，L_α、R

都是长度单位，作为比值的弧度 rad 是无单位的，rad 只是一个代号。因此，弧度的单位 rad 经常可以不用书写出来。1 弧度（1rad）代表与半径相等的弧长所对应的圆心角 ρ，$\rho=1\text{rad}=1\times180°/\pi=57.295780°=206265''$。度与弧度之间存在明确的换算关系，具体换算如表 3-1 所示。

表 3-1　角度的单位换算

名称	单位	几个特征角值的相互换算							
度	deg	0°	30°	45°	60°	90°	180°	270°	360°
弧度	rad	0	π/6	π/4	π/3	π/2	π	3π/2	2π

3.1.3　水平角与竖直角

角度观测是测量工作的基本内容之一。角度观测包括水平角观测和竖直角观测。要确定地面点的平面位置一般需要观测水平角；要确定地面点的高程位置或将测得的斜距化算为平距时，一般需要观测竖直角。

1. 水平角

水平角定义为两条空间相交直线之间的夹角在水平面上的投影角度。如图 3-4 所示，直线 AB 与 AC 之间的夹角记为$\angle BAC$。$\angle BAC$ 在水平面上的投影$\angle B_1A_1C_1$ 即为水平角。

由图 3-4 可知，地面上的 B、A、C 三点通过铅垂线投影到水平面上，得到对应的点 B_1、A_1、C_1。因此，$\angle B_1A_1C_1$ 是由直线 AB 和 AC 各自所在的竖直面所形成的二面角。这个二面角可以在两竖直面交线 AA_1 上的任意一点进行量测。

设想在竖线 AA_1 上的 O 点放置一个按顺时针注记的全圆量角器（称为度盘），其中心正好在 AA_1 竖线上，并保持水平位置。从 AB 竖面与度盘的交线可以读取一个数 m，同样地，从 AC 竖面与度盘的交线可以读取另一个数 n。那么，圆心角 β 就等于 n 减去 m，即

$$\beta=n-m \tag{3-1}$$

2. 竖直角

在同一竖直面内观测视线与水平线的夹角，称为竖直角。如图 3-5 所示，竖直面 E_1 内$\angle AOA'$是 O 点观测 A 点的竖直角 α_A，而在竖直面 E_2 内，从 O 点观测 B 点的竖直角为 $\alpha_B=\angle BOB'$。竖直角又称作垂直角。竖直角是根据仪器中的竖直度盘读数计算获得。图 3 6 为竖直度盘构造示意图。

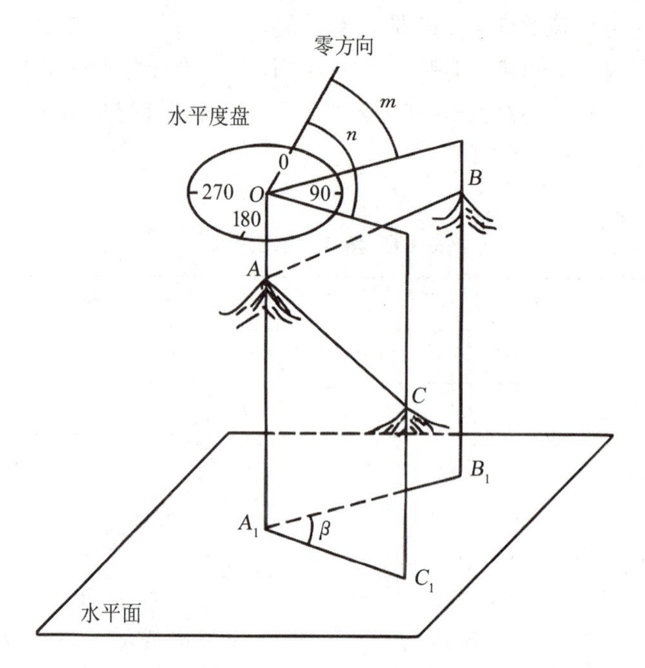

图 3-4　水平角观测原理

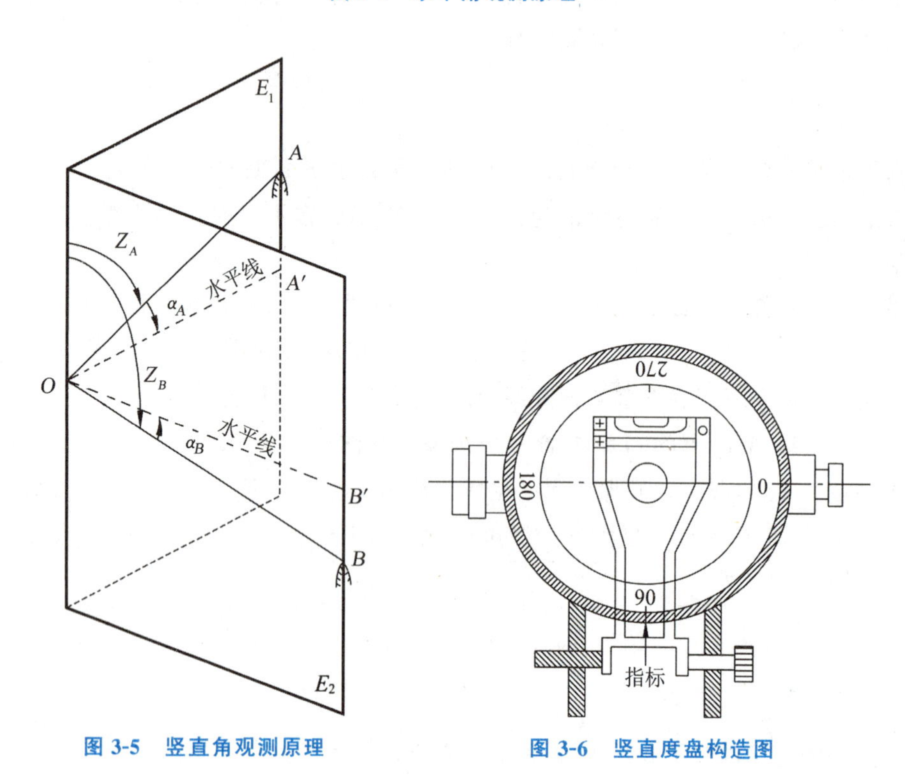

图 3-5　竖直角观测原理

图 3-6　竖直度盘构造图

从图 3-5 中还可以看出，竖直角同样也有方向之分。竖直角在水平线以上为正，为仰角，在水平线以下为负，为俯角。图 3-5 中的 $\alpha_A>0$ 为正，$\alpha_B<0$ 为负。竖直角在 $+90°$ 与 $-90°$ 之间，即 $90°\leqslant\alpha\leqslant-90°$。

图 3-5 中的 Z_A、Z_B 称为天顶距。天顶距是指天顶方向线（铅垂线的反方向线）沿顺时针方向旋转到观测线所转过的角度。因此，天顶距在 0°～180°之间，即 $0° \leqslant Z \leqslant 180°$。而且，从图 3-5 还可以看出，竖直角 α 与天顶距 Z 还具有如下关系：

$$\alpha + Z = 90° \tag{3-2}$$

任务 3.2　全站仪的结构

3.2.1　角度测量仪器的种类

全站仪的结构（微课）

根据角度测量原理可知，角度测量仪器应具有带刻度的水平度盘和竖直度盘，能够精确瞄准目标、方便读数，另外还需要可以将水平度盘置平和将竖直度盘垂直的设备。

全站仪的结构（课件）

角度测量的仪器主要是经纬仪。现代生产和使用的经纬仪不仅可以测量角度，还可以测量距离。这些既可以测角，又可以测距的经纬仪主要有以下几种。

1. 罗盘经纬仪

罗盘经纬仪结合了罗盘和经纬仪功能，是一种能够测量磁方位角、水平角、垂直角、高差、距离等的测量仪器，如图 3-7 所示。罗盘经纬仪的水平度盘为磁罗盘，用磁针指示方向，测量时轻巧快捷。此仪器曾广泛应用于矿山开采、森林资源调查、农田水利、土地规划、地形测绘以及航空航天、地质勘探、建筑工程等领域。

2. 普通经纬仪

以前的普通经纬仪可分游标经纬仪（见图 3-8）和光学经纬仪（见图 3-9）两类，它们分别安装金属圆环度盘（游标经纬仪）和光学玻璃度盘（光学经纬仪），均为光学读数系统。我国普通经纬仪有 DJ07、DJ1、DJ2、DJ6 等。D 是“大地”第一个字母，J 是“经纬”第一个字母，后面的数字代表仪器的精度等级，指测角时观测一测回的方向值的中误差，如 2″、6″等，数字越小，说明仪器测角精度越高。

3. 光电经纬仪

光电经纬仪也称电子经纬仪，如图 3-10 所示，装备有光电度盘和光电读数系统，电子显示屏显示角度测量结果。与光学经纬仪比较，光电经纬仪将光学度盘换为光电扫描度盘，将人工光学测微读数代之以自动记录和显示读数，使测角操作简单化，减轻操作负担、提高工作效率，且可避免读数误差的产生。与普通经纬仪问世 200 多年相比，光电经纬仪在 20 世纪八九十年代获得广泛生产应用。随即便被可同时进行光电测角和光电测距的全站仪取代。

图 3-7　罗盘经纬仪

图 3-8　游标经纬仪

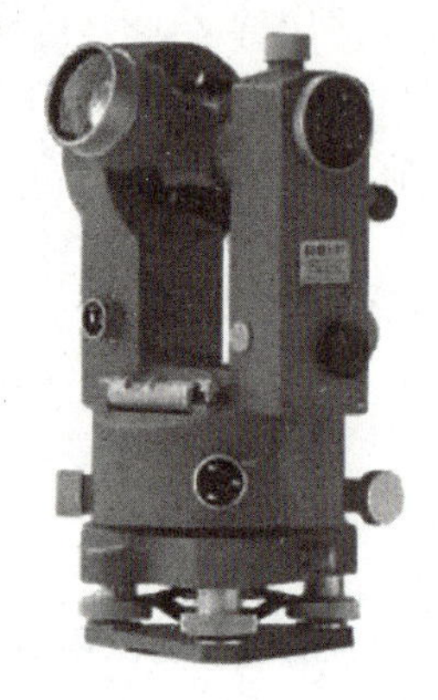

图 3-9　光学经纬仪

4. 全站仪

全站仪是全站型电子速测仪的简称，是电子经纬仪、光电测距仪及微处理器相结合的光电仪器，如图 3-11 所示。全站仪除能进行角度测量、距离测量、坐标测量、偏心测量、悬高测量和对边测量外，还能进行数据采集、放样及存储管理。

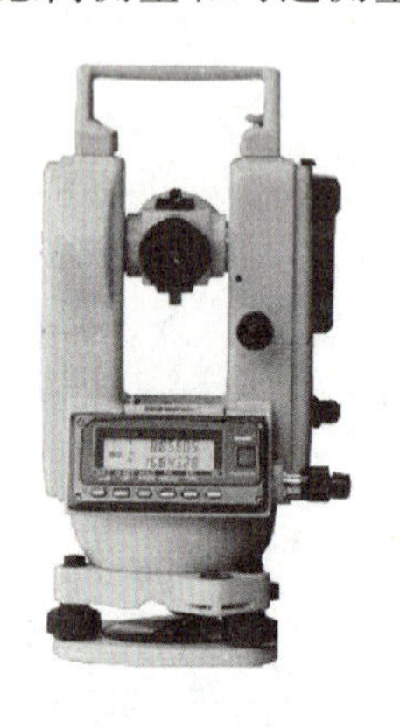

图 3-10　电子经纬仪

图 3-11　全站仪

3.2.2　全站仪的结构

全站仪的种类有很多，不同生产商的全站仪在部件上不尽一样。但是各种全站仪的主要部分的构造大致相同。全站仪一般认为是由基座、度盘和照准部三大部分组成，如图 3-12 所示。

1. 基座

同水准仪的基座类似，全站仪的基座由上下两块连接板、脚螺旋、圆水准器和固定螺旋组成。连接板用于连接基座和脚架。脚架顶面有一中央螺旋，可旋入连接板的螺孔中。基座上的圆水准器用于检查全站仪是否处于粗平状态，固定螺旋将基座与照准部连接并固定住，一般不能松开。基座上的三个脚螺旋用于仪器的精确整平。

一些先进的全站仪，其基座除了具有上述功能用途外，还增加了新的功能，如徕卡 TC2000 全站仪的基座便装有仪器动态测角系统的固定光栅探测器，与装在照准部的活动光栅探测器配合使用，从而实现对水平角的动态测量。

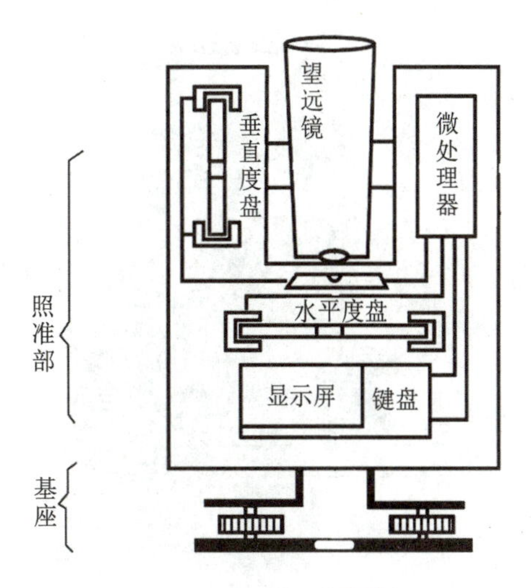

图 3-12　全站仪结构简图

2. 度盘

全站仪的度盘分为水平度盘和垂直度盘。水平度盘位于基座和照准部之间，用于测量水平角。竖直度盘固定在横轴的一端，与望远镜一起绕横轴转动，用于测量竖直角。

全站仪的水平度盘配置有多种方法，以南方全站仪为例，水平度盘按键功能有置零、保持、置盘，此外还有度盘注记顺序设置按键 HR（水平右）、HL（水平左）。

置零功能：把水平度盘显示设置为零，一般在瞄准起始目标后使用。

保持功能：相当于光学经纬仪的复测钮，启动此键会将水平度盘读数固定不变，待精确瞄准起始目标之后再按一次该键，便又恢复角度变化的测角状态。该功能可用于复测法测角，也可用于施工放样时的方位角度盘配置。

置盘功能：通过输入具体的角度值实现水平度盘的配置。具体操作如下：转动照准部瞄准起始方向，启用置盘按键，仪器显示窗提示输入角度，按需要输入角度值实现水平度盘的配置。

HR、HL 功能：HR 表示水平度盘处于顺时针注记状态，在该状态下，顺时针旋转照准部，水平度盘的读数是增加的；HL 刚好相反，表示水平度盘处于逆时针注记状态，在该状态下，逆时针旋转照准部，水平度盘的读数是增加的。

3. 照准部

照准部是角度测量仪器的主要组成部分，它位于仪器的上部绕竖轴转动。照准部主要有望远镜、粗瞄器、管水准器、制动螺旋、微动螺旋、对中器、操作面板等，如图 3-13 所示。

(1) 全站仪的望远镜在结构、功能上与水准仪望远镜基本相同。全站仪的望远镜实现了视准轴、测距光波的发射、接收光轴同轴化，使得望远镜一次瞄准即可实现同时测定水平角、垂直角和斜距等全部基本测量要素。

望远镜的对光操作也与水准仪相同：①对准明亮天空旋转目镜调焦螺旋，使眼睛看清楚十字丝像；②对准目标转动物镜调焦螺旋，眼睛看清楚物像 A；③消除视差。视差即上下观察目镜可发现十字丝像与目标像出现相对晃动的现象，原因是目标像没

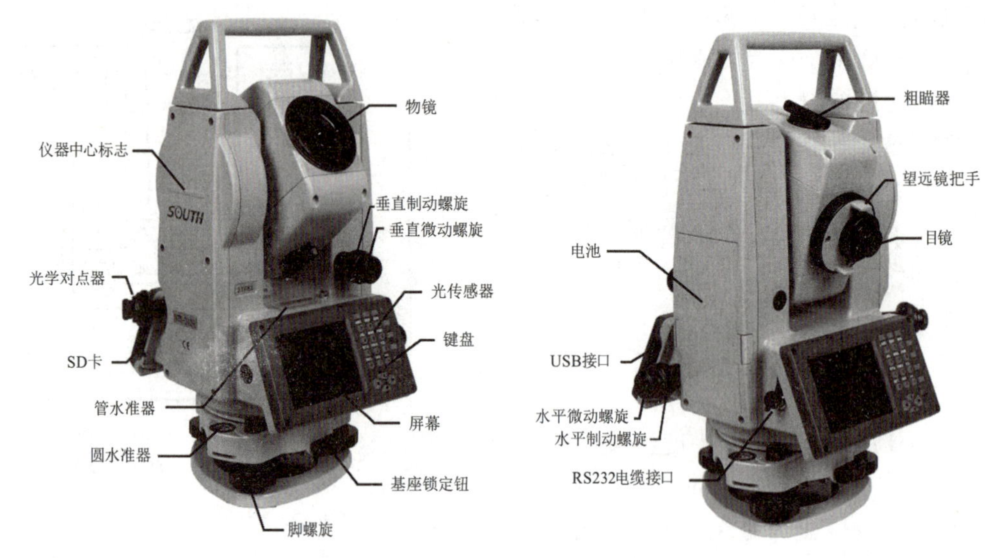

图 3-13　全站仪结构图

有落在十字丝板焦面上。重复①、②操作可消除视差。

(2) 水平制动、微动螺旋是用于控制照准部水平转动的螺旋。如图 3-13 所示，全站仪的水平制动、微动螺旋同轴成套设置，水平制动螺旋在内侧，水平微动螺旋在外侧。松开水平制动螺旋，照准部可以自由水平转动；旋紧水平制动螺旋，照准部不能自由转动。水平微动螺旋只有在旋紧水平制动螺旋之后才可以操作使用，它用来在水平方向上精确瞄准目标。

(3) 垂直制动、微动螺旋是用于控制望远镜在垂直方向转动的螺旋。其结构和使用方法与水平制动、微动螺旋一样，配合使用可以使望远镜在垂直方向上瞄准目标。

(4) 全站仪的对中器有光学对中器和激光对中器两种，用于查看仪器中心与地面标志点是否位于同一条铅垂线方向上。如图 3-14 所示，光学对中器主要由目镜、分划板、物镜、直角转向棱镜等部件构成。激光对中器装有激光发射器，可发射一束可见红色光斑。当光斑直接射向地面的标志点中心时，仪器就对中了。

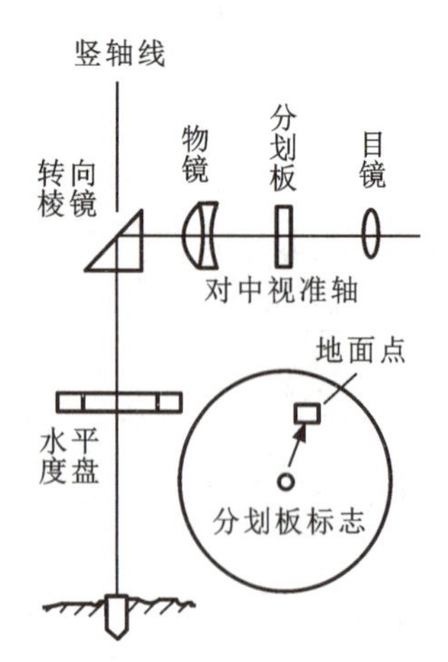

图 3-14　光学对中器光路图

(5) 全站仪上的操作面板上主要有显示屏和键盘。显示屏用于显示测量指令和测量结果等信息；键盘上布置有若干个按键，用于测量指令的操作。图 3-15 是某全站仪的操作面板图。

(6) 照准部上的电池是全站仪工作的动力源泉，装上电池与取下电池都要小心谨慎，左手扶住仪器，右手装卸电池，不要强行用力。仪器使用后注意及时充电。

4. 全站仪的主要轴线

全站仪有 5 条主要轴线，他们是竖轴 VV、横轴 HH、

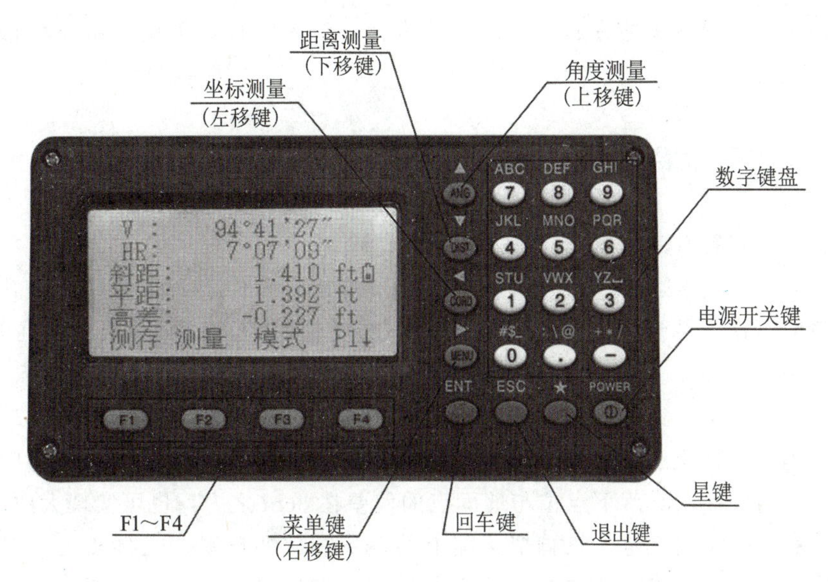

图 3-15　全站仪的操作面板

视准轴 CC、管水准轴 LL 和圆水准轴 $L'L'$，如图 3-16 所示。这些轴线之间的相互关系必须满足：管水准轴垂直于竖轴，即 $LL \perp VV$；横轴垂直于竖轴垂直，即 $HH \perp VV$；视准轴垂直于横轴，即 $CC \perp HH$。

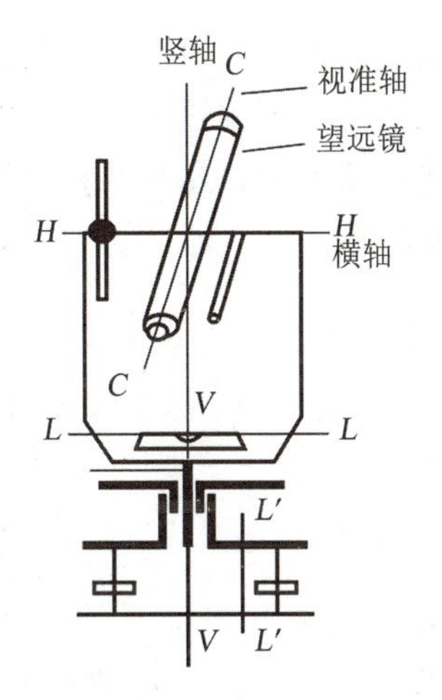

图 3-16　全站仪主要轴线图

任务 3.3　全站仪的安置

全站仪的使用（微课）

使用全站仪观测水平角之前，必须把仪器安置在测站点上。安置水准仪只要整平仪器，安置全站仪不仅要整平仪器，而且要使仪器对中，所以安置全站仪有对中和整平两项工作。对中的目的是使仪器的竖轴与测站点的标志中心在同一条铅垂线上。整平的目的是使仪器的竖轴竖直，即水平度盘居于水平位置。

全站仪的使用（课件）

全站仪的安置有多种方法，不同方法操作步骤不一样，下面介绍一种最常见的全站仪安置方法。

3.3.1 安置三脚架

三脚架的安置有四个要点：高、平、中、稳。

（1）高——高度适中。松开架腿上的菱形螺旋，揪住架头将三脚架提升至胸部以上适当高度，拧紧菱形螺旋，解开三脚架绑腿皮带，张开三脚架架腿放在测站点上，使架头处于胸口高度。

（2）平——架头大致水平。调节三脚架架腿的位置，使架头大致水平。

（3）中——架头的中心大致对准测站点标志，如图 3-17 所示，在架头中心处自由落下一个小石头，观其落下点位与地面点的偏差在 3cm 之内，也可实现大致对中。

（4）稳——牢固稳定。三脚架架腿上的菱形螺旋要拧紧，三脚架三条架腿之间的距离要适中，太窄三脚架容易被风吹倒，太宽仪器容易下沉。三脚架的脚尖要踩入地下使其稳固。

3.3.2 安装全站仪

打开仪器箱，左手抓住全站仪手柄，右手托住基座，将仪器取出平稳地放在三脚架架头上，左手不放松，右手立即旋紧中心螺旋，回身关好仪器箱。取出仪器前，先要观察仪器是如何摆放在仪器箱的。仪器要轻拿轻放。

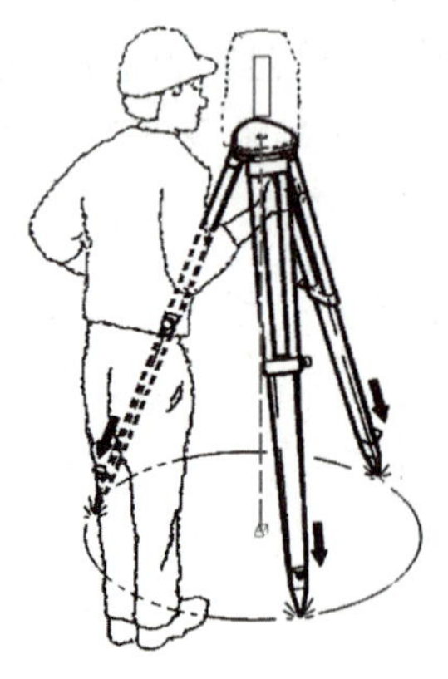

图 3-17　仪器安置

3.3.3 对中整平

1. 仪器对中

（1）如果是激光对中，则打开激光对中器开关，在地面上可以看到一红色光斑，光斑的亮度可以调节。如果是光学对中器，先转动对中器上的目镜调焦螺旋和物镜调焦螺旋，使之能从目镜中同时看清光学对中器的分划板圆圈和地面标志点。

（2）调节三脚架的位置，使对中器与地面标志点重合。操作如下：固定三脚架的一只脚于适当位置，两手分别握住另外两条腿。在移动这两条腿的同时，观察对中器位置，使对中器对准地面标志点中心。

2. 粗略整平

（1）看清圆水准器气泡所在位置，判别应该升高或降低哪个架腿。如图 3-18（a）中，从气泡所在的位置可以判断 1 号架腿位置偏低，所以应该升高 1 号架腿。

（2）左手握住架腿上、下段结合部位，将架腿固定住，右手松开架腿上的菱形螺旋，如图 3-18（b）所示。

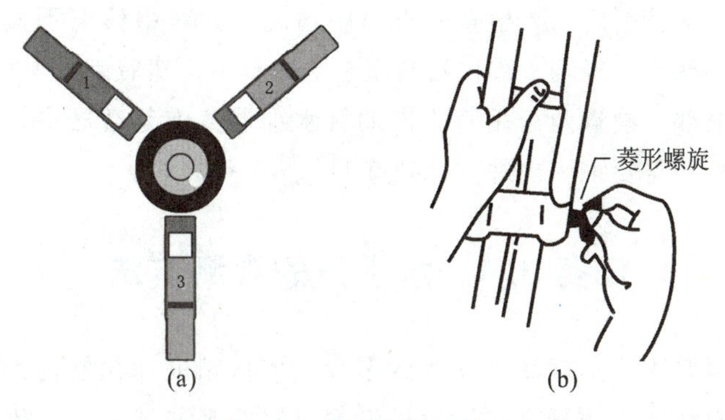

图 3-18　全站仪粗略整平

（3）用脚踩住架腿底部的踏板，防止架腿在地面上移动。双手用力控制使架腿升降，同时观察气泡的变化。当气泡移动到圆水准器的分化圈内，用左手固定住架腿，右手将菱形螺旋拧紧。

注意：升降架腿时要稳，使架腿缓缓向上（或向下）移动，而不能移动架腿的地面支点；有时候升降一个架腿还不能使气泡居中，还需要升降另一个架腿或者重复一两次才能完成。

3. 精确整平

（1）任选两个脚螺旋，转动照准部使管水准轴与所选两个脚螺旋中心连线平行，观察气泡所处的位置，双手同时转动左右两个脚螺旋使管水准器气泡居中。气泡移动的方向与左手大拇指运动方向一致，右手转动方向与左手转动方向相反，如图 3-19（a）所示。

（2）转动照准部 90°，旋转第三个脚螺旋使管水准器气泡居中，如图 3-19（b）所示。转动照准部到任意位置，检查管水准器气泡是否居中，如气泡偏移超过一格，则重复上述步骤。

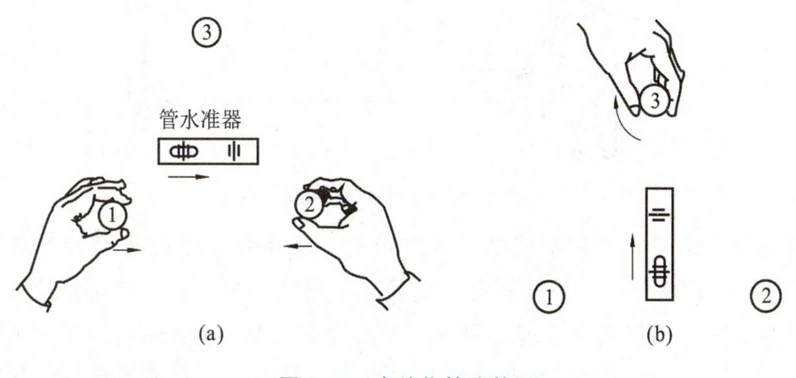

图 3-19　全站仪精确整平

4. 检查对中和整平

(1) 第一次精确整平后，要检查一下对中情况。如对中偏离不大，可以稍稍松开脚架架头上的中心螺旋，轻轻平移仪器基座至精确对中，然后旋紧中心螺旋。

(2) 转动照准部，检查两个垂直方向的管水准器气泡是否居中。如果管水准器气泡偏移超过一格，则需要再一次进行精确整平。

任务 3.4 水平角的观测方法

水平角的观测方法根据观测方向数的多少、测量精度和仪器构造的不同，可分别采用测回法、方向观测法和复测法。为了消除仪器的某些误差，一般用盘左和盘右两个位置进行观测。所谓盘左，就是当望远镜的目镜朝向观测者时，竖直度盘在望远镜的左边，又称正镜；盘右，就是当望远镜的目镜朝向观测者时，竖直度盘在望远镜的右边，又称倒镜。

3.4.1 测回法

测回法（微课）

测回法是测角的基本方法，适用于两个目标方向之间的水平角观测，这也是最简单的测角方法。在普通控制测量、工程测量中均经常使用。

测回法（课件）

如图 3-20 所示，欲测量 AOB 的水平角，则应在 O 点安置全站仪，在 A、B 点设置标志（如标杆或觇标等），分别照准 A、B 两点的目标并进行读数，两读数之差即为要测的水平角值 β。具体操作步骤如下。

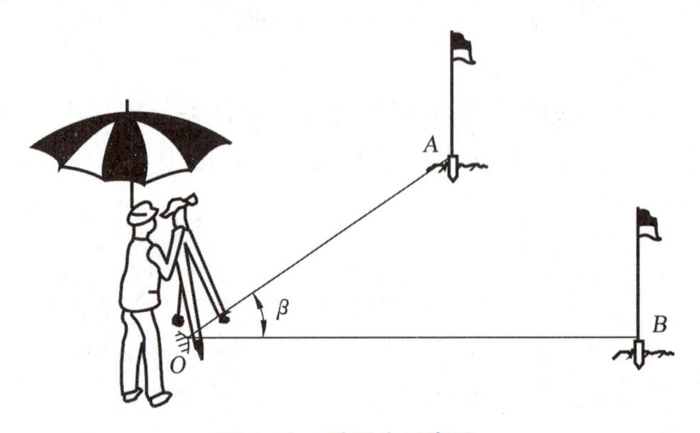

图 3-20 测回法示意图

(1) 松开制动螺旋，使全站仪处于盘左位置，用望远镜上的粗瞄器大致瞄准方向 A，反复用目镜、物镜调焦，消除视差。旋紧水平与竖直两套制动螺旋，调节微动螺旋精确瞄准目标中间，确保用十字丝单竖丝去平分标杆或觇标，(或用双竖丝夹住目标)，如图 3-21 (a) 所示。为了降低标杆或觇标竖立不直的影响，在通视良好的情况下应尽量瞄准标杆或觇标的最下部，如图3-21（b）所示。将水平度盘读数置盘为某读数（或置零），设读数为 $a_{左}$，记入表3-2的手簿第（1）栏。

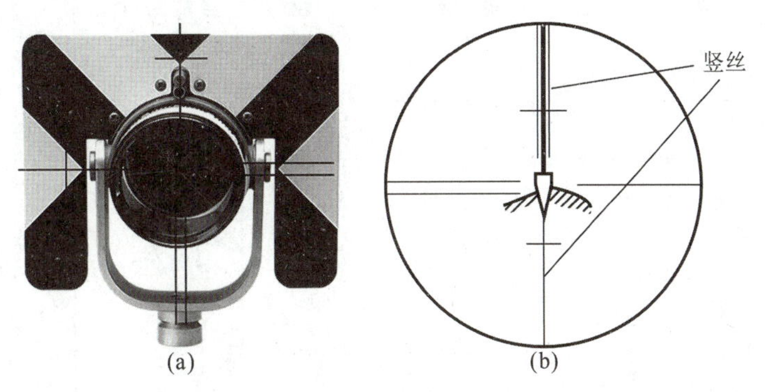

图3-21 瞄准目标

（2）松开制动螺旋，顺时针方向转动照准部，用同样方法精确瞄准右方目标 B，读取水平度盘读数 $b_{左}$，同样记入手簿的第（2）栏，如83°33′40″。

以上称上半测回。计算得半测回角值为 $\beta_{左}=b_{左}-a_{左}=83°33'10''$，结果记入第（3）栏中。

（3）松开制动螺旋，纵转望远镜成盘右位置，继续精确瞄准目标 B，读取水平度盘读数 $b_{右}$，为263°33′51″记入手簿第（4）栏。

（4）松开制动螺旋，逆时针方向转动照准部，精确瞄准目标 A，读取读数 $a_{右}$，为180°00′34″记入第（5）栏。

以上（3）、（4）称下半测回。计算得半测回角值为：$\beta_{右}=b_{右}-a_{右}=83°33'17''$，记入第（6）栏。注意如果上述角值计算的结果为负值，应将计算结果加上360°。

上、下两个半测回合称一测回。两个半测回测得角值的平均值就是一测回角值，即：

$$\begin{aligned}\beta &= (\beta_{左}+\beta_{右})/2\\&=(83°33'10''+83°33'17'')/2\\&=83°33'13.5''\approx 83°33'14''\end{aligned}$$

将以上结果记入第（7）栏。在计算一测回角值时，如果计算结果存在0.5″，通常采用“奇进偶舍”原则，将结果取整到秒。“奇进偶舍”原则是指，如果保留位数的后一位是5，而且5后面不再有数，要根据尾数“5”的前一位决定是舍去还是进入，如果是奇数则进入，如果是偶数则舍去。例如5.215保留两位小数为5.22；5.225保留两位小数为5.22。

如果测角精度要求较高，往往要观测多个测回。此时，则各测回按180°/n 变动水平度盘起始位置，这样可减弱度盘分划不均匀误差的影响。例如如果要观测两个测回，则第二测回的起始方向置盘为180°/2=90°。

表 3-2　测回法观测手簿

测站	测回	竖盘位置	目标	水平度盘读数（° ′ ″）	半测回角值（° ′ ″）	各测回角值（° ′ ″）	各测回角值平均值（° ′ ″）	备注
0	1	2	3	4	5	6	7	8
	第 i 测回	左	A	(1)	(3)	(7)	(8)	
			B	(2)				
		右	B	(4)	(6)			
			A	(5)				
o	第 1 测回	左	A	0 00 30	83 33 10	83 33 14	83 33 15	
			B	83 33 40				
		右	B	263 33 51	83 33 17			
			A	180 00 34				
	第 2 测回	左	A	90 00 30	83 33 17	83 33 16		
			B	173 33 47				
		右	A	270 00 25	83 33 16			
			B	353 33 41				

第二测回数据的填写和计算方法与第一测回相同，只是算完第二测回角值后，还需要将各测回角值求平均值，填入表格第（8）栏。

测回法通常有两项限差：一是上、下半测回的角值之差，即第（3）、（6）栏之差；二是各测回角值之差，即表 3-2 第 6 列的两角值之差。对于不同精度的仪器和不同的等级有不同的规定限值。例如《工程测量标准》（GB 50026—2020）规定，使用 6″级仪器，上、下半测回较差在极坐标法图根点测量中要求不超过±30″。

3.4.2　方向观测法

方向观测法（微课）

方向观测法简称方向法，是水平角观测的一种常用方法，观测两个以上的方向时，通常采用这种方法（两个方向亦可用此法）。

1. 全圆方向观测法

方向观测法（课件）

当观测方向多于 3 个时，每半测回都从一个选定的起始方向（零方向）开始观测，在依次观测所需的各个目标之后，应再次观测起始方向（称为归零），这称之为全圆方向观测法，简称全圆方向法。如图 3-22 所示，设测站 P 上有 A、B、C、D 四个观测目标，全圆方向法观测的操作步骤如下。

（1）在 P 点安置仪器，在 A、B、C、D 分别安置觇标。

(2) 用全站仪盘左位置，照准零方向（起始方向）A，水平度盘置盘（或置零），然后顺时针依次观测 B、C、D、A，读取水平度盘读数，从上往下依次记入表 3-3 的第 3 列。上述操作称上半测回。

(3) 翻转望远镜，使全站仪处于盘右位置，逆时针方向旋转照准部，依相反次序依次照准 A、D、C、B、A，读取水平度盘读数，从下往上依次记入表 3-3 的第 4 列，称下半测回。

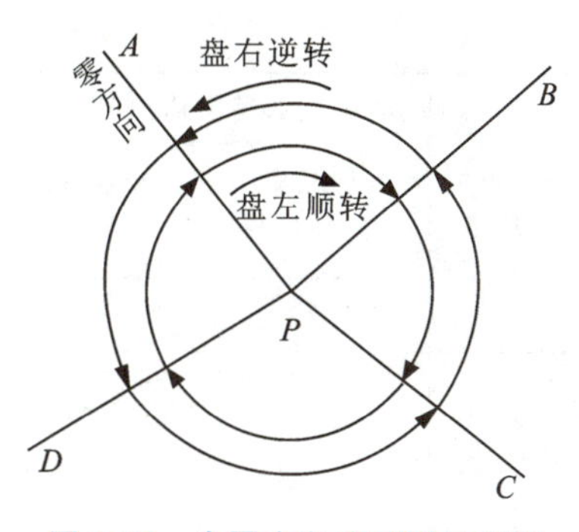

图 3-22　全圆方向法观测示意图

上述一个测回观测完毕。如需观测多个测回，只需按要求变换零方向的度盘位置，其观测、记录方法完全一样。

2. 全圆方向法的计算

1）计算归零差（Δ）

在上、下两个半测回中，都重复照准零方向 A 并读数、记录，称为“归零”，如表 3-3 的第（5）、（6）栏。通常观测方向数大于 3 时，规定必须归零。半测回中，零方向两次观测读数之差称为“归零差”，如表 3-3 的第（11）、（12）栏。当上、下半测回归零差都符合规定限差要求时（如三级导线要求不超过 12″），才能进行后面的计算工作。当观测方向数为 3 个时，可以不归零。

2）计算两倍照准差（$2C$）

$$2C=\text{盘左读数}-(\text{盘右读数}\pm180^\circ)$$

通常，盘左读数用 L 表示，盘右读数用 R 表示，则有：

$$2C=L-(R\pm180^\circ) \tag{3-3}$$

上式括号中盘右读数 R 大于 180°时取“－”号，小于 180°时取“＋”号。按各方向计算 $2C$ 并填入第 5 列第（13）～（17）栏中。$2C$ 值是观测成果中一个有限差规定的项目，但它不是以 $2C$ 的绝对值大小作为是否超限的标准，而是以测回内各个方向的 $2C$ 互差（即最大值与最小值之差）作为是否超限的检查标准，如三级导线要求 $2C$ 互差不超过 18″。

3）计算各方向的平均读数

$$\begin{aligned}\text{平均读数}&=[\text{盘左读数}+(\text{盘右读数}\pm180^\circ)]/2\\&=[L+(R\pm180^\circ)]/2\end{aligned} \tag{3-4}$$

计算的结果称为方向值，填入第 6 列。因为起始方向有两个平均读数，需要再取平均值，作为 A 方向的方向值。即（23）=[（18）+（22）]/2。

4）计算各测回归零后的方向值

将各方向的平均读数减去起始方向的平均读数值（表 3-3 中为（23）栏的值），即得各方向的归零方向值，填入第 7 列。

表 3-3　全圆方向观测法观测手簿

测回	目标	水平度盘读数		2C (″)	平均读数 (° ′ ″)	归零后各 测回方向值 (° ′ ″)	归零后各测回 方向平均值 (° ′ ″)	备注
		盘左 L (° ′ ″)	盘右 R (° ′ ″)					
1	2	3	4	5	6	7	8	9
	A	(1)	(10)	(13)	(23) (18)	(24)=(23) －(23)		
	B	(2)	(9)	(14)	(19)	(25)=(19) －(23)		
	C	(3)	(8)	(15)	(20)	(26)=(20) －(23)		
	D	(4)	(7)	(16)	(21)	(27)=(21) －(23)		
	A	(5)	(6)	(17)	(22)			
	Δ	(11) ＝ (5) －(1)	(12) ＝ (11) －(7)					
1	A	0 00 00	180 00 02	－2	(0 00 02) 0 00 01	0 00 00	00 00 00	
	B	57 33 07	237 33 00	＋7	57 33 04	57 33 02	57 33 14	
	C	98 30 18	278 30 09	＋9	98 30 14	98 30 12	98 30 25	
	D	142 22 45	322 22 37	＋8	142 22 41	142 22 39	142 22 42	
	A	0 00 03	180 00 04	－1	0 00 04			
	Δ	＋3″	－2″					
2	A	90 00 00	269 59 58	＋2	(89 59 58) 89 59 59	00 00 00		
	B	147 33 27	327 33 21	＋6	147 33 24	57 33 26		
	C	188 30 41	8 30 31	＋10	188 30 36	98 30 38		
	D	232 22 47	52 22 39	＋8	232 22 43	142 22 45		
	A	89 59 56	269 59 58	－2	89 59 57			
	Δ	－4″	0″					

5）计算归零后各测回方向值的平均值

取各测回同一方向归零后的方向值的平均值作该方向的最后结果，填入第 8 列。在取平均值之前，应计算同一方向归零后的方向值各测回之间的差数有无超限，如果超限，则应整个测回重测。

3.4.3　复测法

水平角测量的复测法是利用复测经纬仪的度盘和照准部可以连在一起转动的特点，重复测量所求角度，使之在度盘上累积起来，然后除以重复测量的次数，求得角度的观测结果。这样，不仅可以减少大量的令人烦恼的读数与记录，节省观测时间，而且可以削弱读数误差的影响，从而提高测角的速度和精度。

显然，复测法必须使用复测经纬仪进行观测。《工程测量标准》(GB 50026—2020) 推荐使用方向观测法进行水平角测量，因此复测法不做详细介绍。

3.4.4　水平角测量方法分类

"全国科学技术名词审定委员会"公布的《2010 测绘学名词》(第三版，2010 年)，里面只对"方向观测法""复测法"进行了定义，而对"测回法""全圆方向观测法"并无确切定义。其中对"方向观测法"的定义为"从起始方向开始依次观测所有方向，从而确定各方向相对于起始方向的水平角的观测方法"。可见，方向观测法（可简称方向法）是包含测回法和全圆方向观测法（简称全圆方向法）的，而且从仪器操作的观测过程来考虑，测回法属于方向观测法之一，而全圆方向法又是按"测回"来观测的(有时又称作"全圆测回法")，二者互相体现、互相包含，成为水平角测量中最常见的观测方法。如果参照《2010 测绘学名词》关于水平角测量方法的介绍思路，可以将各种水平角测量的观测方法进行如下分类统计，如图 3-23 所示。另外，有的测量规范中提出的分组观测法，是指当一个测站方向数太多时，将这许多方向分成若干个组(各组间有共同的零方向）进行观测，并进行测站平差，最后获得各方向的水平方向值(该方法可以在一定程度上避免归零差超限)。显然，该方法的实质也是方向观测法。

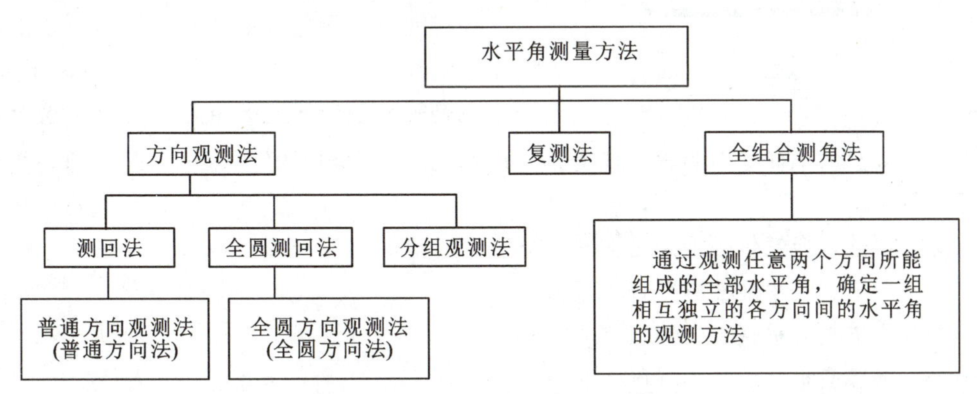

图 3-23　水平角测量方法统计

综合上述测回法的观测过程与全圆方向法的定义，可以得出如下结论：

(1) 当只有两个方向时，用测回法，测回法也属于方向观测法。

(2) 三个方向时，可用测回法（普通方向法），也可用全圆方向法。

(3) 多于三个方向时，必须用全圆方向法。

可见，测回法与全圆方向法的实质区别就是，前者目标少、不须归零，后者方向多、须归零。

任务 3.5 全站仪的检验与校正

3.5.1 全站仪上主要轴线应当满足的几何条件

根据水平角测量原理，为了保证水平角观测达到规定的精度，全站仪的主要部件之间，也就是主要轴线和平面之间，必须满足水平角观测所提出的以下要求，如图 3-24 所示：

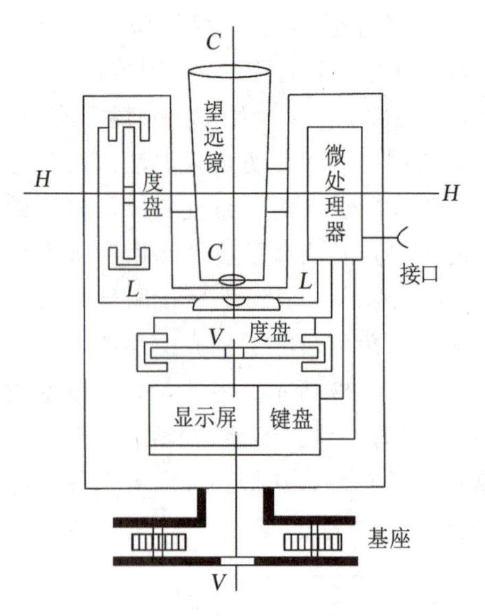

图 3-24 全站仪的主要轴线

(1) 竖轴必须竖直；

(2) 水平度盘必须水平，其分化中心应在竖轴上；

(3) 望远镜上下转动时，视准轴形成的视准面必须是竖直面。

仪器厂装配仪器时，要求水平度盘与竖轴为相互垂直的关系，其分划中心亦在竖轴延长线上。所以只要竖轴竖直，水平度盘就成水平。竖轴的竖直是利用照准部的管水准器气泡居中，即管水准轴水平来实现的。因此上述的 (1)、(2) 两项要求可由照准部管水准轴应与竖轴垂直来实现。

视准面必须竖直的要求，实际上是由两个条件组成的。首先，视准面必须是平面，也就是视准轴应垂直于横轴；再就是这个平面必须是竖直的平面，即当视准轴垂直于横轴之后，横轴又必须水平，即横轴必须垂直于竖轴。

综上所述，全站仪必须满足下列几个条件：

(1) 照准部管水准轴应垂直于竖轴 ($LL \perp VV$)；

(2) 视准轴应垂直于横轴 ($CC \perp HH$)；

(3) 横轴应垂直于竖轴 ($HH \perp VV$)；

(4) 观测水平角时，若用十字丝交点去瞄准目标不太方便，通常是用竖丝去瞄准目标，这又要求竖丝应垂直于横轴。

另外，当全站仪作竖角观测时，还必须满足其他有关条件，这在项目 6 中再作介绍。

3.5.2　全站仪的检验和校正

全站仪轴系之间的正确关系常常在使用期间及搬运过程中发生变动，因此在使用全站仪观测水平角之前需要查明仪器的各轴系是否满足前述的条件；如不满足这些条件则应使其满足。前一项工作在测量中称为检验，后一项工作称为校正。

1. 管水准轴应垂直于竖轴的检验和校正

照准部管水准轴是否垂直于竖轴，主要取决于水准管两端支柱的高度是否合适，而支柱的高度是由控制支柱的校正螺钉来调节的。假如水准管支柱的高度合适，如图 3-25（d）所示，当管水准器气泡居中（管水准轴水平）时，竖轴处于竖直位置（与铅垂线重合），水平度盘也处于水平位置。此时，不论仪器转到哪个位置，管水准器气泡均居中。假如水准管支柱高度不合适，如图 3-25（a）所示，管水准轴便不平行于水平度盘。当气泡居中时，管水准轴是水平了，但竖轴不竖直，水平度盘亦倾斜 α 角度，只要仪器绕倾斜的竖轴稍稍旋转一下，气泡就会偏离居中位置。

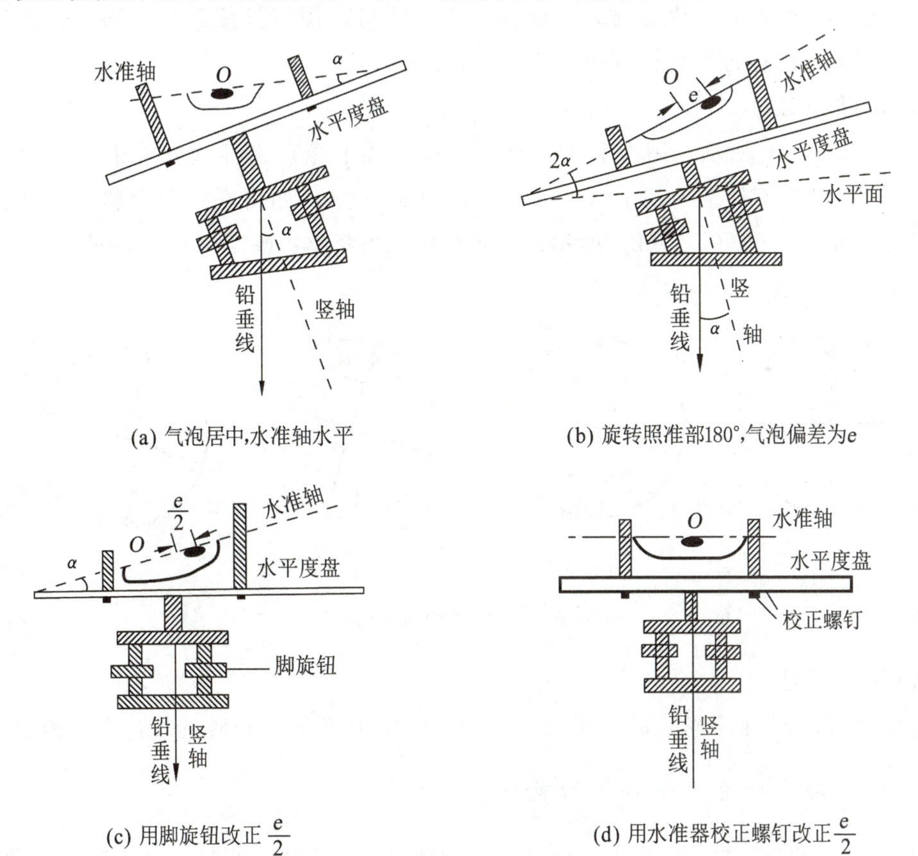

图 3-25　照准部管水准轴的校正

由此可知，检验本项条件是否满足，基本上与水准仪圆水准器的检验方法相同。

（1）检验方法。

检验方法与水准仪圆水准器的检验方法相同。首先粗略整平仪器后，转动照准部使水准管与任意两个脚螺旋的连线平行，调节这两个脚螺旋使气泡严格居中。然后，将仪器旋转180°，如果气泡仍居中，表明管水准轴已垂直于竖轴，如气泡不再居中，如图3-25（b）所示，则需要进行校正。

（2）校正方法。

先用脚螺旋使气泡退回偏离的一半，如图3-25（c）所示，再拨动装在水准管一段支柱上的上、下两个校正螺丝，把水准管的一端升高（或降低），使气泡居中，如图3-25（d）所示。

重复上述步骤，直至仪器转到任何方向气泡均稳定居中（气泡在旋转时偏离零点在半个分划以内）。

2. 十字丝竖丝应垂直于横轴的检验和校正

十字丝的竖丝垂直于横轴时，当仪器整平后便可以用竖丝任意位置瞄准目标观测水平角，同时可以检查目标杆（棱镜杆）有否偏斜。

（1）检验方法。

如图3-26（a）所示，用十字丝竖丝的上端（或下端）瞄准远处一个清晰的小点P。用垂直微动螺旋使望远镜上（下）转动，如果小点P始终在竖丝上移动，则表明满足条件，如图3-26（a）、（b）所示；如果目标偏离竖丝，则需校正，如图3-26（c）、（d）所示。

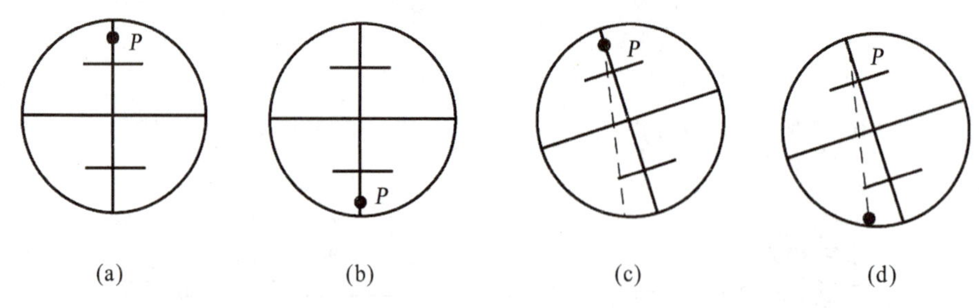

图3-26　十字丝的检验与校正

（2）校正方法。

参照“图2-31 十字丝环的校正”，与水准仪横丝应垂直于竖轴的校正方法相同。

3. 视准轴应垂直于横轴的检验和校正

图3-24中的视准轴CC是十字丝交点与物镜光心的连线，当视准轴不垂直于横轴，亦即视准轴的位置有了变动时，由于物镜光心一般不会变动，所以视准轴位置的变动就是由十字丝交点位置不正确所引起。

变动的视准轴 CC 与正确的视准轴形成一个水平夹角 c，称为视准轴误差，简称视准差。这时纵转望远镜时 CC 的运动轨迹便不是竖直面，而是一个圆锥面，盘左、盘右两条视线之间便形成两倍视准差 $2C$，$2C$ 的存在虽然可以在盘左、盘右观测中取平均值给予抵消，但过大的 $2C$ 值将会给观测工作带来不便。仪器商一般会将自己仪器的 $2C$ 控制在一定范围内。

（1）检验方法。

（a）将仪器安置在三脚架上，严格整平。

（b）在盘左位置瞄准远处一个明显的目标 P，读取水平度盘读数，设为 L'。

（c）以盘右位置瞄准同一目标，读取水平度盘读数，设为 R'。

（d）按式（3-5）计算 C。

$$C=[L'-(R'\pm180°)]/2 \tag{3-5}$$

对于 6″级仪器，$|C|$ 值如不超过 1′，则认为条件满足，否则应校正。

（2）校正方法。

（a）根据 C 值计算盘右位置的正确读数 R：$R=R'+C$。

（b）旋转水平微动螺旋，使全站仪水平度盘读数为 R 值。

（c）打开十字丝护罩（见图 2-31），稍许松开十字丝的上、下校正螺钉，再将左、右校正螺钉一松一紧，使十字丝竖丝精确瞄准目标。反复进行直至目标 P 始终在十字丝纵丝上移动，校正完成。校正完成后，确保四个校正螺钉的紧固力均衡一致。最后应拧紧被松开的四个压环固定螺旋，装好护罩。

4. 横轴应垂直于竖轴的检验和校正

（1）检验方法。

（a）在离墙约 20m 处安置仪器并整平，在墙的高处（垂直角约等于 30°）贴上白纸片，并画一“十”字标明目标点 P（称为高点）。在 P 点的正下方与仪器同高处贴一白纸片。

（b）盘左照准高点 P，松开垂直制动螺旋，下俯望远镜到水平位置并制动，指挥另一人在十字丝中心照准的 P 点下方的白纸片上点一点 A（称为平点）。

（c）松开两个制动螺旋，纵转望远镜，用盘右位置照准高点 P，然后松开垂直制动螺旋，下俯望远镜到水平位置并制动，又在十字丝中心照准的 P 点下方的白纸片上点一点为 B。如果在水平位置的 A、B 两点重合，表示水平轴垂直于垂直轴，否则应进行校正。

（2）校正方法。

全站仪的横轴是密封的，为了不破坏仪器的密封性能，横轴的校正一般由专门的仪器检修人员进行，外业人员只做检验，若不合格就送仪器检修人员修理。

5. 光学对中器的检验与校正

旧式仪器常用的光学对中器有两种：一种装在仪器的照准部上，另一种装在仪器的三角基座上。无论哪一种，包括后来出现的激光对中器，都要求对中器垂直方向的视准轴与仪器的竖轴相重合。

（1）检验方法。

（a）将光学对中器中心对准某一清晰地面点。

（b）将仪器旋转 180°，观察光学对中器的中心标志，若与地面点重合，则不需校正，否则需校正。

（2）校正方法。

（a）打开光学对中器目镜端的护罩，可见 4 颗校正螺钉，如图 3-27（a）所示，利用改针旋转校正螺钉，将中心标志移向地面点，注意校正量应为偏离量的一半，如图 3-27（b）所示。

（b）利用脚螺旋使地面点与中心标志重合。

（c）再一次将仪器旋转 180°，检查光学对中器的中心标志与地面点是否重合，若不重合，则重复上述步骤。

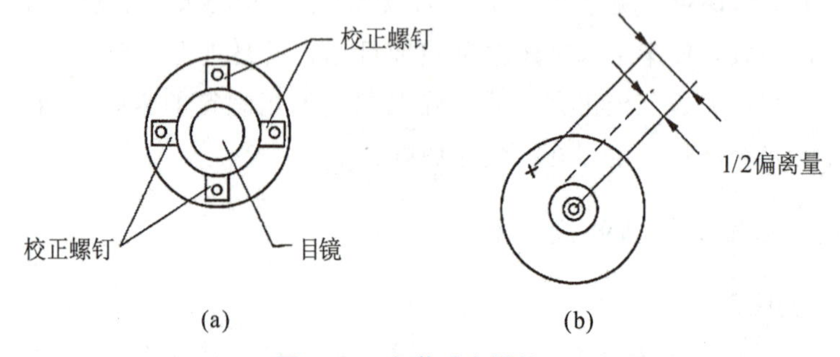

图 3-27　光学对中器校正

本节介绍的上述五个方面的检验与校正，只是常规经纬仪或全站仪的一般性检校工作。除了上述这些基本的检校工作外，还有许多其他的检验、校正、设置等工作，而且根据全站仪的各种不同品牌、型号，其功能、特点均有很大不同，性能方面也各有千秋，从而它们在仪器的检校、设置方面也有所不同。因此，当使用一款新仪器时，首先须仔细阅读仪器的使用说明书，按其指示和指引进行仪器的各项检验检查，如发现异常，能自己动手校正的，可以自己小心仔细地动手校正，不能自己动手的，则须向上级汇报，送厂检修。

水平角测量误差分析（微课）

水平角测量误差分析（课件）

任务 3.6　水平角测量误差分析

在水平角观测中有各种各样的误差来源，这些误差来源对水平角的观测精度又有着不同的影响。下面将就水平角观测中的几种主要误差来源分别加以说明。

3.6.1 仪器误差

就像图3-12所描述的那样，竖轴 VV、横轴 HH、视准轴 CC 这三条轴是仪器的三条主要结构轴。这三条轴的关系必须满足：$CC \perp HH$；$HH \perp VV$；$LL \perp VV$。

仪器误差主要是三轴误差（竖轴误差、横轴误差、视准轴误差），以及照准部偏心差、度盘偏心差、度盘刻划误差等。其中：前者属于校正后残存的，误差过大时仪器使用者可以随时检验校正；后者属于制造方面的，如出现问题只能送厂进行检修。

1. 照准部偏心差

全站仪的照准部绕竖轴水平旋转，如果这个旋转中心与度盘刻划中心不重合，则会对水平度盘的读数产生影响。如图3-28所示，度盘刻画中心为 C，照准部旋转中心为 C_1，二者不重合，相距为 e。如果二者相重合时，正确读数盘左为 L，盘右为 R。但由于仪器是绕 C_1 旋转，盘左、盘右的读数就相应变成了 L_1、R_1，分别相差了一个角值 x，x 便称为照准部偏心差。

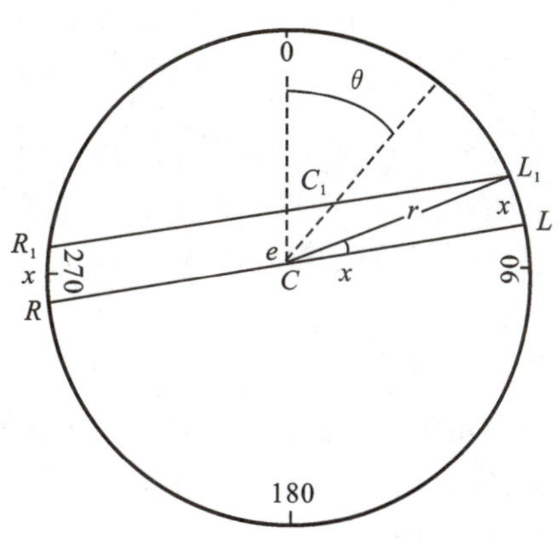

图3-28 照准部偏心差

当用望远镜瞄准不同方向时，照准部偏心差对各个方向的影响是不相同的。但是对一个确定的方向来说，在盘左、盘右观测值的影响在数值上相等，符号相反。如图3-28中的方向，照准部偏心差的影响为 x，盘左观测时的观测值为 $L_1=L-x$，盘右观测时的观测值为 $R_1=R+x$。故计算取盘左、盘右的平均值便可以消除照准部偏心差的影响。

上述情况是针对单指标器读数的光学经纬仪或全站仪。对于以前的游标经纬仪，因为是采取对径分划两个指标器读数，只要取两个游标的读数平均值（一个盘位），便可以消除照准部偏心差的影响。当然，对于同样采取对径分划两个指标器读数的全站仪（一个盘位），也会达到同样的效果。

2. 度盘偏心差

度盘偏心差是指度盘刻划中心与度盘旋转中心不重合造成的。图3-29便是度盘的刻画中心 O 和度盘的旋转中心 O' 不重合，引起了度盘偏心差 x。

度盘偏心差对观测值的影响其性质与照准部偏心差相同，可以用盘左、盘右观测值取平均值进行消除。

3. 度盘刻划误差

度盘刻划误差又称度盘分划误差，包括度盘的偶然刻划误差、长周期误差和短周

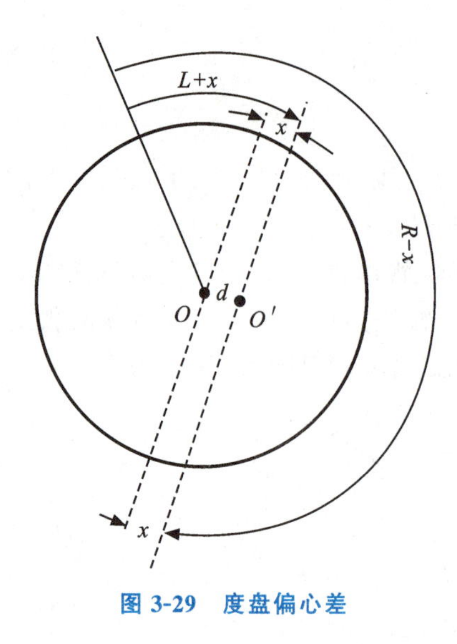

图 3-29 度盘偏心差

期误差。其中长周期误差指分划线在两个半圆周度盘上系统变化的误差，短周期误差指在每隔一小段弧上循环出现的分划误差。就现代生产的仪器来说，一般度盘分划误差都很小，为 1″～2″，而且水平角观测时，在多个测回观测之间，变换不同的度盘位置，可以削弱该项误差对观测结果的影响。

4. 视准轴不垂直于横轴的误差

视准轴应垂直于横轴，否则产生视准轴误差 C。由于视准轴误差 C 在盘左、盘右的数值相同，符号相反，故取盘左、盘右两次读数的平均值，可以消除视准轴误差的影响。

5. 横轴不垂直于竖轴的影响

横轴应垂直于仪器竖轴，否则便产生横轴误差。当用盘左、盘右观测同一目标时，横轴误差的大小相同而符号相反，故取盘左、盘右两个读数之平均值就能够消除横轴误差的影响。

6. 竖轴不垂直的影响

三轴之中假定视准轴已垂直于横轴，横轴也已垂直于竖轴，但如果竖轴本身不竖直的话，前面这两个垂直关系也就失去了意义。仪器的竖轴是否垂直，由照准部上的管水准器气泡是否居中来决定。换句话说，如果照准部管水准器发生倾斜，将会导致竖轴倾斜，所以说，竖轴倾斜误差就是指仪器竖轴不垂直于照准部管水准轴的误差。即当仪器的管水准器气泡居中时，竖轴相对铅垂线倾斜了一个角度 δ，称之为竖轴倾斜误差。

竖轴倾斜从两个方面影响观测方向值：一是使横轴倾斜，二是使度盘倾斜。所以仪器竖轴误差无法用盘左、盘右取平均值的观测方法消除其影响，因此在水平角观测时，务必细致地做好仪器的整平工作，且在作业前对照准部管水准器进行认真的检验和校正。在视线倾角比较大的情况下观测水平角时，更要特别注意仪器的精确整平。

3.6.2 观测误差

观测误差主要指仪器对中误差、目标偏心差、照准误差和读数误差。

1. 仪器对中误差

仪器对中误差是指仪器经过对中后，仪器的竖轴没有与过测站点中心的铅垂线严密重合的误差（也称测站偏心误差）。

如图 3-30 所示，O 为测站点中心，A、B 为两观测点，观测$\angle AOB=\beta$；由于测站对中不准确，仪器中心实际位置为 O'，O'偏离测站点中心 O 的距离为 e，测得$\angle AO'B=\beta'$，D_1、D_2 分别为测站 O 到 A、B 的距离。Oa、Ob 分别与$O'A$、$O'B$ 平行，则对中误差 e 引起的角度偏差为：

$$\Delta\beta=\beta-\beta'=\varepsilon_1+\varepsilon_2$$

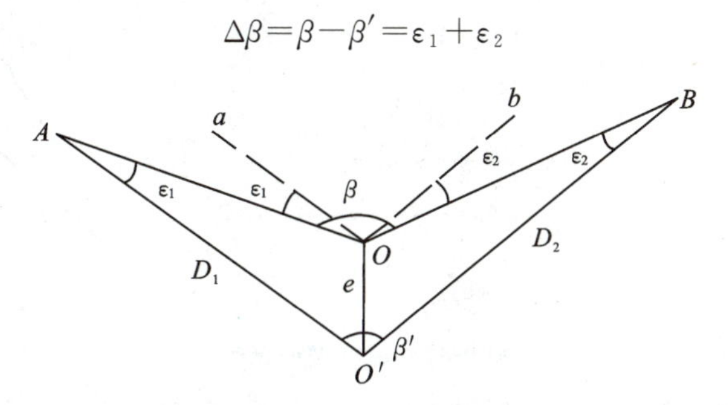

图 3-30 仪器对中误差

式中：ε_1、ε_2 为对中误差对 A、B 观测方向值的影响。若以 ε 代表ε_1 或ε_2，D 代表D_1 或 D_2。因 ε 很小，故：

$$\varepsilon=\frac{e}{D}\rho'' \tag{3-6}$$

式中：$\rho=206265$。由上式可知，D 一定时，e 越长，ε 越大；e 相同时，D 越长，ε 越小。e 的长度不变而只是方向改变时，e 与 D 正交的情况 ε 最大，e 与 D 方向一致的情况 ε 为零，故$\angle AO'O=\angle BO'O=90°$时，$\varepsilon_1+\varepsilon_2$ 的值最大。所以，观测接近 180°的水平角或边长过短时，应特别注意仪器对中。

取 $e=3\text{mm}$，当 $D=200\text{m}$ 时，$\Delta\beta\approx6''$；当 $D=100\text{m}$ 时，$\Delta\beta\approx12''$；当 $D=50\text{m}$ 时，$\Delta\beta\approx24''$。可见，在有短边的情况下观测水平角，须特别注意仪器对中误差的影响。

2. 目标偏心差

目标偏心误差是指照准点上竖立的标杆或觇标不垂直或没有立在点位中心而使观测方向偏离点位中心的误差。

如图 3-31（a）所示，照准目标底端虽然与地面点重合，但标杆树立不垂直，如果无法瞄准标杆底部，那么标杆顶端中心与地面点中心存在偏心差——偏心距 e。

如图 3-31（b）所示，照准目标为三脚标。三脚觇标在野外安装时因故无法与地面标志点对中，这时标杆顶端的目标中心与地面点中心存在偏心距 e。

目标偏心差 e 对水平角的影响和对中误差对水平角的影响具有完全相同的含义。

如图 3-31（c）所示，O 为测站点，A 为目标点的实际中心，A'为观测时的照准中心，于是产生了目标偏心差 e。由此对该方向的观测值产生误差 ε，因 ε 很小，故有：

$$\varepsilon=\frac{e}{D}\sin\theta \tag{3-7}$$

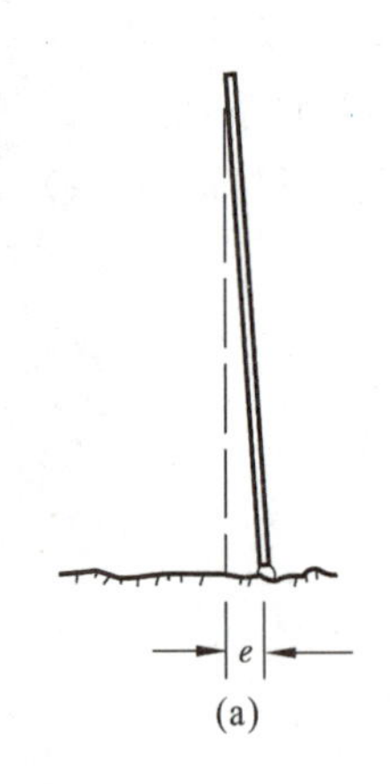

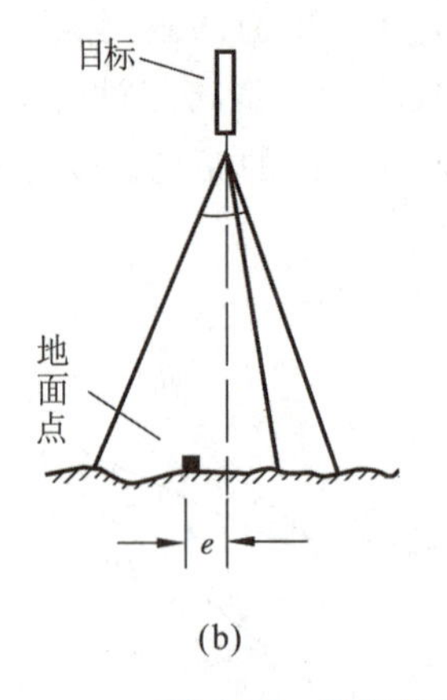

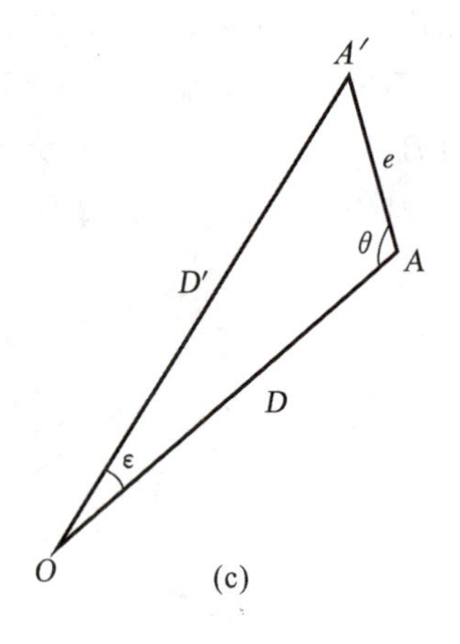

图 3-31 目标偏心误差

消除目标偏心误差的解决办法为：①竖直标杆，尽量瞄准标杆底部；②使用垂球线、特制觇标等专用瞄准标志；③测定偏心距 e、偏心角 θ 等参数，用式（3-6）计算偏心改正数，消除误差影响。

3. 照准误差

测角时人眼通过望远镜照准目标而产生的误差称为照准误差。照准误差又称瞄准误差，它与人眼的分辨率 P 及望远镜的放大倍率 V 有关：

$$m = P/V \tag{3-8}$$

一般认为，人眼的分辨率为 60″（少部分人除外），若望远镜的放大率为 V，则分辨能力就提高 V 倍。如 DJ6 经纬仪的放大倍率通常为 28 倍，故照准误差为 $m=\pm 2.1''$。这也就是说，用望远镜观察与用肉眼观察相比较，人眼的分辨能力从 60″提高到了 2.1″。

事实上，照准误差还与望远镜的分辨率、物镜孔径的大小（亮度）、十字丝粗细度有关，也与目标的颜色、形状、大小及目标影像的亮度和清晰度有关，另外还与仪器操作对视差的消除是否彻底，照准部位是否严格准确等息息相关。因此，事实上的照准误差往往会大于上述结果。所以，工作时除了选择适合的仪器，清晰的照准标志，良好的气候条件及有利的观测时间外，更重要的是应仔细做好调焦和照准工作。

4. 读数误差

对老式经纬仪来说，读数误差与读数设备的精度质量、光路照明情况以及观测人员的经验有关，其中主要取决于读数设备的精密程度。一般认为 J6 型仪器估读误差不超过 6″，J2 型仪器的读数误差约为 1″。

光电经纬仪和全站仪采用光电扫描计数，观测者直接从显示屏上读数，一般认为没有读数误差。

3.6.3　外界环境的影响

外界环境的影响很多，包括大气密度变化、大气透明度的影响；温度、湿度、气压对仪器的影响；目标相位差、旁折光（或垂直折光）的影响，观测地的车辆、行人、施工机械的影响等。

（1）地球表面不同的地物具有不同的大气密度，如图 3-32（a）所示。大气密度与测区的海拔高程相关，也与视线距地面的高度有关，又随气温与湿度的变化而变化。大气密度不同会引起大气折射，如图 3-32（b）所示，而大气密度的变化不定会导致大气折光的错乱变化，使成像不能稳定；夏天的水泥地面热辐射强烈，造成目标影像跳动。

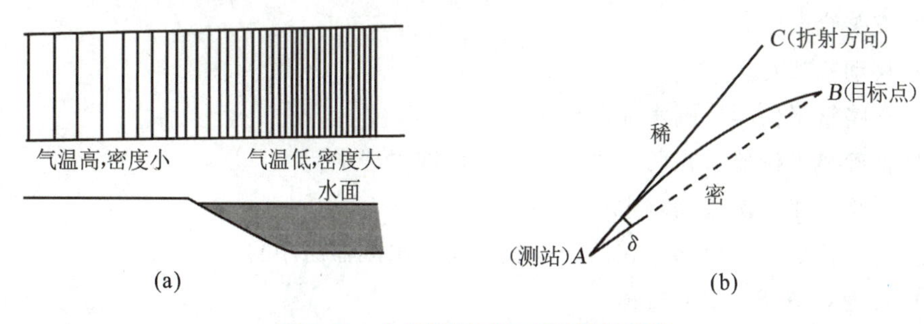

图 3-32　大气折射对角度测量的影响

（2）空气中的各种 PM10、PM2.5 尘埃太多，影响大气透明度，造成目标成像不清。

（3）烈日暴晒使仪器三脚架发生扭转、土壤松动使管水准器气泡偏离；大风也会使仪器及目标的标杆摇摆不定。

这些影响是极其复杂的，要想完全避免是不可能的，但大多数是与时间有关的。因此，在角度观测时应选择有利的观测时间，尽量选择多云、阴天、气候稳定的天气观测，操作要稳定，尽量缩短一测回的观测时间，仪器不能让太阳直接暴晒，尽可能避开不利的条件等，以减少外界条件变化的影响。

任务 3.7　技能训练

3.7.1　全站仪的认识与仪器安置

全站仪的安置（虚拟仿真）

1. 实训目的

（1）认识全站仪的结构和功能。

(2) 掌握全站仪的安置方法与步骤。

(3) 能正确使用全站仪瞄准目标。

2. 实训任务

在导线测量实训场练习全站仪的安置。

3. 实训设备与资料

全站仪1台，三脚架1个，带支架对中杆1个，棱镜1个。

4. 操作流程

(1) 架设三脚架。

(2) 安装全站仪。

(3) 移动脚架对中。

(4) 粗略整平仪器（圆水准器居中）。

(5) 精确整平仪器（在两个垂直方向管水准器居中）。

(6) 平移基座再次精确对中。

(7) 再次精确整平仪器（在两个垂直方向管水准器居中）。

(8) 安置对中杆，安装棱镜。

(9) 瞄准目标。

5. 注意事项及实训要求

(1) 实训前，认真阅读实训内容和相关学习内容，清点检查使用的仪器工具，确保其完好无损。

(2) 各小组按实习内容精心策划好工作，小组成员轮流进行仪器操作，严格按老师的各项示范动作进行，服从老师，听从指挥，团结协作，按时保质保量完成任务。

(3) 取出仪器前，先要牢记仪器在仪器箱中的摆放位置。

(4) 实训过程中注意人身安全和仪器设备安全。

(5) 仪器装箱前，要确保松开水平制动螺旋和垂直制动螺旋。

(6) 实训结束，按时归还实训设备，将实训设备放到指定位置，设备要摆放整齐。

6. 提交成果

实训结束，每小组应提交下列成果，作为评定成绩的依据：

实训总结报告。

3.7.2　测回法水平角测量

1. 实训目的

测回法水平角测量(虚拟仿真)

（1）掌握测回法水平角测量的观测步骤。
（2）能将观测数据正确记录在表格上。
（3）能正确计算半测回角值和一测回角值。

2. 实训任务

测回法水平角观测记录表

在导线测量实训场练习测回法水平角测量。

3. 实训设备与资料

（1）全站仪 1 台，三脚架 1 个，带支架对中杆 1 个，棱镜 1 个。
（2）实训记录表 1 张，记录板 1 个，2H 铅笔 1 支。

4. 操作流程

（1）在目标点上安置对中杆，安装棱镜。
（2）在测站点上安置全站仪。
（3）将全站仪调整到盘左状态，对准一明亮背景，调节目镜调焦螺旋，使十字丝清晰可见。
（4）使用十字丝的竖丝瞄准起始目标 A，置盘，将水平度盘读数记录到表格中。
（5）顺时针旋转照准部，使用竖丝瞄准目标 B，将水平度盘读数记录到表格中。
（6）将全站仪调整到盘右状态，继续瞄准目标 B，将水平度盘读数记录到表格中。
（7）逆时钟旋转照准部，瞄准目标 A，将水平度盘读数记录到表格中。
（8）计算半测回角值和一测回角值。

5. 注意事项及实训要求

（1）实训前，认真阅读实训内容和相关学习内容，清点检查使用的仪器工具，确保其完好无损。
（2）各小组按实习内容精心策划好工作，小组成员轮流进行仪器操作，严格按老师的各项示范动作进行，服从老师，听从指挥，团结协作，按时保质保量完成任务。
（3）实训过程中注意人身安全和仪器设备安全。
（4）先瞄准再置盘，置盘时，用力不要太大，以免使十字丝竖丝偏离目标中心。
（5）观测结束后，要立刻松开水平制动螺旋和垂直制动螺旋，以免小组成员损坏制动螺旋。
（6）实训结束，按时归还实训设备，将实训设备放到指定位置，设备要摆放整齐。

6. 提交成果

实训结束，每小组应提交下列成果，作为评定成绩的依据：

（1）记录表格；

（2）实训总结报告。

3.7.3 全圆方向法水平角测量

方向法水平角测量（虚拟仿真）

1. 实训目的

（1）掌握全圆方向法水平角测量的观测步骤。

（2）能将观测数据正确记录在表格上。

（3）能正确计算归零差、2C 值、平均读数和归零方向值。

方向法水平角测量记录表

2. 实训任务

在导线测量实训场练习全圆方向法水平角测量。

3. 实训设备与资料

（1）全站仪 1 台，三脚架 1 个，带支架对中杆 1 个，棱镜 1 个。

（2）实训记录表 1 张，记录板 1 个，2H 铅笔 1 支。

4. 操作流程

（1）在目标点上安置对中杆，安装棱镜。

（2）在测站点上安置全站仪。

（3）将全站仪调整到盘左状态，对准一明亮背景，调节目镜调焦螺旋，使十字丝清晰可见。

（4）使用十字丝的竖丝瞄准起始目标 A，置盘，将水平度盘读数记录到表格中。

（5）顺时针旋转照准部一圈，使用竖丝依次瞄准目标 B、C、D、A，将水平度盘读数记录到表格中。

（6）计算归零差，若归零差超过 12″，则重测。

（7）将全站仪调整到盘右状态，继续瞄准目标 A，将水平度盘读数记录到表格中。

（8）逆时针旋转照准部一圈，依次瞄准目标 D、C、B、A，将水平度盘读数记录到表格中。

（9）计算归零差，若归零差超过 12″，则重测。

（10）计算 2C 值，平均读数和归零方向值。

5. 注意事项及实训要求

（1）实训前，认真阅读实训内容和相关学习内容，清点检查使用的仪器工具，确保其完好无损。

（2）各小组按实习内容精心策划好工作，小组成员轮流进行仪器操作，严格按老师的各项示范动作进行，服从老师，听从指挥，团结协作，按时保质保量完成任务。

（3）实训过程中注意人身安全和仪器设备安全。

（4）先瞄准再置盘，置盘时，用力不要太大，以免使十字丝竖丝偏离目标中心。

（5）观测结束后，要立刻松开水平制动螺旋和垂直制动螺旋，以免小组成员损坏制动螺旋。

（6）实训结束，按时归还实训设备，将实训设备放到指定位置，设备要摆放整齐。

6. 提交成果

实训结束，每小组应提交下列成果，作为评定成绩的依据：

（1）记录表格；

（2）实训总结报告。

课后习题

一、名词解释

水平角　竖直角

二、填空题

（1）观测 OB 视线得到的水平度盘读数为 139°55′05″，观测 OA 得到的水平度盘读数为 39°15′22″，水平角∠AOB 为________。

（2）用测回法观测一个水平角度时，测得上半测回的角值为 60°12′24″，下半测回的角值为 60°12′06″，则一测回角值为________。

（3）水平角观测时，为精确瞄准目标，应该用十字丝的____丝瞄准目标中心。

（4）全站仪盘左观测 A 点读数为 62°48′31″，盘右观测 A 点读数为 242°48′38″，则 $2C$ 为________秒。

三、判断题

（1）测量工作中水平角的取值范围为－180°～180°。（　　）

（2）测回法一般用于观测两个方向间的水平角。（　　）

（3）拧紧垂直制动螺旋，全站仪的望远镜不能上下转动。（　　）

（4）不用拧紧水平制动螺旋，也可以用水平微动螺旋水平转动全站仪。（　　）

（5）测站点 O 与观测目标 A、B 位置不变，如仪器高度发生变化，则观测的水平角也会改变。（　　）

（6）采用盘左和盘右两个位置观测水平角取平均值的方法，可以消除竖轴误差。（　　）

（7）观测水平角时，尽量照准目标的底部，其目的是减弱目标偏心误差对测角的影响。（　　）

四、计算题

(1) 完成下列测回法观测手簿的计算工作。

测站	测回	竖盘位置	目标	水平度盘读数 (° ′ ″)	半测回角值 (° ′ ″)	各测回角值 (° ′ ″)	各测回角值平均值 (° ′ ″)
0	1	2	3	4	5	6	7
O	1	左	A	000 01 10			
			B	136 00 42			
		右	A	180 01 13			
			B	316 00 50			
	2	左	A	090 01 10			
			B	226 00 25			
		右	A	270 01 09			
			B	046 00 44			

(2) 完成下列方向观测法手簿的计算工作。

测回	目标	水平度盘读数		2C (″)	平均读数 (° ′ ″)	归零后各测回方向值 (° ′ ″)	归零后各测回方向平均值 (° ′ ″)
		盘左 (° ′ ″)	盘右 (° ′ ″)				
1	A	0 00 02	180 00 00				
	B	77 33 17	257 33 10				
	C	98 30 18	278 30 09				
	D	142 22 45	322 22 37				
	A	0 00 05	180 00 05				
2	A	90 00 00	269 59 58				
	B	167 33 37	347 33 31				
	C	188 30 41	8 30 31				
	D	232 22 47	52 22 39				
	A	89 59 56	269 59 58				

五、简答题

(1) 简述全站仪安置的步骤及其与水准仪的安置的区别。

(2) 简述用测回法观测水平角$\angle AOB$的步骤。

(3) 简述水平角测量的误差来源。

项目4　距离测量

项目概况

本项目主要介绍钢尺量距、视距测量和光电测距的基本原理和方法；在此基础上分析了距离测量误差的主要来源。通过本项目的学习，学习者可以理解不同测距方法的基本原理，掌握测钢尺量距、视距测量和光电测距的观测方法和步骤，能分析测距误差的主要来源。

学习目标

(1) 了解钢尺量距的方法和步骤。
(2) 理解视距测量的基本原理。
(3) 理解电磁波测距的基本原理。
(4) 能使用全站仪进行距离测量。
(5) 通过自主学习，培养学生学习内驱力。
(6) 通过小组探究学习，培养学生探索创新的精神。

任务4.1　钢尺量距

距离测量是测量工作中一项重要的基本工作。在人类历史漫长的测量工作中，"一个角度，一个距离，有了这两样东西，就什么都好办了"。中国古代的"左准绳、右规矩"，指的就是左手握绳量距，右手持规测角。这是因为有了距离和角度，便能够确定出点的位置——坐标。

钢尺量距
(微课)

距离是指两点间的最短长度，因此距离测量又称长度测量。距离分水平距离和倾斜距离，也就是通常所说的平距和斜距。如果测得的是倾斜距离，通常还必须改算为水平距离。

钢尺量距
(课件)

测量距离的方法随精度要求和所用仪器工具的不同而不同。例如，可用钢尺直接丈量距离，可用光学视距法间接测定距离，也可用光电测距和GPS测距等。虽然钢尺量距的测量工作在很多情况下都已经被全站仪测距所取代，尤其在进行导线测量时更是如此。但在日常土木工程、建筑施工测量中，钢尺量距由于方便快捷、简单易行、精度可靠，仍然无法由其他测量工具完全取代。

4.1.1 丈量工具

钢尺量距的工具主要是钢尺，精度较低的有皮尺、测绳等，当然也有比钢尺性能更优、测距精度更高的铟瓦线尺。相对钢尺而言，皮尺轻巧、造价低，其内含金属丝，对皮尺的伸缩变形起一定的控制作用；测绳更加细长，用布料或塑料包裹住多根镀锌钢丝芯线固成一体，既有较高的抗拉强度，又减少拖地时的摩擦阻力，方便野外生产使用。而铟瓦线尺主要用于完成特殊任务的距离测量，比如长台测量、基线测量等。

区别于那些以前用于设计绘图的一米左右的硬质合金钢尺，这里所说的钢尺是用薄带钢制成的带状尺，尺宽 10～15mm，厚度约为 0.4mm；长度有 20m、30m 及 50m 等。钢尺卷放在圆形盒内或金属架上，如图 4-1 所示。钢尺的基本分划为厘米，在每厘米、每分米及每米处有数字注记。一般钢尺在起点处一分米内刻有毫米分划；有的钢尺，整个尺长内都刻有毫米分划。

根据零点位置的不同，钢尺有端点尺和刻线尺之分，如图 4-2 所示。端点尺是以尺的最外端作为尺的零点，方便于在建筑物室内从墙边开始丈量；刻线尺在尺的前端刻有细线作为尺的零点。使用钢尺时必须注意钢尺的零点位置，以免发生错误。

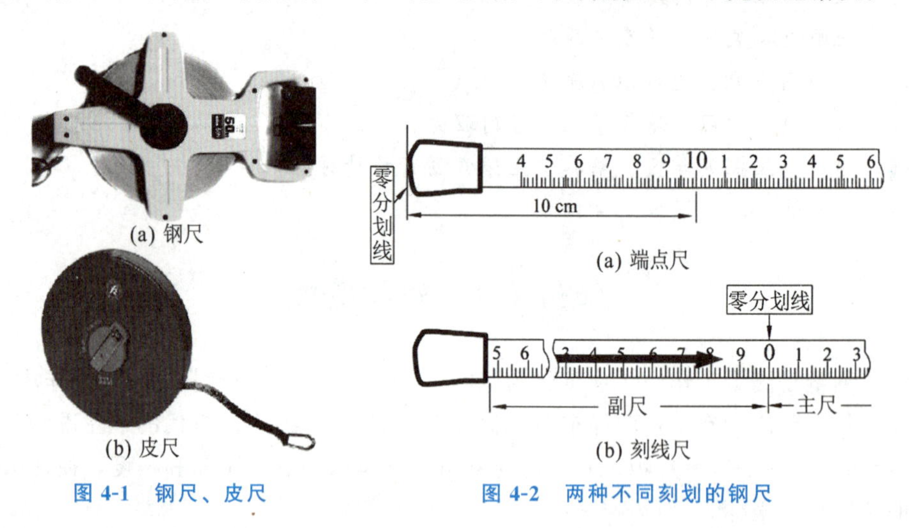

(a) 钢尺　(b) 皮尺

图 4-1　钢尺、皮尺

(a) 端点尺　(b) 刻线尺

图 4-2　两种不同刻划的钢尺

丈量的其他工具有测钎、垂球、标杆等，如图 4-3 所示。较精密的丈量还需弹簧秤和温度计。温度计通常用水银温度计，使用时应在钢尺邻近测定温度。为精确测定钢尺温度，可用半导体点温计。为了精确地标志丈量过程中尺段位置，常采用带尖脚的三角形铁片，在其上划线标定尺段端点。

4.1.2 直线标定

如果要量测的两点间距离较远，一个尺段无法量完，则需在两点间标定出若干测点，组成若干测段，而且保证这些点位在同一条直线上，这项工作就是直线标定，也

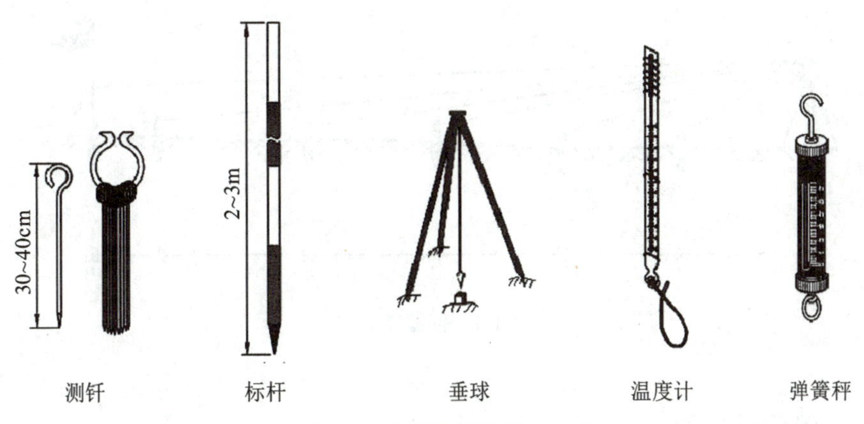

图 4-3　钢尺量距的其他工具

叫直线定线。

一般情况下，采用目估定线；当精度要求较高时，采用仪器定线。

1. 目估定线

目估定线方法如图 4-4 所示，A、B 为待测距离的两个端点，先在 A、B 点上竖立标杆，测量员甲立在 A 点后 1～2m 处，用一只眼睛由 A 瞄向 B（可使视线与标杆边缘相切），指挥测量员乙持标杆在 2 号点左右移动，直到 A、2、B 三标杆在一条直线上，在标杆位置打下木桩（木桩顶露出地面 2～3cm 即可），再用标杆在木桩上面定出精确位置之后打下带十字线的标志铁钉。直线定线一般应由远而近，即先定点 1，再定点 2，以此类推。注意每个尺段均不能大于钢尺的名义长度。

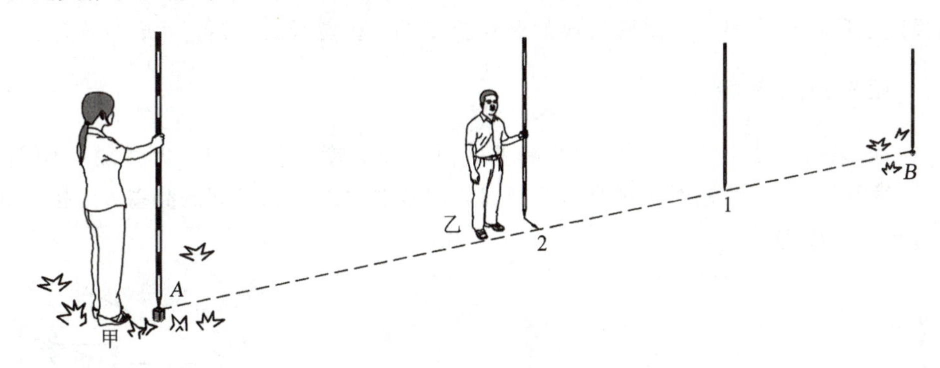

图 4-4　目估定线

2. 仪器定线

如图 4-5 所示，A、B 为地面上互相通视的两点（如不通视则需计算方位角确定方向），现需要标定出直线 AB。先在 A 点安置仪器对中整平，在 B 点上竖立标杆，测量员用望远镜瞄准 B 点标杆（尽量瞄准底部），制动照准部，上下转动望远镜，指挥人员用标杆或测钎依次定出各点，打下木桩及标志钉。

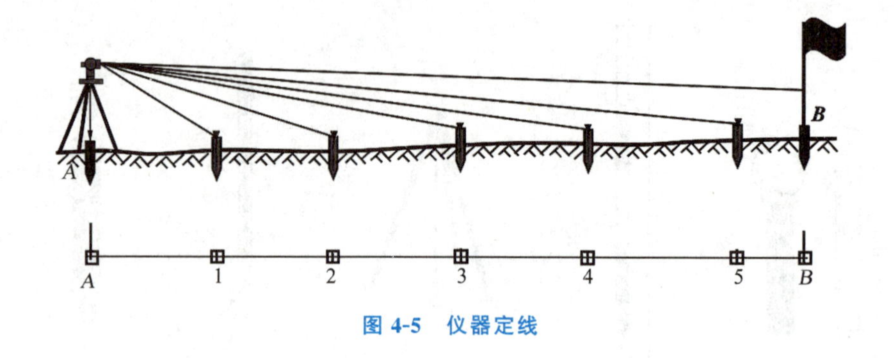

图 4-5　仪器定线

4.1.3　一般钢尺量距

1. 平坦地带量距

如图 4-6 所示，欲测定 A、B 两点的距离，可先在直线上 A、B 处附近竖立标杆，作为丈量时的参照依据；清除直线上的障碍物以后，即可开始丈量。丈量工作一般由 3～4 人进行，后司尺员手持尺的零端对准 A 点，前司尺员持尺的末端对准 B 点，当两人拉平、拉紧钢尺时，由第三人喊口令“预备——好”，前后同时读数，记录员记录数据并立即计算。每一尺段测两次（尺位稍微移动几厘米），两次长度较差不超过 1cm 则接受取平均值。如此继续丈量下去，直至完成最后不足一整尺段的长度 l_{n+1}，称之为余尺长。AB 总长结果为：$D_{AB}=l_1+l_2+\cdots+l_n+l_{n+1}$。

如果测距要求不高，为提高工作效率可以使每一尺段均为整尺段来丈量，测完 n 个整尺段之后，最后实测不足整尺段的余尺长度 l_{n+1}。总长为：$D_{AB}=n\times l+l_{n+1}$。

2. 倾斜地面量距

(1) 如果 A、B 两点间有较大的高差，但地面坡度比较均匀，大致成一倾斜面，如图 4-7 所示，则可沿地面丈量倾斜距离 d，用水准仪测定两点间的高差 h，按下式即可计算水平距离 D。

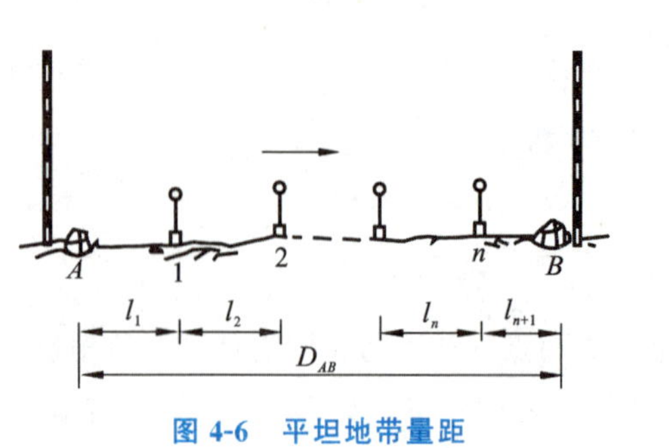

图 4-6　平坦地带量距

图 4-7　倾斜地带量距

$$D=\sqrt{d^2-h^2} \tag{4-1}$$

也可以想办法用测角仪器测出 AB 的竖直角 τ，用竖直角改正：

$$D=d\ \cos\tau \tag{4-2}$$

(2) 当地面起伏高低不平时，就要采用水平悬空测量，如图 4-7 所示。此时需用三脚架吊垂球对准地面上的尺段测点，司尺员前、后同时抬高钢尺并拉平、拉紧，使钢尺进行悬空水平测量（如为整尺段时则安排一人中间托尺）。

为了防止丈量错误和提高量距精度，钢尺量距要求往、返丈量。返测时要重新进行定线定点（普通量距可免）。把往测、返测所得结果的差数除以往、返测距离的平均值，称为距离丈量的相对误差 K：

$$\Delta D=D_{往}-D_{返}，D_{平均}=(D_{往}+D_{返})/2$$

$$K=\frac{|\Delta D|}{D_{平均}}=\frac{1}{D_{平均}/\Delta D} \tag{4-3}$$

4.1.4 精密钢尺量距

通常一般钢尺量距的相对误差能达到 1/1000～1/3000 的精度，当量距精度要求更高，例如要求达到 1/10000～1/30000 时，应采用精密方法进行丈量。

精密量距所采用工具在普通量距的基础上，增加弹簧秤、温度计、尺夹等。钢尺应经过检验，配有检定出来的尺长方程，尺长方程的格式为

$$l=l_0+\Delta l_0+\alpha(t-t_0)l_0 \tag{4-4}$$

式中：l 为野外丈量时某尺段的实际尺长；l_0 为丈量出的该尺段名义长；Δl_0 为该尺段的尺长改正；α 为线膨胀系数；t 为丈量该尺段时现场测量的温度；t_0 为钢尺检定时温度，一般为 20℃。

4.1.5 钢尺量距的误差

钢尺量距的误差主要包括尺长误差、温度变化误差、拉力变化误差、尺子倾斜误差、定线不直误差、钢尺垂曲和反曲的误差、丈量本身的误差等各项。钢尺量距的精度在平坦地区，如作精密钢尺量距，考虑了各种改正，可达 1/5000 以上；普通钢尺量距，可达 1/2000～1/3000；在起伏不平的困难地区，只要仔细丈量，其精度也不会低于 1/1000。

视距测量（微课）

任务 4.2 视距测量

视距测量（课件）

视距测量是一种根据几何光学原理用简便的操作方法即能迅速测出两点间距离的方法。在光电测距出现以前，距离测量主要靠钢尺量距，但钢尺量距需要动用大量的人力资源，工作效率不高，而且受地形条件的限制较多，因此，人们广泛采用视距测

量的方法测量距离。

在经纬仪、平板仪地形测图中，碎部点的测量也一直在使用视距测量的方法测距，这种方法操作起来方便快捷，不受地形条件限制，更重要的是还可以同时测出高差。虽然距离测量的误差约为1/300，低于钢尺量距，但已能满足碎部点位置的精度要求，因此被广泛应用于碎部测量中。

4.2.1 视距测量基本原理

一般在经纬仪、水准仪等仪器的望远镜上增加视距装置（最简单的是在十字丝分划板上加视距丝）来进行视距测量。它是根据相似原理，在等腰三角形或直角三角形中，有一条边和一个角已知，从而推算出另一条边的长度。装置有固定 γ 角值的视距仪置于 A 点，如图 4-8 所示，则 AD_i 之长可由下式求得。

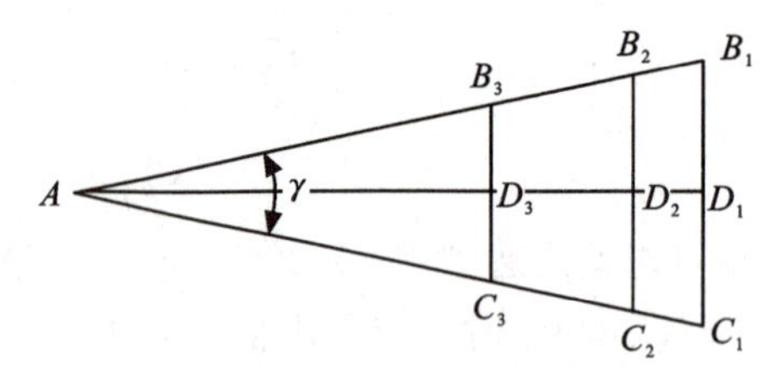

图 4-8　定角视距测量基本原理图

$$AD_i = \frac{B_iC_i}{2}\cot\frac{\gamma}{2} \tag{4-5}$$

即 AD_i 的距离由 B_iC_i 的长度确定，这种方法称为定角视距测量。装置有固定长度的尺子 AB 的视距仪置于 O 点，如图 4-9 所示，OD_i 的距离由角度 γ_i 的大小确定，这种方法称为定长视距测量。目前大多数视距测量为定角视距测量。

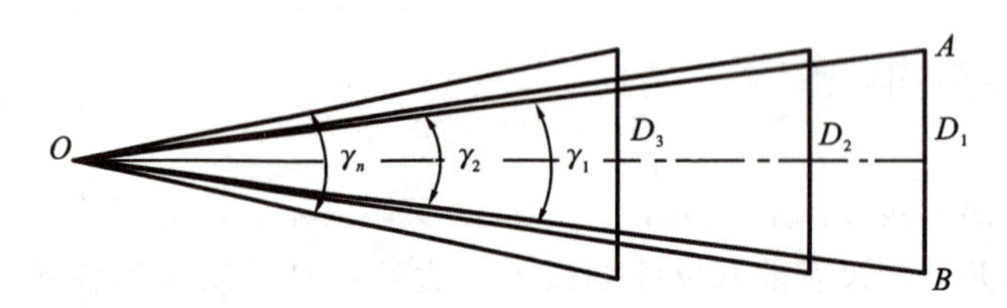

图 4-9　定长视距测量基本原理图

4.2.2 视距测量公式

在项目二水准测量中，已经接触到视距的概念。水准测量中的视距是上、下丝读数的差值乘以100。在线路水准测量中，通常需要计算前后视距，以此来计算测站的前后视距差、测段的视距累积差，以及水准路线的线路总长。

水准测量时望远镜的视准轴是水平的，如果将水准仪换成经纬仪、全站仪等，望远镜的视准轴可能是倾斜的。

1. 视准轴水平时

水准测量时，测量视距是用水准仪的十字丝分划板上的上、下两根视距丝，去截取水准标尺上的相应刻线 $l_上$、$l_下$，计算出两读数的差值乘以100，便得到所需要的仪器至标尺之间的距离：$S=(l_上-l_下)\times100$，如图4-10（a）所示。

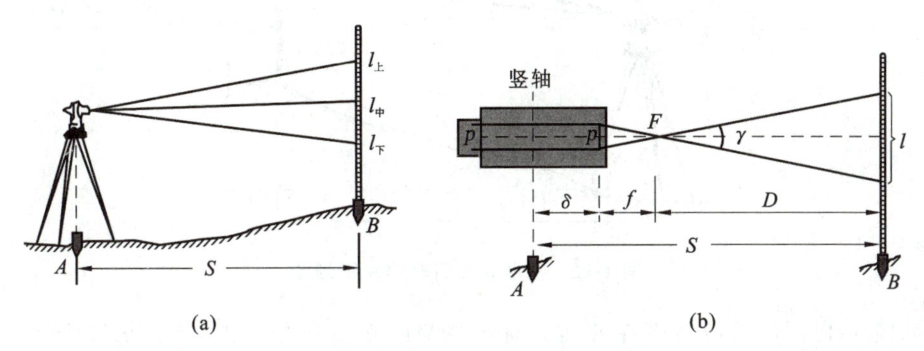

图4-10 视准轴水平时的视距测量

如图4-10（b）所示，在点 A 安置仪器，B 点立标尺，瞄准 B 点视距尺，设望远镜视线水平，且与视距尺垂直。十字丝上、下丝间隔为 p，仪器竖轴至物镜相距 δ，物镜焦距 f，物镜前焦点到标尺距离为 D，A、B 相距 S，上、下视距丝在标尺上截取读数之差为 l。

根据图中的两个相似三角形可得：

$$D=l\times f/p$$

A 到 B 的距离为

$$S=D+f+\delta=(f/p\times l)+(f+\delta) \tag{4-6}$$

式中：f/p 和 $(f+\delta)$ 分别为视距乘常数和视距加常数。

令

$$f/p=k,\ (f+\delta)=c$$

则

$$S=kl+c \tag{4-7}$$

为了计算上的方便，设计制造仪器时，通常使 $k=100$，c 一般不超过0.5m。

以上是外调焦望远镜的视距计算原理。对于内调焦望远镜，可以选择有关参数，使 c 尽可能等于零，而 $k=100$ 仍然不变，所以式（4-7）可以写成

$$S=kl=100\,l \tag{4-8}$$

这也就是水准测量的视距计算公式，该视距为水平距离。

从图4-10（b）的小三角形还可以得出

$$\tan(\gamma/2)=(p/2)/f=1/(2k) \tag{4-9}$$

因 k 是常数100，代入式（4-9）可以算得 $\gamma=0°34'23''$。所以说，水准仪、经纬仪的普通视距测量是一种定角测量。

2. 视准轴倾斜时

如图4-11所示，当 A、B 之间高差较大时，无法用水平视线进行视距测量，望远镜的视准轴只能处于倾斜状态。如果标尺仍然直立，则视准轴不与尺面垂直，式（4-8）就不适用了。因此在推导水平距离的公式时，必须加入两项改正：①对于水准尺不垂直

于视准轴的改正；②视线倾斜的改正。

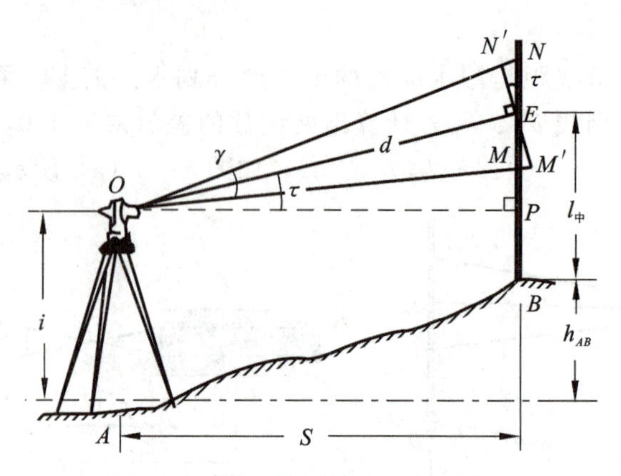

图 4-11 视准轴倾斜时的视距测量

如图 4-11，仪器 O 安置在 A 处，标尺 NMP 立在 B 处，视准轴 OE 为倾斜直线，其竖直角为 τ，视距丝在标尺上的读数 $NM=l$，过 E 点作直线 $N'M'$ 垂直于 OE，并令 $N'M'=l'$，则按式（4-8）有 $d=kl'$。于是

$$S=d\cos\tau=kl'\cos\tau \tag{4-10}$$

由图 4-11 可以看出

$$l'=2d\tan\frac{\gamma}{2}=2S\sec\tau\cdot\tan\frac{\gamma}{2}$$

$$l=NP-MP=S\tan\left(\tau+\frac{\gamma}{2}\right)-S\tan\left(\tau-\frac{\gamma}{2}\right)$$

$$=S\left(\frac{\tan\tau+\tan\frac{\gamma}{2}}{1-\tan\tau\cdot\tan\frac{\gamma}{2}}-\frac{\tan\tau-\tan\frac{\gamma}{2}}{1+\tan\tau\cdot\tan\frac{\gamma}{2}}\right)=\frac{2S\tan\frac{\gamma}{2}\cdot\sec^2\tau}{1-\tan^2\tau\cdot\tan^2\frac{\gamma}{2}}$$

于是 $$\frac{l'}{l}=\frac{\left(2S\cdot\sec\tau\cdot\tan\frac{\gamma}{2}\right)\left(1-\tan^2\tau\cdot\tan^2\frac{\gamma}{2}\right)}{2S\tan\frac{\gamma}{2}\cdot\sec^2\tau}=\cos\tau\left(1-\tan^2\tau\cdot\tan^2\frac{\gamma}{2}\right)$$

即 $$l'=l\cos\tau\left(1-\tan^2\tau\cdot\tan^2\frac{\gamma}{2}\right)$$

上式代入式（4-10），得

$$S=kl\cos^2\tau\left(1-\tan^2\tau\cdot\tan^2\frac{\gamma}{2}\right) \tag{4-11}$$

由式（4-9）知 $\tan\frac{\gamma}{2}=\frac{1}{200}$，考虑在 $\tau=45°$很不利的情况，$\tan^2\tau\cdot\tan^2\frac{\gamma}{2}=\frac{1}{40000}$，这在视距测量中完全可以忽略不计。于是，式（4-11）可以写成

$$S=kl\cos^2\tau=100l\cos2\tau \tag{4-12}$$

式（4-12）便是视准轴倾斜时视距测量的平距计算公式。如果是水准测量，视准轴水平，倾斜角 $\tau=0$，式（4-12）与式（4-8）完全一致。

4.2.3　视距测量的误差分析

视距测量误差受仪器、人、环境三方面的影响。其中，属于仪器和视距尺本身的误差有：①视距丝的粗度；②标尺的分划误差；③视距乘常数 k 的误差；④测定竖直角的误差。属于人为造成的误差有：①标尺前后倾斜；②上下丝读数的时间差；③估读误差。属于外界条件影响的误差有：①大气的垂直折光；②空气对流；③空气透明度不够；④其他气象条件的影响。

从实验资料分析可知，在较好的条件下，普通视距测量的相对误差为 1/300～1/200，在不利的条件下甚至低于 1/100。

任务 4.3　光电测距

4.3.1　电磁波测距的基本原理

光电测距（微课）

光电测距（课件）

通过前面的讨论可知，无论是钢尺量距还是视距测距，都存在着一些明显的缺点。钢尺量距虽然精度高，但工作劳动强度大，效率低，受地形条件限制多。视距测距虽速度快、效率高，但精度不高。随着光电技术的发展，电磁波测距技术逐渐成熟，使距离测量发生了革命性的变化。电磁波测距具有测程远、精度高、操作简便、作业速度快和劳动强度小等特点。

根据物理学电磁理论，电磁波在空气中的传播速度是已知的，只要测定电磁波在两点之间往返地传播的时间，就可以算出两点之间的距离。

如图 4-12 所示，安置在 A 点的光电测距仪发出电磁波，遇 B 点的反射镜又回到测距仪，测距仪测出电磁波往返传播的时间 t_{2D}，计算 A、B 间距离 D 为

$$D=\frac{1}{2}ct_{2D} \tag{4-13}$$

式中：c 为光在大气中传播的速度，可以根据观测时的气象条件来确定。

4.3.2　电磁波测距仪的分类

1. 按测距原理不同分类

按测距原理不同，电磁波测距仪可分为脉冲式光电测距仪、相位式光电测距仪和脉冲相位式光电测距仪二类。

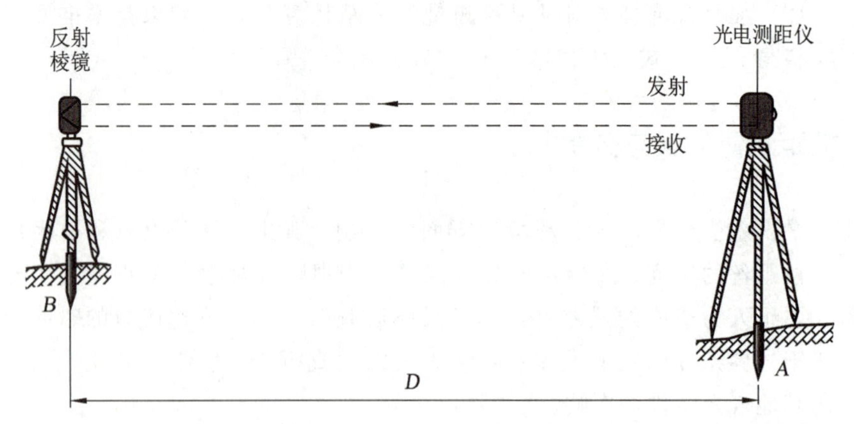

图 4-12　光电测距的基本原理

脉冲式光电测距仪是直接测定光脉冲在待测距离上往返传播的时间，从而求得距离。脉冲式光电测距仪一般是固体激光器作为光源，能发出高功率的单脉冲激光。因此，这类仪器一般不用合作目标（如反射镜），直接利用被测目标对脉冲激光产生的漫反射进行测距，作业甚为方便、迅速，测程远。但是这类仪器受脉冲宽度和电子计数器时间分辨率的限制，测距精度一般较低，为±1m～±5m，它适用于军事测量和工程测量中距离较远且精度要求不高的某些项目。

相位式光电测距仪是通过测量连续的调制光在待测距离上往返传播所产生的相位变化，间接地测定传播时间，从而求得被测的距离。相位式光电测距仪的测距精度较高，但不适合测量路程太远的距离，与脉冲式光电测距仪测距的情况（距离较远但精度较低）刚好相反。

脉冲相位式光电测距仪将脉冲式光电测距仪和相位式光电测距仪两种测距方法结合起来，利用发射连续的脉冲激光信号来实现脉冲和相位测距，有效地避免了脉冲式光电测距仪和相位式光电测距仪的缺点，具有较高的测量精度，抗干扰能力强等特点，并能够实现无合作目标的远距离测量。

2. 按载波信号不同分类

按载波信号不同，电磁波测距仪可分为普通光源的测距仪、红外光测距仪、激光测距仪和微波测距仪等。前三种用光作载波信号，所以一般统称为光电测距仪，采用微波段的无线电波作为载波的称为微波测距仪。

3. 按测程不同分类

第一类为短程光电测距仪，测程在 3km 以内，适用于地形测量和各种工程测量；第二类为中程光电测距仪，测程为 3～15km，适用于大地控制测量和地震预报监测等；第三类为远程和超远程光电测距仪，测程在 15km 以上，用于测量导弹、人造卫星和月球等空间目标的距离。

4. 按反射目标不同分类

按反射目标不同，电磁波测距仪可分为漫反射目标（无合作目标）、合作目标（平面反射镜、角反射镜等）、有源反射器（同频载波应答机、非同频载波应答机等）。

5. 按精度不同分类

根据《城市测量规范》的要求，测距仪的测距精度可划分为Ⅰ级、Ⅱ级、Ⅲ级：Ⅰ级为 $M_D \leqslant 5\text{mm}$；Ⅱ级为 $5\text{mm} \leqslant M_D \leqslant 10\text{mm}$；Ⅲ级为 $10\text{mm} \leqslant M_D \leqslant 15\text{mm}$。

测距仪出厂标称精度一般采用表达式 $M_D = \pm(a + b \times D)$ 表示。式中：a 为仪器标称精度中的固定误差（以 mm 为单位）；b 为仪器标称精度中的比例误差系数（以 mm/km 为单位）；D 为测距边长度（以 km 为单位）。

如某台红外测距仪标称的测距精度为（$\pm 5\text{mm} + 5\text{ppm} \times D$）。当所测距离 D 为 1km 时，可以计算得这台测距仪的单位公里测距中误差为：

$$m = \pm(5\text{mm} + 5 \times 10^{-6} \times 1 \times 10^{6}\text{mm}) = \pm 10\text{mm}$$

4.3.3　全站仪的测距功能

全站仪集成了光电测距仪，具有光电测距功能，其测距原理如图 4-13 所示。望远镜主光轴、测距部分的光信息发射光轴、接收光轴，均位于同一条轴线上。测距的光信号从仪器内部发射出来，经物镜射向远处的目标（棱镜），经目标反射回来通过望远镜物镜之后，到达一个特制的分光透镜组（该透镜组对光信号进行反射，而对自然光进行透射），再经过反射和垂直折射进入测距信号的接收通道设备，经光电转换之后与初始信号进行测相比对，计算出距离后在显示屏显示出来。

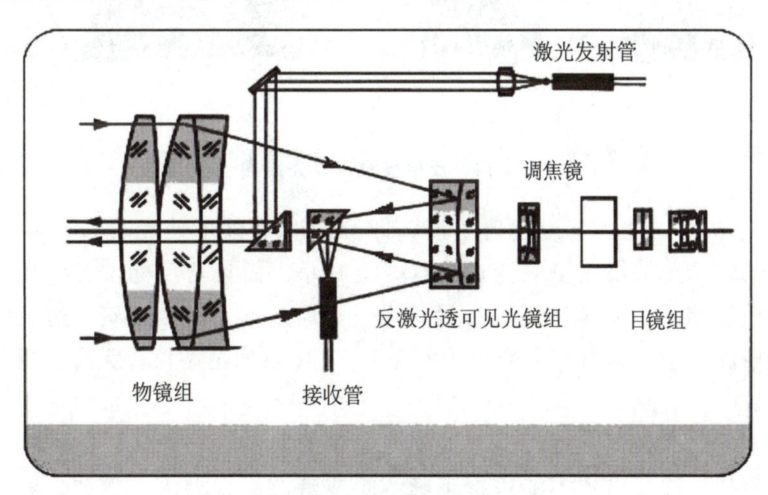

图 4-13　全站仪的光线传播示意图

全站仪测距时所用的反射器以反射棱镜为主，因此通常又称反射棱镜或简称棱镜。

反射器中的直角棱镜装在反射器框架内，通过连接杆与基座或棱镜杆安装在一起。反射器基座上设置有光学对中器、管水准器等。全站仪出厂时，有的生产商会将仪器的加常数及棱镜的加常数均调整设置为 0。因此用户最好使用仪器商提供的专用配套反射棱镜。如果发生混合使用，则须对棱镜常数的情况有所了解和进行改正。

由于直角棱镜可以对入射光高效地内部全反射，故光电测距的反射棱镜用直角棱镜的光学玻璃或水晶透明体器件制成。根据棱镜的组合个数有单棱镜、三棱镜、六棱镜、九棱镜等。图 4-14（a）、（b）为单棱镜和三棱镜。为方便野外使用和减少照准点位的偏心误差，地形测图中测量碎部点时还采用一种小巧可爱的微型棱镜，这种棱镜有的还可以根据将棱镜头旋转进入棱镜框的前后方向不同，而提供 0 与 30 两个常数供操作者选择。如图 4-14（c）所示，反射器的光学部分是一块呈直角的棱镜锥体，如同在一个正方体玻璃上切下的一角，四个面中的接收光面 ABC（透射面）为正三角形（实物棱镜的 ABC 前面还有一段圆柱体），其他三个面△OAC、△OAB、△OBC 是以 O 为顶点的直角等腰三角形，这三个面均镀银作为半透明反射面，它们之间相互垂直（如不严格垂直，则又引起入射线与出射线的平行性误差）。

图中假设入射光线不与 ABC 面垂直到达 1 点，经折射后到达 OAB 反射面的 2 点，反射至 OAC 面的 3 点，又反射至 OBC 面的 4 点，再反射至 ABC 面的 5 点，最后折射出来，并保持与入射光线平行。全过程经过了两次折射和三次反射。

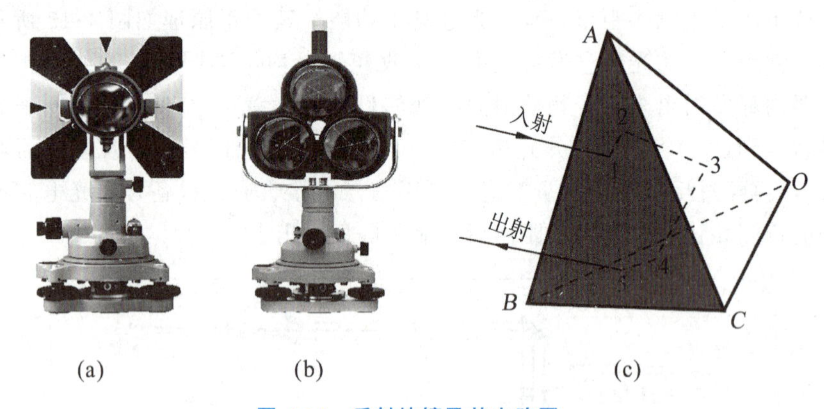

图 4-14　反射棱镜及其光路图

现在的全站仪一般具有漫反射功能，即测距时可以不使用棱镜，称免棱镜模式（或无合作模式）。免棱镜测量时测程会有一定减小，而且与目标位置接触面的反射性能有关。免棱镜测量在大坝工程、桥涵建设、造船工业、高楼建筑、边坡移动等变形监测和无接触测量中发挥着重大作用。如徕卡 TCR 系列全站仪，无合作目标时测程可达千米以上。

一般情况下，免棱镜测距时由于受到激光束的限制，对光线较暗的表面物件的测距效果不太理想，往往出现不能进行正确测距或者测距误差大。例如，隧道施工测量时，因为隧道光线不足、水泥等有深色时免棱镜测距往往就测不出。因此，使用免棱镜测量时要综合考虑大气状况、目标点测距、反射物体的稳定性及测量光束反射角的影响。测距加大，精度会下降；雾、雪、雨天气和水蒸气挥发高峰期、大气对流时段进行测量，外部条件反射、散射干扰较大，测量精度也就会降低。免棱镜测量视线穿过植被茂盛地区或透明体（如玻璃）时，或被测地物的灰度值较低时，测量精度较低，测程较短。在此条件下，对重点和精度要求较高的地物应采用有棱镜检测或补测。

4.3.4 光电测距的误差分析

光电测距误差的大小与仪器设备本身的质量水平、观测时的操作方法以及外界条件环境也有着密切的关系。

1. 仪器设备误差的影响

测距仪器设备的误差影响主要有加常数、乘常数、周期误差、测相误差等。

1）加常数改正误差影响

测距仪加常数是指采用电磁波测距仪测得的距离与实际距离之间的差值，主要是由于测距仪的电路信号延迟、光波几何回路以及仪器和反射器的偏心等综合影响产生的。该差值与待测距离的长短无关，每次观测都必须加上此加常数。对此仪器在出厂前均已测定并采用电路延迟的补偿办法加以预置。由于仪器经长途运输和长期使用，加常数会有变化，应定期检测，以便对观测成果进行改正。

全站仪的加常数测定方法有六段解析法和三站法两种。六段解析法是在平坦场地上，标定 1 条直线，将其分成 6 段，设置 7 个观测点。用光电测距仪按全组合观测法测出 21 个组合距离，经过测量平差，求得仪器的加常数。六段解析法对现场要求高，工作量较大。现主要介绍三站法，其基本工作过程如下。

（1）在较为平坦的地面选择同一直线上 A、B、C 三点，B 点大致为 AC 的中点，如图 4-15 所示。

（2）在 A 点设站，测量 AC 间的水平距离两组，每一组读数 5 次，两组平均数为 D_{AC}。

（3）在 C 点设站，测量 CA 间的水平距离两组，每一组读数 5 次，两组平均数为 D_{CA}。

（4）在 B 点设站，测量 BA、BC 间的水平距离各两组，每一组读数 5 次，其平均数分别为 D_1 和 D_2。

（5）考虑加常数 K 的影响，有

$$(D_1+K)+(D_2+K)=(D_{AC}+D_{CA})/2+K\text{，即 }K=(D_{AC}+D_{CA})/2-(D_1+D_2)$$

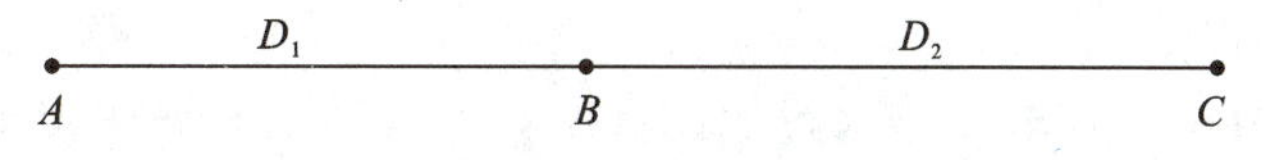

图 4-15 加常数的测定

2）乘常数改正误差影响

根据前面的测距原理分析，仪器的调制频率决定光尺的长度，频率的变化会引起尺长的变化，从而产生测距误差。乘常数是对精测频率进行修正的改正因子，是针对相位法测距而言，而且是只针对相位法中的精测尺频率，与粗测尺无关。它主要是因为精测尺的光尺长度经一段时间使用后，由于光电器件老化，实际频率与设计频率产生偏移，使测量成果存在着随距离变化的系统误差。

频率改正是调制频率发生变化对光电测距成果的改正，也属于比例误差的范畴，其影响由精测尺的频率发生偏差引起。频率误差影响在中远程精密测距中不容忽视，作业前后应及时进行频率检校。

3）周期误差

相位法光电测距中也会发生以一定距离为周期而重复出现的误差。周期误差不是固定误差，但也不是比例误差，它出现的机会与距离有关，但其影响的大小并不是与距离成比例。它主要是由于机内固定的同频信号串扰产生的。这种串扰主要由机内电信号的串扰而产生，如发射信号通过电子开关、电源线等通道或空间渠道的耦合串到接收部分；也可能由光串扰产生，如内光路漏光而串到接收部分。如果发生这些串扰，则会引起测相误差，进而引起测距的误差。

一般来说，周期误差的周长取决于精测尺长，加大测距信号强度有利于减少周期误差。如发现周期误差振幅过大，则须送厂调整。

4）测相误差

相位的测定误差肯定会引起距离结果的误差。测相误差由多种误差综合而成，这些误差有测相设备本身的误差，内外光路光强相差悬殊而产生的幅相误差，发射光照准部位改变所致的照准误差以及仪器信噪比引起的误差。此外，由仪器内部的固定干扰信号而引起的周期误差也会在测相结果中反映出来。测相误差带有一定偶然性，可通过重复观测削弱其影响。

5）光速误差

光在真空中的传播速度是测距仪中的基本应用数据，第15届国际计量大会已经认定光在真空中的传播速度为$c=$（299792.458±0.001）km/s，可见该速度的精度已达数亿分之一，对测距误差的影响甚微，可以忽略不计。

2. 操作误差

测距仪、全站仪的操作误差主要指仪器和目标反射棱镜的对中误差。对中误差影响的大小与方向均是随机的，属于非比例性质的偶然误差。一般只要是经过精确检定过的对中器，可使对中误差控制在1～2mm。

1）仪器对中误差

在全站仪测量中，对中误差不仅影响观测的角度，同时对距离测量也产生影响。普通控制测量中一般要求对中误差在3mm以内（一般很容易达到）。在精密工程测量时，由于精度要求较高，控制点又频繁使用，通常采用固定式的强制归心观测，以最

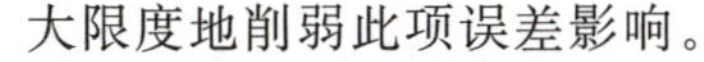

大限度地削弱此项误差影响。

2）棱镜对中误差

在控制测量中如果是用三脚架对中，同样可达到与仪器对中相同的精度。如果是用棱镜杆对中进行支导线测量，则必须注意观察棱镜杆上的气泡并使之严格居中。

棱镜杆竖得太高时目标的偏差难以掌控，将棱镜倒过来置于地面则目标稳定、偏差有限。如无法直接而准确地瞄准目标，则可进行偏心观测（如大树、电杆、烟囱、油罐等）。

3. 外界条件影响

光电测距中的外界条件主要是指气象条件。气象条件也是影响电磁波测距精度的主要因素，如何克服和进一步减少该项影响，一直是电磁波测距技术的重要课题，而对测距进行气象改正正是减少该项影响的有效手段。

综合上述各项误差影响，光速误差、大气折射率误差和测距频率误差这三项是与距离成比例的误差。其余测相误差、加常数误差、对中误差三项是与距离无关的误差。周期误差有其特殊性，它与距离有关但不成比例，仪器设计和调试时可以严格控制其数值大小，使用中如发现其数值较大但是稳定，可以对测距成果进行改正。

4.3.5　光电测距仪使用时的注意事项

1. 观测条件的选择

（1）测距边宜在各等级控制网平均边长（1＋30%）的范围内选择，并考虑所用仪器的最佳测程。

（2）测线宜高出地面或离开障碍物 1.3m 以上。

（3）测线应避免通过吸热和发热物体（如散热塔、烟囱等）的上空及附近。

（4）安置测距仪的测站应避开电磁场干扰的地方，应避免测线与高压（35kV 以上）输电线平行，无法避免时，应离开高压输电线 2m 以上。

（5）应避开在测距时的视线背景部分有反光物体。

（6）对于各等级边测距，应在最佳观测时间段内进行，即在空气温度垂直变化梯度为零的时刻前后 1h 内进行。一般选择在测区日出后 0.5～2.5h 和日落前 2.5～0.5h 的时间段进行观测。当使用测距仪的精度优于所要求的测距精度时，观测时间段可适当延长。但在晴天或少云时，不应在正午和午夜前后 1h 内进行测量。

（7）全阴天、有微风时，可以在全天进行观测，尽量避开正午和午夜前后 1h 之内的时间。

（8）对低等级控制边长的测定，无须严格限制观测时间。

（9）雷雨前后、大雾、大风（4 级以上），雨、雪天气和能见度很差时，不应进行距离测量。

2. 作业时的要求

(1) 严格执行仪器说明书中规定的作业程序。

(2) 测距前应检查电池电压是否符合要求。在气温较低时作业，应有一定的预热时间，使仪器各电子元件达到正常的工作状态后方可正式测距。读数时，信号指示器指针应在最佳回光信号范围内。

(3) 在晴天作业时应给测距仪、气象仪表打伞遮阳。严禁照准头对向太阳，亦不宜顺光或逆光观测。仪器的主要电子附件也不应暴晒。

(4) 按仪器性能，在规定的测程范围内使用规定的棱镜个数，作业中使用的棱镜与检验时使用的棱镜一致。

(5) 严禁有另外的反光镜位于测线及其延长线上。对讲机亦应暂停使用。

(6) 仪器安置好后，仪器站和镜站不准离人，应时刻注意仪器的工作状态和周围环境的变化。风较大时，仪器和反射镜要有保护措施。

任务 4.4 技能训练——全站仪距离测量

1. 实训目的

全站仪距离测量(虚拟仿真)

(1) 了解全站仪测距的原理。

(2) 掌握全站仪测距的方法与步骤。

2. 实训任务

水平角、距离测量记录表

在导线测量实训场练习全站仪距离测量。

3. 实训设备与资料

(1) 全站仪 1 台，三脚架 1 个，带支架对中杆 1 个，棱镜 1 个。

(2) 实训记录表 1 张，记录板 1 个，2H 铅笔 1 支。

4. 操作流程

(1) 安置棱镜。

(2) 安置全站仪。

(3) 设置仪器参数。

(4) 瞄准棱镜。

(5) 进入全站仪距离测量界面。

(6) 点击测量，记录平距和斜距。

5. 注意事项及实训要求

(1) 实训前，认真阅读实训内容和相关学习内容，清点检查使用的仪器工具，确

保其完好无损。

(2) 各小组按实习内容精心策划好工作，小组成员轮流进行仪器操作，严格按老师的各项示范动作进行，服从老师，听从指挥，团结协作，按时保质保量完成任务。

(3) 取出仪器前，先要牢记仪器在仪器箱中的摆放位置。

(4) 实训过程中注意人身安全和仪器设备安全。

(5) 仪器装箱前，要确保松开水平制动螺旋和垂直制动螺旋。

(6) 实训结束，按时归还实训设备，将实训设备放到指定位置，设备要摆放整齐。

6. 提交成果

实训结束，每小组应提交下列成果，作为评定成绩的依据：

(1) 记录表格；

(2) 实训总结报告。

课后习题

一、选择题

(1) 用钢尺丈量 AB 两点间的距离，往测为 50.003m，返测为 49.998m，该次丈量的相对误差为（　　）。

A. 1/5000　　B. 1/1000　　C. 1/10000　　D. 1/20000

(2) 有一全站仪，标称精度为 2mm+2ppm，用其测量了一条 1km 的边长，其误差为（　　）。

A. ±2mm　　B. ±4mm　　C. ±6mm　　D. ±8mm

(3) 下列测距方法，精度最高的是（　　）。

A. 钢尺量距　　B. 视距测量　　C. 光电测距　　D. 皮尺量距

(4) 距离测量的基本单位是（　　）。

A. 米　　B. 分米　　C. 厘米　　D. 毫米

(5) 某段距离丈量的平均值为 100m，其往返较差为 +4mm，其相对误差为（　　）。

A. 1/25000　　B. 1/25　　C. 1/2500　　D. 1/250

(6) 钢尺量距时，量得倾斜距离为 123.456m，直线两端高差为 1.987m，则倾斜改正数为（　　）。

A. −0.016m　　B. +0.016m　　C. −0.032m　　D. +1.987m

二、判断题

(1) 地面两点之间的距离称为平距。　（　　）

(2) 使用钢尺量距时，倾斜地面和平坦地面的丈量方法是一样的。　（　　）

(3) 为了防止错误和提高丈量精度，使用钢尺量距，一般需要往返丈量，在符合精度要求时，取往返丈量的平均距离为丈量结果。　（　　）

(4) 使用脉冲法测距，在短距离内测量精度较高，随着测量距离越远，精度逐渐降低。 (　　)

(5) 当观测量的精度与观测量本身大小相关时，应该采用相对误差来衡量测量精度的高低。 (　　)

(6) 测量视距时，视准轴不管是否水平，其计算公式都是一样的。 (　　)

(7) 光电测距时，测线应避免通过发热物体的上空及附近。 (　　)

三、简单题

试分析全站仪进行距离测量的误差来源。

项目5　平面控制测量

项目概况

本项目主要介绍控制测量的基本概念和分类，直线定向、坐标方位角的推算、坐标正反算，在此基础上重点介绍了导线的外业观测和内业平差计算，最后介绍了交会控制测量。通过本项目的学习，学习者可以了解控制测量的有关概念，掌握导线测量的观测步骤以及内业数据的简易平差计算。

学习目标

(1) 熟悉控制测量的概念和分类。

(2) 理解坐标方位角和象限角的概念和它们之间的相互关系。

(3) 熟记坐标正算和坐标反算的公式，会使用公式计算已知边的坐标方位角和未知点的坐标。

(4) 掌握导线的外业观测步骤和内业平差计算，会使用全站仪进行导线测量。

(5) 理解交会控制测量的原理，会使用全站仪进行前方交会控制测量和后方交会控制测量。

(6) 通过导线测量项目实施，培养学生解决问题的能力和项目综合管理能力。

任务5.1　控制测量概述

5.1.1　控制测量的概念

控制测量概述（微课）

控制测量概述（课件）

任何一种测量工作都会产生误差，为了不使测量误差累积，保证测量成果的质量，必须采用一定的程序和方法。在测量工作中，首先在测区内选择一些具有控制意义的点，组成一定的几何图形，构成测区的整体骨架，用相对精确的测量手段和方法，在统一坐标系中，确定这些点的平面坐标和高程，这些具有控制意义的点称为控制点；由控制点组成的几何图形称为控制网；对控制网进行布设、观测、计算，确定控制点位置的工作称为控制测量。

对于任何一项测量任务，必须遵循“从整体到局部，先控制后碎部，从高级到低级”的原则，即先在整个测区内进行控制测量，建立控制网，然后以测定的控制点为基础，分别在各个控制点上施测周围的碎部点。例如，大桥的施工测量，首先建立施工控制网，进行符合精度要求的控制测量，然后在控制点上安置仪器进行桥梁细部构造的放样；地形图测绘，首先要建立图根控制网，然后在图根点上安置仪器进行碎部点的测量。

5.1.2 控制测量的分类

按不同的分类方法，控制测量可以进行各种不同的分类。

1. 按工作内容划分

平面控制测量——以获取控制点平面坐标 X、Y 坐标为目的的测量工作。

高程控制测量——以获取控制点高程为目的。

在高等级的控制测量中，平面控制测量和高程控制测量通常是独立分开进行的。只有在较低等级的控制测量（如图根控制测量）中，才会同时进行平面控制测量与高程控制测量。

2. 按精度等级划分

全国平面控制网，分为一、二、三、四等四个等级。直接服务于大比例尺测图和工程测量的平面控制测量等级有一、二、三级导线测量，一、二级小三角测量。

国家高程控制测量分成一、二、三、四等四个等级。直接服务于大比例尺测图和工程测量的高程控制测量包括等外水准测量和五等三角高程测量。

3. 按测量的方法手段不同划分

三角网控制测量——通过测量三角网（锁）中各个三角形的角度和边长，利用一定的已知条件（起算数据）计算出所有控制点的平面坐标。

交会控制测量——根据测角测边的不同方案选择，可组成前方交会、侧方交会、后方交会、测边交会、边角后方交会等。

导线控制测量——通过测量导线边之间的夹角及导线边长而获得控制点坐标。边长的获得以前用钢尺量距和视距测量，现在多用全站仪电磁波测距。

GNSS 控制测量——利用导航卫星所具有的定位、授时功能，按照空间后方交会的原理，测定出地面控制点的三维坐标。

水准测量——利用一条水平视线，并借助水准尺来测定地面两点间的高差，再由已知点的高程推算出未知点的高程。

三角高程控制测量——根据由测站向照准点所观测的竖直角和它们之间的水平距离，计算测站点与照准点之间的高差，再由已知点的高程推算出未知点的高程。

天文大地测量——指在地面上架设专用天文测量经纬仪，通过观测天体（如恒星、

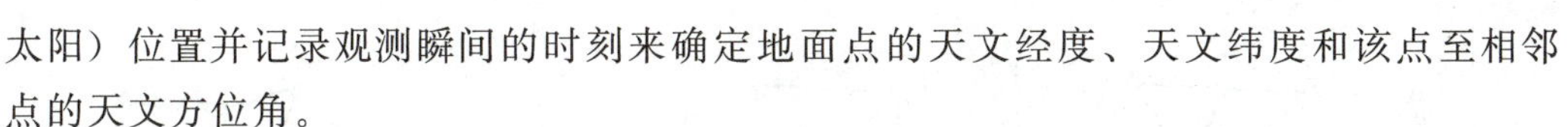

太阳）位置并记录观测瞬间的时刻来确定地面点的天文经度、天文纬度和该点至相邻点的天文方位角。

4. 按区域划分

国家控制测量——其目的是布设全国范围内的测量控制网，可作为各类工程测量控制网的基础，而且能研究地球局部地区的形状与大小以及地壳形变。

城市控制测量——直接为工程建设服务进行的控制测量。

小区域控制测量——直接为测绘工程地形测图服务的控制测量。

5.1.3　平面控制测量常用方法

1. 三角形网测量

三角形网测量是在地面上选定一系列的控制点，构成相互连接的若干个三角形，组成各种网（锁）状图形。通过观测三角形的内角、边长，再根据已知控制点的坐标、起始边的边长和坐标方位角，经三角形解算和坐标方位角推算，可得到三角形各边的边长和坐标方位角，进而求算出各三角形待定点的坐标。三角形的各个顶点称为三角点，三角点的连线称为三角形的边。各三角形连成网状的称为三角网，如图5-1所示，连成锁状的称为三角锁，如图5-2（a）、（b）、（c）所示，三角锁尤其适合呈狭长地带（如铁路、公路、水库等）的工程测区控制。

按观测值的不同，三角形网测量可分为三角测量、三边测量和边角测量。

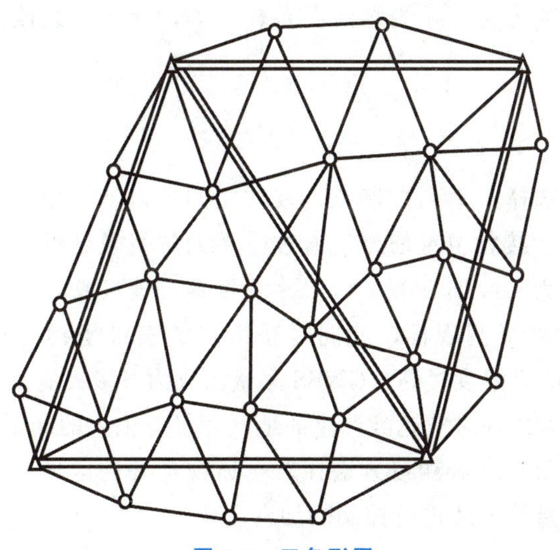

图5-1　三角形网

对于小范围的控制测量，三角测量的图形还可布设成中点多边形、大地四边形甚至单三角形，如图5-2（d）、（e）、（f）所示。具体如何选择均视实地情况而定。

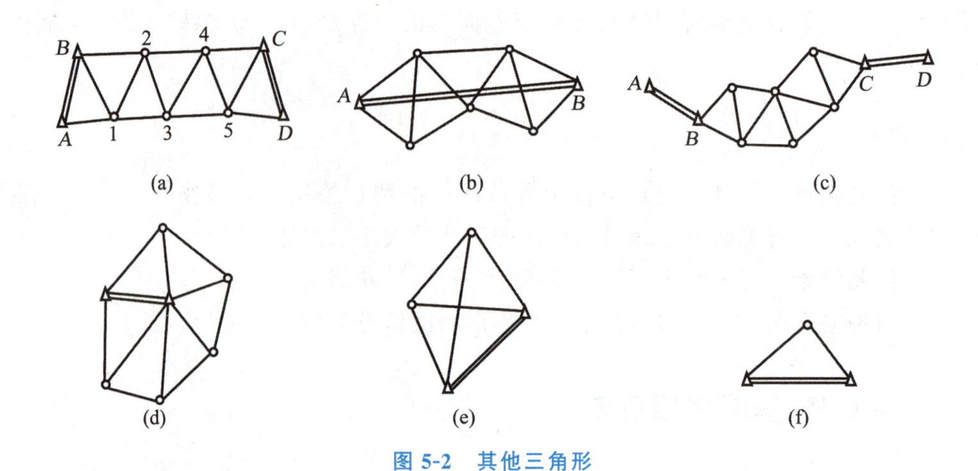

图 5-2　其他三角形

图 5-2 中的三角测量工作量相对较小，故实际中又称为小三角测量。小三角测量主要用于工程控制测量，精度等级通常有一级、二级小三角测量，均是国家等级控制测量以外的工程控制测量。

2. 导线测量

在地面上，选定一系列控制点，以折线的形式将它们连接起来，测定边长和转折角，然后根据起算数据算出各导线的坐标。随着电磁波测距仪和全站仪的普及应用，导线测量在各种控制测量中得到广泛的应用。导线的优点是：呈单线布设，坐标传递速度快；只需前后两个相邻导线点通视，易于越过地形、地物障碍，布设灵活；各导线边均直接测定，精度均匀；导线纵向误差较小等，因此导线测量是目前平面控制测量的主要手段之一。

3. GNSS 测量

在测区范围内，选择一系列控制点，彼此之间可以通视也可以不通视，在控制点上安置 GNSS 接收机，接收卫星信号，通过一系列解算及数据处理，求得控制点的坐标，这种测量方法称为 GNSS 测量。GNSS 测量具有速度快，精度高，全天候，不需要点间通视，不用建立观测觇标，能同时获得点的三维坐标等特点。近年来，随着 GNSS 接收机性价比的大幅度提高，GNSS 测量已成为各级控制测量的主要方法。虽然 GNSS 测量在城市、森林等对空遮蔽严重的地区测量有很大的局限性，但是在上述地区的测量中，可以先采用 GNSS 测量方法在对空通视良好的区域建立骨干控制网，在此基础上再采用导线测量等方法进行控制网加密。

4. 交会测量

交会测量利用交会点法来加密平面控制。通过观测水平角确定交会点平面位置的称为测角交会；通过测量边长确定交会点平面位置的称为测边交会；通过边长和水平

角同测来确定交会点平面位置的称为边角交会。这些交会测量均是直接通过数学公式来计算交会点的最后坐标，因此通常又称为解析交会测量。

5.1.4　我国各类、各等级平面控制网简介

1. 国家平面控制网

在全国范围内布设的平面控制网，称为国家平面控制网。由于我国领土辽阔，地形复杂，不可能用最高精度和较大密度的控制网一次布满全国。为了适时地保障国家经济建设和国防建设用图的需要，采用"分级布网、逐级控制"的原则布设。即先以精度高而稀疏的一等三角锁纵横交叉地迅速布满全国，形成统一的骨干大地控制网，然后再在一等锁环内逐级（或同时）布设二、三、四等控制网。

一等三角网由沿经线、纬线方向的三角锁构成，并在锁段交叉处测定起始边，如图 5-3 所示，三角形平均边长为 20～25km。一等三角网不仅作为低等级平面控制网的基础，还为研究地球形状和大小提供重要的科学资料；二等三角网布设在一等三角锁围成的范围内，构成全面三角网，平均边长为 13km。二等三角网是扩展低等平面控制网的基础；三、四等三角网的布设采用插网和插点的方法，作为一、二等三角网的进一步加密，三等三角网平均边长 8km，四等三角网平均边长 2～6km。四等三角点每点控制面积为 15～20km^2，可以满足 1：10000 和 1：5000 比例尺地形测图需要。

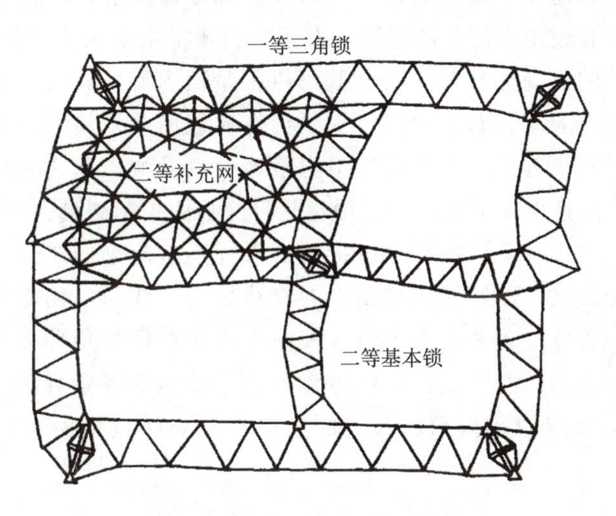

图 5-3　国家一等、二等三角锁

20 世纪 80 年代末，GPS 控制测量开始在我国用于建立平面控制网。90 年代先后进行了两次 GPS A 级，一次 GPS B 级，一次 GPS 一级（军测部门）的全国 GPS 网控制测量。国家统一进行了与一、二等三角形测量相配合的天文测量，也进行了专门的地震监测网络建设。在全国范围内，已建立了国家（GPS）A 级网（27 个控制点），B 级网（818 个控制点），一、二级网（534 个控制点），以及中国地壳运动观测网络

(1081个控制点)。

2. 城市平面控制网

在城市地区，为满足1∶500～1∶2000比例尺地形测图和城市规划建设的需要，应进一步布设城市平面控制网。城市平面控制网在国家控制网的控制下布设，按城市范围大小布设相应等级的平面控制网，分为二、三、四等三角网或三、四等导线和一、二、三级导线网。城市平面控制测量主要采用GNSS测量、导线测量等方法。城市平面控制网的首级网应与国家控制网联测。

3. 小区域平面控制网

在面积小于10km^{2}的范围内建立的控制网，称为小区域控制网。在这个范围内，水准面可视为水平面，采用平面直角坐标系计算控制点的坐标，不需将测量成果归算到高斯平面上。小区域平面控制网，应尽可能与国家控制网或城市控制网联测，将国家或城市高级控制点坐标作为小区域控制网的起算和校核数据。如果测区附近无高级控制点，或联测较为困难，也可建立独立平面控制网。

任务5.2 导线测量

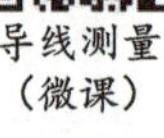
导线测量（微课）

导线测量（课件）

导线测量在工程建设、城市建设的平面控制和地形测图的平面控制中，有着广泛的应用。过去由于受到距离测量的限制，平面控制测量主要采用三角测量的方法进行。随着电磁波测距仪的出现和普及，很快就可以测量两点间的距离；另外，由于导线的布设不受地形条件的限制，布设灵活、平差计算比较简单，使导线测量的使用越来越广泛，越来越显示出优越性，尤其在平坦隐蔽地区以及城市和建筑区，布设导线则既方便，又能提高作业速度。因此，导线测量是目前平面控制测量中主要的常用方法。

在测量工作中，将一系列控制点以折线的形式连接起来的布设形式称为导线，其中的控制点称为导线点，连接相邻控制点的直线称为导线边，相邻导线边间的水平角称为转折角（转折角分左角和右角；沿导线前进方向左侧的角称为左角；沿导线前进方向右侧的角称为右角；左角＋右角＝360°）。野外观测和测定导线边、转折角的过程称为导线测量；由观测的数据和已知点的坐标推算导线点平面坐标的过程称为导线计算。

5.2.1 导线测量的布设形式

按照不同的情况和要求，导线可以布置成下列几种形式。

1. 附合导线

如图5-4所示。导线的布设从一组已知控制点（图中用△表示）出发，连续经过

若干条导线边之后附合到另一组已知控制点结束，这样的导线称为附合导线。附合导线还可细分为测两个连接角的双定向附合导线、只测一个连接角的单定向附合导线、不测连接角的无定向附合导线，如图 5-4 所示。

图 5-4（a）中的 A、B、C、D 均是已知控制点，其余 1、2、3 是待求的导线点，图中的观测值有两个连接角 φ_1、φ_2 和三个转折角 β_1、β_2、β_3 以及四条导线边长 D_1、D_2、D_3、D_4，共 9 个观测值，3 个未知点必要 6 个观测值，于是产生 3 个多余观测，即形成 3 个条件检核（一个方位角条件和两个坐标增量条件）。

实际工作中，双定向附合导线通常是导线形式的首选：一方面是因为附合导线具有从始至终的边长与方位角条件检核，可以将测量误差比较均匀地分配在沿线各导线点上；另一方面也可以间接检查和了解测区范围内已知控制点的可靠性。

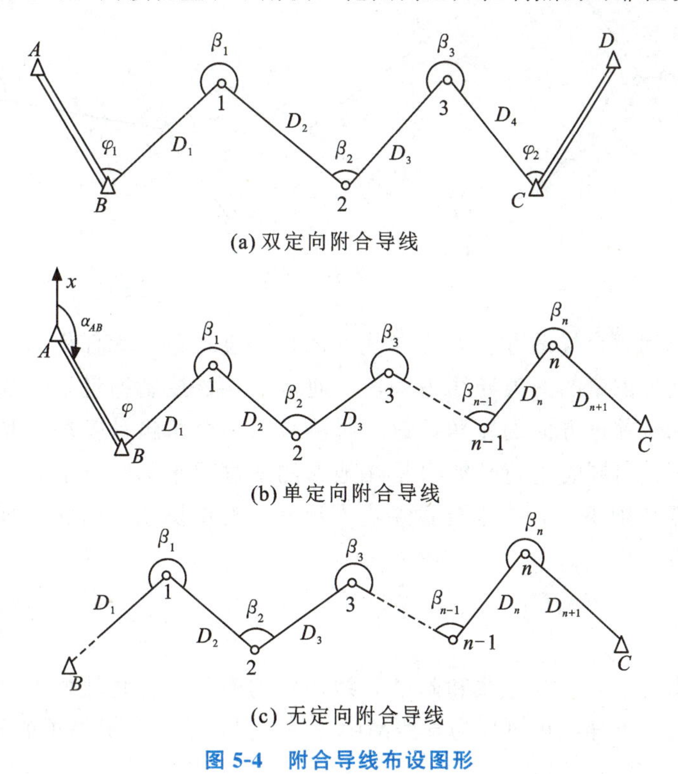

图 5-4　附合导线布设图形

2. 闭合导线

闭合导线是指从一组已知控制点出发，经过若干导线边的传递之后又回到原已知点。如图 5-5 所示，A、B 是已知点，1、2、3 是待求导线点。图中的观测值有连接角 β_1 和 β_5，三个转折角 β_2、β_3、β_4，以及四条导线边长 D_1、D_2、D_3、D_4。

闭合导线与附合导线具有相同的边长检核条件和方位角检核条件，但闭合导线只利用到两个已知控制点，可靠性比附合导线略差，所以实际中还须对已知点的边长进行检查核对。

3. 支导线

如图 5-6 所示，从已知控制点出发，经几条导线边的传递直接在未知导线点结束，这样既不回到起始控制点，也无法附合到另一已知控制点的导线，称为支导线。图 5-6 中 A、B 是已知点，1、2 是待求的导线点。观测值有连接角 φ 和一个转折角 β_1 以及两条导线边长 D_{B1}、D_{12}。

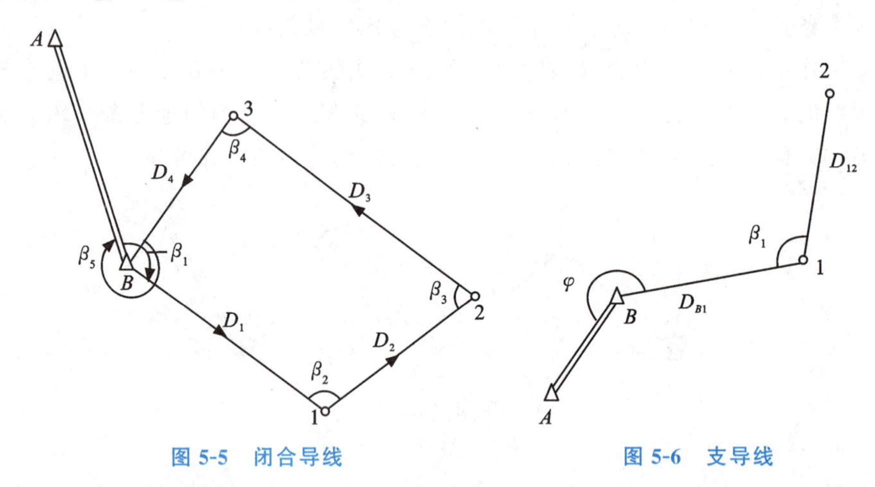

图 5-5　闭合导线　　　　图 5-6　支导线

与附合导线和闭合导线相比，支导线的图形强度最差，无任何条件检核，实际工作中只限于在地形测量的图根导线中采用。通常支导线控制测量采取往返测量的方法进行，往测时测量前进方向的左角，返回时测量另一个角再计算取平均值，全站仪电磁波测距往返测量可同时进行。如果是在地形测图过程中临时支点，为了节省时间不进行返测，尤需特别小心，一定要盘左盘右测角、对向测距，防止出现粗差，同时连续支点不要超过 3 次。

4. 导线网

导线网是由若干条闭合导线和附合导线构成的网形。有些教材中将结点导线单独列为一种，其实结点导线也可划为导线网中，只不过这是一种最简单的导线网。图 5-7 便是一种结点导线的示意图。

结点导线适合于已知控制点相距较远、导线布设较长的情况。不过由于导线受到几个方向的已知点控制，增加了多余观测，因此在控制精度上又可以获得比较满意的结果。例如图 5-7 中有 16 个未知点，必要观测只需 32 个，但现在观测了 20 个角和 18 条边，有 6 个多余观测形成了 6 个条件检核可以检查与平差计算，使导线精度有所保障。

5.2.2　导线测量的工作程序和方法

导线测量的基本工作过程通常有：资料收集、选点踏勘、技术设计、建立标志、野外观测、平差计算和技术总结等。

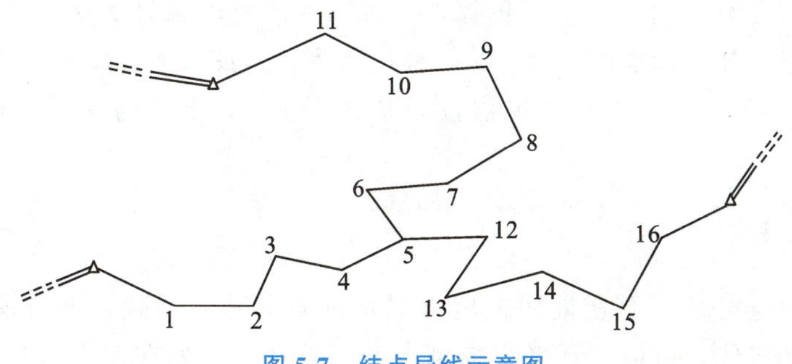

图 5-7 结点导线示意图

1. 资料收集

需要向委托方、当地相关部门、上级测绘行政主管部门等单位收集测区内的各种比例尺地（形）图，各种规格、级别的控制点成果及相关资料（如平差过程、技术报告、成果说明等）。收集的控制点还需在野外踏勘核实。

2. 选点、踏勘

首先在已有地形图上标出已有的控制点和测区范围，再根据地形条件和测量的具体要求来计划导线测量的路线和导线点的位置；然后到实地勘察，查看所计划的路线和导线点位置是否合适。若测区没有现成的地形图或者测区范围不大，可以到实地边勘察、边选择导线测量的路线和确定点位。为了使以后的导线测量计算工作不过于复杂和繁重，计划导线的路线时，应尽量布设成单一的附合导线或闭合导线。

实地选点应注意以下几点。

（1）点位互相通视，便于工作。点与点之间能观察到相应的目标，视线上没有障碍物。同时，应注意视线沿线的建筑物离开视线有一定的距离，避免旁折光对测量的影响。

（2）导线点数量足够，点位分布均匀，能够控制整个测区。导线点的数量能满足进行地形测图或下一等级导线测量的要求，符合工程建设测量的需要。

（3）视野良好，控制范围广。选在城镇地面上的点需考虑通视方向稍多、能控制较大的观测范围、方便继续发展下级控制的交叉路口；在乡村野外选点需考虑交通方便、周围视野开阔的地方。对原有控制点应尽量采用原来点位和点名。

（4）便于保存和设站观测，不影响通行。导线点应选在土质坚实、稳定可靠的地方。

（5）导线的边长大致相等，相邻边长之比不宜超过 1∶3。因此在一条导线中不宜出现过长或过短的导线边，尤其要避免由长边立即转变为短边的情况，避免因望远镜过度调焦而带来的误差。

3. 技术设计

技术设计的内容主要包括工程来源、概况，测区地理位置、交通、环境、民俗等工作条件情况，已有资料收集、分析评估情况，导线点的设计优化、选点、精度估算情况，技术要求、技术标准的选择，工作程序布置、工期的大致安排，工作进度保障、技术质量保证（技术人员组成、仪器设备质量等）、工作量的统计，达到的效果目的等。

4. 建立标志

导线点位置选好后，要在地面上埋设固定标石和建立标架，即所谓的建标埋石。对于较低级别的导线，可以灵活考虑控制点的埋石标准，如在泥土里打一木桩并在桩顶中心钉一小铁钉，在水泥路面上刻石，在沥青路面上钻孔打钉和配上金属标志等。对于需要长期保存的导线点，则应埋入石桩或混凝土桩，桩顶刻凿十字或注入锯有十字的钢筋。图 5-8 为一、二级平面控制点标石规格及埋设结构图，三级导线点、埋石图根点的标石规格及埋设，可参照图 5-8 略缩小或自行设计。埋设于地下的城市导线标石易受维修道路和挖掘管道的影响，为此可设置墙上标志。

为了便于日后寻找使用，对于重要的导线点应绘制点之记，如项目 2 的图 2-25 所示。

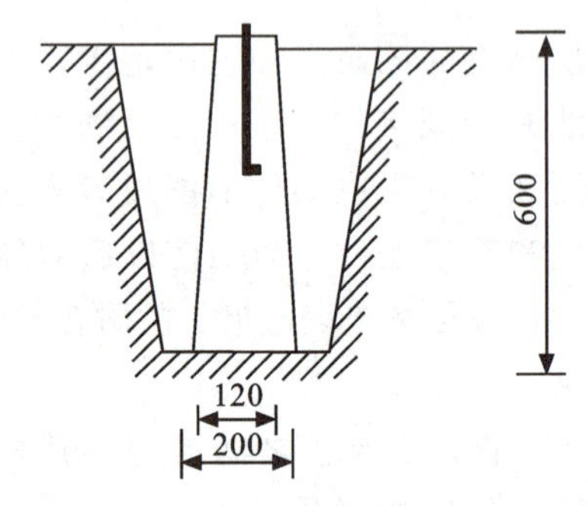

图 5-8　一、二级平面控制点标石埋设图（单位：mm）

5. 野外观测

导线测量的观测值是角度与边长，以前的导线测量通常是用经纬仪测角，用钢尺量边，而且分开进行。现在则一般采用全站仪在测定转折角的同时，测定导线边长。导线边长应对向观测，以增加检核条件。

转折角的观测一般采用测回法进行。当导线点上观测的方向数多于 3 个时，应采用方向观测法进行，各测回间应按相关规范规定进行水平度盘配置。

在进行导线转折角观测时，一般应观测导线前进方向的左角；对于闭合导线，若按逆时针方向进行观测，则观测的转折角既是闭合多边形的内角，又是导线前进方向的左角；对于支导线，应分别观测导线前进方向的左角和右角，以增加检核条件。当观测短边之间的转折角时，测站偏心和目标偏心对转折角的影响将十分明显。因此，应对所用仪器和光学对中器进行严格检校，并且要特别仔细进行对中和精确照准。

如图 5-9 所示，A、B 是已知控制点，1、2、3 是待求导线点，前进方向表示野外观测按 B、1、2、3 顺序进行；S_{AB} 是已知边的边长，D_1、D_2、D_3 是导线边边长；水平角 β_0、β_1、β_2 在导线测量前进方向左侧，为左角，β_3 在前进方向右侧，为右角。实际中通常选择观测全部左角可以方便计算，但四等以上导线需左右角同测。

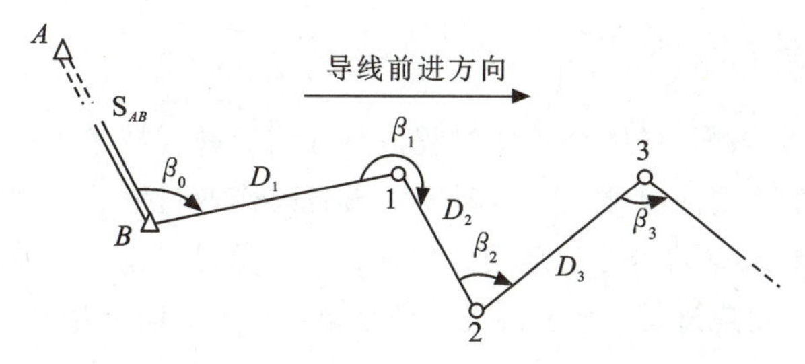

图 5-9　导线观测示意图

测量时先在已知点 B 安置全站仪，在 A 点和 1 号点安置棱镜。以已知点 A 为零方向观测 β_0，顺便观测 S_{AB} 和 D_1，注意 S_{AB} 只用来对已知控制点进行点位检查，不参加导线的平差计算。观测过程中随时检查核对各项观测误差是否超限，其中水平角和距离观测限差要求可参见表 5-1。

结束上述在已知控制点 B 的各项观测之后，将全站仪迁至 1 号点，将 A 点上的棱镜迁至 B 点，将 1 号点上的棱镜迁至 2 号点。以 B 为零方向观测 β_1，顺便观测 D_1 和 D_2。距离观测的测站误差主要有本站重复读数的误差和导线边的对向观测互差，前者主要反映仪器测距的内符合精度，一般不会超过 2～3mm，后者则另外包含了仪器对中误差、目标偏心误差和外界条件的影响。1 号点观测结束后，全站仪搬到 2 号点继续，如此类推。

表 5-1　导线外业观测的技术要求

等级	距离测量（5mm 级仪器）			水平角测量（2″级仪器）			
	测回数	读数	读数差	测回数	半测回归零差	一测回内 2C 互差	各测回较差
一级	2	4	5mm	2	≤8″	≤13″	≤9″
二级	1	4	5mm	1	≤12″	≤18″	—
三级	1	4	5mm	1	≤12″	≤18″	—

6. 导线计算

导线测量的最终目的是要通过导线平差计算获得各导线点的平面坐标。在进行导线平差计算之前，首先要对外业观测成果进行检查和验算，确保各项观测成果准确无误并符合限差要求。

对于较高等级的导线，应进行严密平差计算，但对于一级以下的单条导线可以采用近似平差方法进行计算。导线近似平差的基本思路是将角度误差和边长误差分别进行平差处理，先进行角度闭合差的分配，在此基础上再进行坐标增量闭合差的分配，最后获得各导线点的坐标。

7. 编写技术总结报告

技术总结是对导线测量的整个工作过程进行如实反映。技术工作报告的内容除了包含有技术设计书中的主要内容外，应主要反映出野外作业过程、方法要求，列表统计各项控制测量成果如导线点的坐标、高程、边长、方位角等，按有关技术要求进行成果精度方面的相关说明。也应进行一些实际经验的总结，指出工作中存在的失误与缺憾。

任务 5.3　坐标计算的基本原理

直线定向（微课）

在测量工作中，为了把地面上的点、线等测绘到图纸上，或将图纸上的点和线放样到实地上，往往需要确定点与点之间的相对关系，而要确定地面上任意两点的相对位置关系，除了需要测量两点之间的距离之外，还必须确定该两点所连直线的方向。在测量上，直线的方向是根据某一标准方向来确定的，将确定地面上直线与标准方向之间夹角关系的工作称为直线定向。

直线定向（课件）

5.3.1　标准方向

测量中通常采用的标准方向有三个：真北方向、磁北方向和坐标北方向。

1. 真北方向

地球的自转轴在其表面形成两个交点，称为地北极、地南极，简称南极、北极。地球上某点的真子午线就是该点与南北两极相连而成的经度线，称地理子午线。地面上各点的真子午线方向都指向地球的南北两极。真子午线的北方向便是真北方向。真北方向可采用天文测量的方法测定，如观测太阳、北极星等，也可采用陀螺经纬仪测定（纬度在南、北纬 75°范围内）。

2. 磁北方向

地球内部就像有一个大磁铁，它引导地面上所有的指北针均指向磁北极方向（见图 5-10）。通过地面某点 P 及地磁南、北极的平面与地球表面的交线，称磁子午线，它用磁罗盘来测定。当磁针静止时所指的方向即为磁子午线方向。磁子午线的北方向即为磁北方向。由于地磁南北极偏离地球自转轴的南北极，所以，一点的磁子午线方向与真子午线的方向并不一致，而是偏离一个角度，称为磁偏角 δ，如图 5-11 所示。凡是磁子午线北方向偏在真子午线北方向以东者称为东偏图，如 5-11（a）所示，其角值为正；偏在真子午线北方向以西者称西偏图，如 5-11（b）所示，其角值为负。

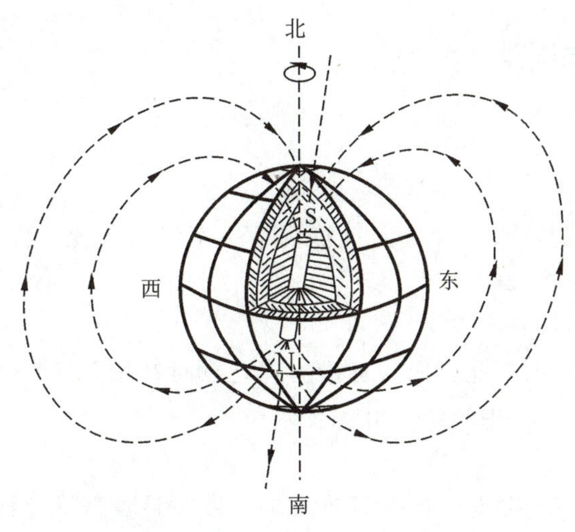

图 5-10 地球磁场示意图

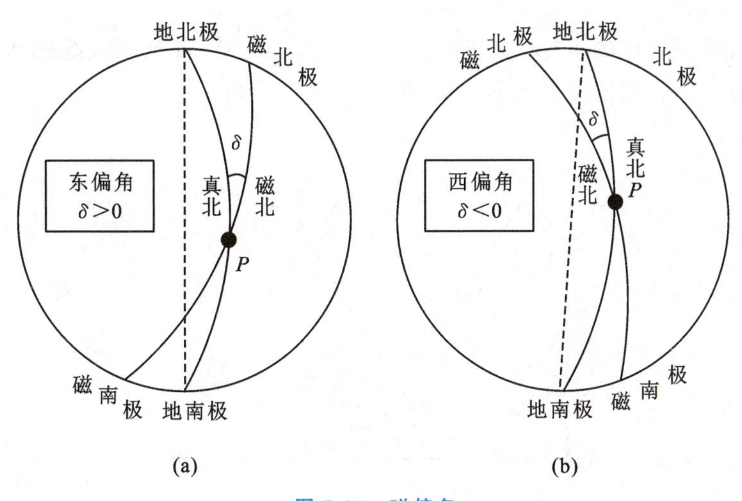

图 5-11 磁偏角

3. 坐标北方向

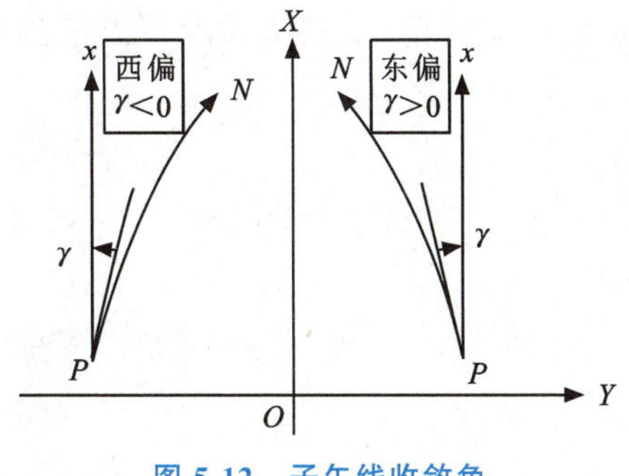

图 5-12 子午线收敛角

高斯投影平面中以中央子午线的投影为坐标纵轴，该坐标纵轴所指北方向就定义为坐标北方向。各点的真子午线北方向与坐标纵轴北方向之间的夹角称为子午线收敛角，用 γ 表示。其值亦有正有负。在高斯投影带轴子午线以东地区，各点的坐标纵轴北方向偏在真子午线东边（东偏），γ 为正值；在轴子午线以西地区，各点的坐标纵轴北方向偏在真子午线西边（西偏），则 γ 为负值，如图 5-12 所示。

5.3.2 方位角与象限角

1. 方位角

坐标方位角与象限角（微课）

坐标方位角与象限角（课件）

从标准方向北端起，顺时针方向计算到某一直线的角度，称为该直线的方位角。方位角的取值范围为 0°～360 °。

1）真方位角

以通过直线一端点的真北方向为标准方向，顺时针量至该直线的水平角称为该直线的真方位角，如图 5-13 中的 $A_{真}$ 角。

2）磁方位角

以通过直线一端点的磁北方向为标准方向，顺时针量至该直线的水平角称为该直线的磁方位角，如图 5-13 中的 $A_{磁}$ 角。

3）坐标方位角

以通过直线一端点的坐标北方向为标准方向，顺时针量至该直线的水平角称为该直线的坐标方位角，用符号 α 表示，如图 5-13 中的 α 角。

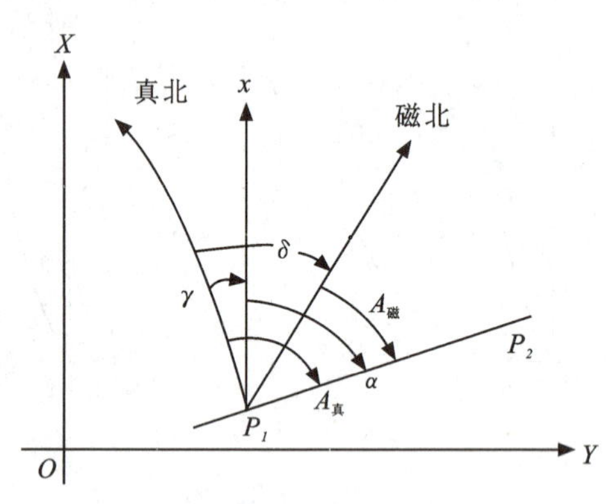

图 5-13 三个方位角相互关系示意图

2. 方位角之间的相互转换

如图 5-13 所示，直线 P_1P_2 的真方位角 $A_{真}$、坐标方位角 α、磁方位角 $A_{磁}$ 三者之间的关系为

$$A_{真}=A_{磁}+\delta \tag{5-1}$$

$$A_{真}=\alpha+\gamma \tag{5-2}$$

$$A_{磁}=\alpha+\gamma-\delta \tag{5-3}$$

式中，γ 为子午线收敛角，δ 为磁偏角。

3. 象限角

测量上有时用象限角来表示直线的方向（如飞机、轮船的航行方向）。所谓象限角，就是直线与标准方向线所夹的锐角。它是由标准方向线北端或南端顺时针方向或逆时针方向量至直线的水平锐角。象限角的取值范围为 0°～90°，用符号 R 表示。如图 5-14 所示，NS 为过 O 点的标准方向线，直线 OA、OB、OC 及 OD 的象限角值分别为 R_1、R_2、R_3 和 R_4。

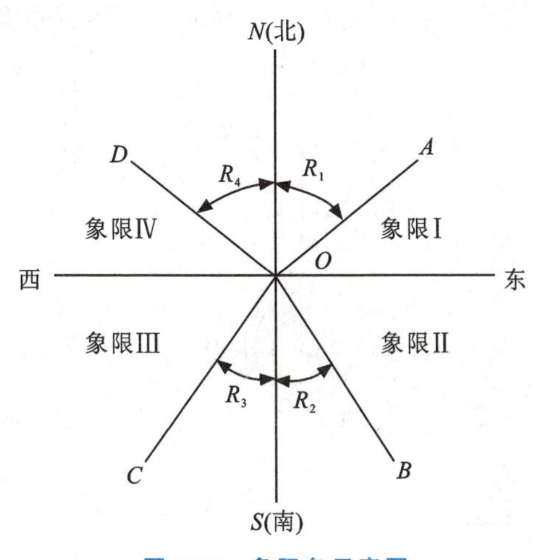

图 5-14　象限角示意图

因为同样角值的象限角，在四个象限角中都能找到，所以用象限角定向时，除了角值大小之外，还需要知道直线所在象限的名称。如图 5-14 中 OA、OB、OC 和 OD 的象限角，分别用北东 R_1、南东 R_2、南西 R_3 和北西 R_4 表示。

4. 正反坐标方位角

一条直线的坐标方位角，由于起始点的不同而存在着两个值。如图 5-15 所示，A、B 为直线 AB 的两端点，α_{AB} 表示 AB 方向的坐标方位角；α_{BA} 表示 BA 方向的坐标方位角。α_{AB} 与 α_{BA} 互为正、反坐标方位角。若以 α_{AB} 为该直线的正方位角，则称 α_{BA} 为该直线的反方位角。由图 5-15 不难看出：同一条直线的正、反坐标方位角相差 180°。即

$$\alpha_{AB}=\alpha_{BA}\pm 180° \tag{5-4}$$

因坐标方位角的取值范围为 0°～360°，则当 $\alpha_{BA}<180°$时取正号，即加上 180°；当 $\alpha_{BA}>180°$时，取负号，即减去 180°。

同样，象限角也有正反。直线的正、反坐标象限角的关系是角值相等、象限跳跃，即将正象限角中的南、北互换，东、西互换就成为反方向的象限角，如图 5-16 所示，AB 的象限角为北东 R，其反方向 BA 的象限角则为南西 R。

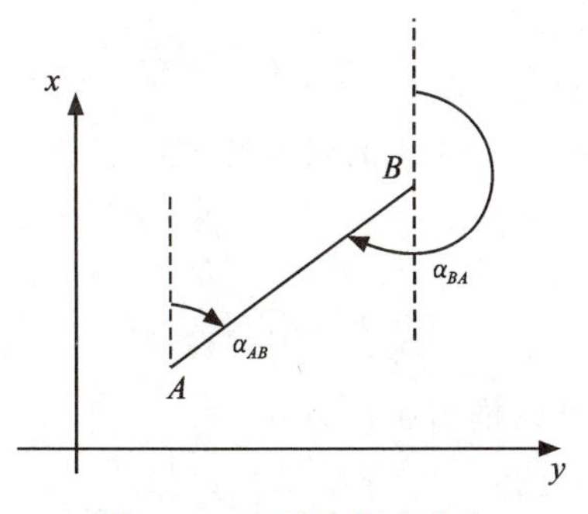

图 5-15　正反坐标方位角

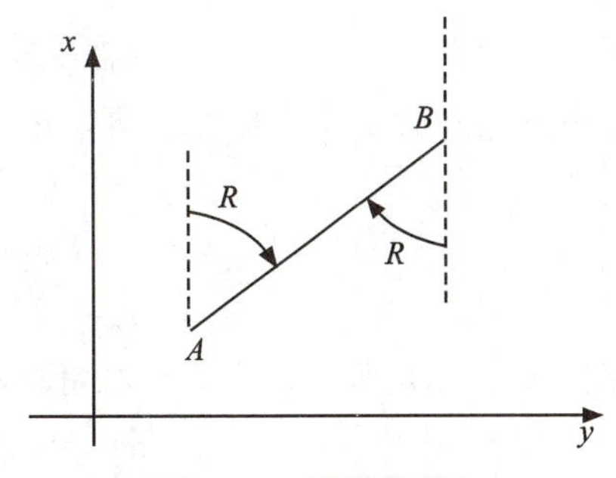

图 5-16　正反象限角

直线的正、反真方位角与直线两端点的子午线收敛角有关，而直线的正、反磁方位角还与两端点的磁偏角有关。由于一条任意直线两端点的真子午线互不平行，所以这条直线的正、反真方位角就不是相差 180°，还相差这条直线的两端点所在的两个子

午线收敛角的差值。

可见，一条直线的正反磁方位角相差得更加复杂，除 180 °之外，不仅相差两端点的子午线收敛角之差，还相差两端点的磁偏角之差。

而点位的子午线收敛角、磁偏角又随直线上点位置的不同而不断在发生变化，故直线的正、反真方位角（或磁方位角）之间的关系也就不确定。显然，这对于方位角的计算是很不方便也很不切合实际的。

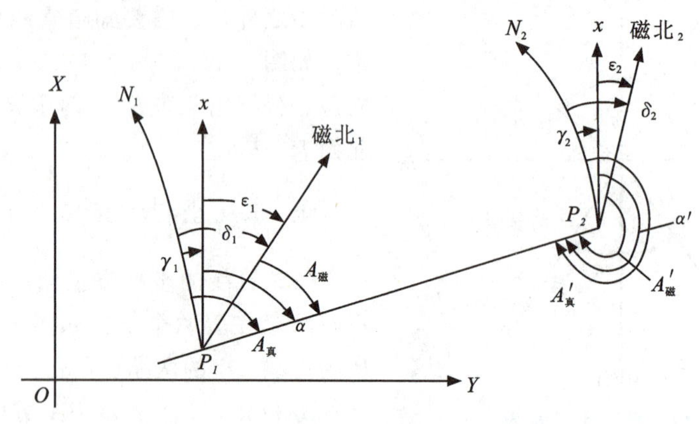

图 5-17　直线正、反方位角的关系

一条直线的真方位角或磁方位角不仅与这条直线的方向有关，还与这条直线的方位角起算点位有关，起算点位置不同，则角度大小不同。也可以这样说，一条直线上能找出无数个真方位角或磁方位角，如图 5-17 所示，这与坐标方位角具有完全不同的情况。因此，在一般测量中，通常都采用坐标方位角来表示直线的方向。为方便起见，本书在以后的叙述中，通常将坐标方位角及坐标象限角统称为方位角及象限角。

5. 坐标方位角的推算

如图 5-18 (a) 所示，已知直线 AB 的坐标方位角为 α_{AB}，B 点处的转折角 β 为左角，由图可得：

$$\alpha_{BC}+360°=\alpha_{BA}+\beta_{左}$$

α_{AB} 和 α_{BA} 互为正反坐标方位角，它们相差 180°，因此上式可变为：

$$\alpha_{BC}+360°=\alpha_{AB}\pm 180°+\beta_{左}$$

即

$$\alpha_{BC}=\alpha_{AB}+\beta_{左}\pm 180° \tag{5-5}$$

如图 5-18 (b) 所示，当 β 为右角时，同理可以推出 α_{BC} 为

$$\alpha_{BC}=\alpha_{AB}-\beta_{右}\pm 180° \tag{5-6}$$

由式 (5-5)、式 (5-6) 可得出推算坐标方位角的一般公式为：

$$\alpha_{前}=\alpha_{后}\begin{matrix}+\beta_{左}\\-\beta_{右}\end{matrix}\pm 180° \tag{5-7}$$

式中：若 $\alpha_{后}+\beta_{左}$（或 $\alpha_{后}-\beta_{右}$）小于 180°，则加 180°；若大于 180°，则减去 180°。

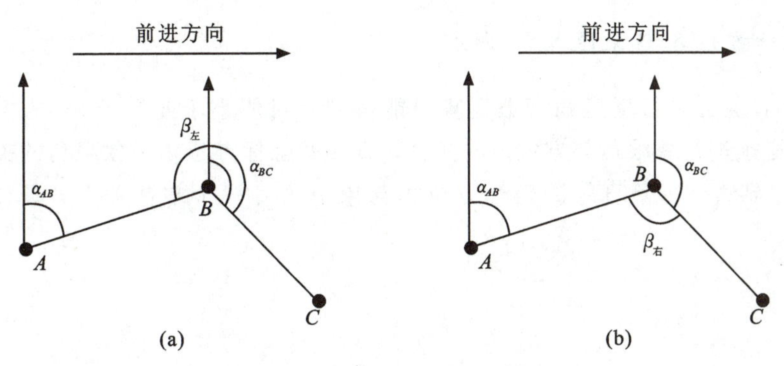

图 5-18 坐标方位角的推算

【例 5-1】 如图 5-19 所示，$\alpha_{AB}=143°26'38''$，$\alpha_{NM}=34°16'33''$，各观测角值如图所示，试推算各未知边的坐标方位角。

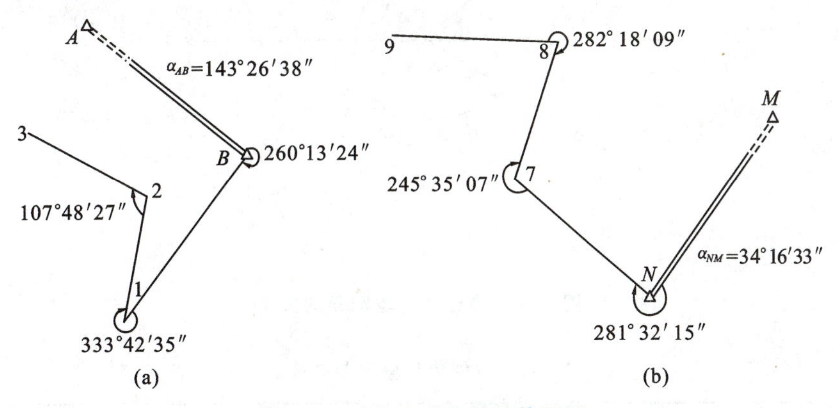

图 5-19 坐标方位角的计算示例

【解】 图 5-19（a）为沿前进方向进行左角观测（用加法），计算过程如下：

$\alpha_{B1}=\alpha_{AB}+260°13'24''-180°=223°40'02''$（前两项之和大于 180°，所以取−180°）

$\alpha_{12}=\alpha_{B1}+333°42'35''-180°=377°22'37''-360°=17°22'37''$（前两项之和大于 180°，所以取−180°，计算结果大于 360°，须再减 360°）

$\alpha_{23}=\alpha_{12}+107°48'27''+180°=305°11'04''$（前两项之和小于 180°，所以取+180°）

图 5-19（b）中，在 N 点和 7 号点为左角观测（用加法），8 号点为右角观测（用减法）：

$\alpha_{MN}=\alpha_{NM}+180°=214°16'33''$（正反坐标方位角，$\alpha_{NM}$ 小于 180°，所以取+180°）

$\alpha_{N7}=\alpha_{MN}+281°32'15''-180°=315°48'48''$（前两项之和大于 180°，所以取−180°）

$\alpha_{78}=\alpha_{N7}+245°35'07''-180°=381°23'55''-360°=21°23'55''$（前两项之和大于 180°，所以取−180°，计算结果大于 360°，须再减 360°）

$\alpha_{89}=\alpha_{78}-282°18'09''+180°=-80°54'14''+360°=279°05'46''$（前两项之和小于 180°，所以取+180°，计算结果小于 0°，须再加 360°）

6. 坐标方位角与象限角的关系

由于用计算器进行反三角函数运算只能得到绝对值小于或等于 90°的象限角（锐角），因此必须进行象限角与方位角的换算。直线的坐标方位角和象限角的关系，如图 5-20 所示。显然，每条直线的坐标方位角与象限角有一个常数关系，具体如表 5-2 所示。

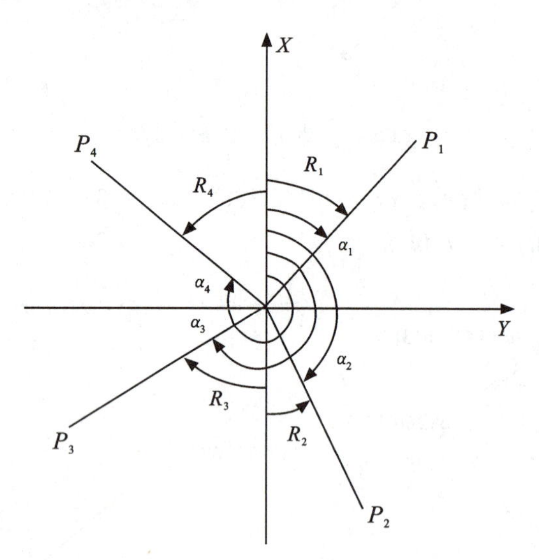

图 5-20 方位角与象限角的关系

表 5-2 方位角与象限角的换算

象限		方位角值范围	由象限角求方位角	坐标增量符号	
编号	名称			ΔX	ΔY
Ⅰ	北东（NE）	0°～90°	$\alpha=R$	+	+
Ⅱ	南东（SE）	90°～180°	$\alpha=180°-R$	−	+
Ⅲ	南西（SW）	180°～270°	$\alpha=180°+R$	−	−
Ⅳ	北西（NW）	270°～360°	$\alpha=360°-R$	+	−

5.3.3 坐标增量的计算

1. 根据已知坐标计算坐标增量

地面上两点的直角坐标值之差称为坐标增量。如图 5-21 所示，假定直线两端点 1 和 2 的坐标已经知道，分别为 X_1、Y_1 和 X_2、Y_2。直线 1 至 2 的纵、横坐标增量分别表示为：

$$\Delta X_{12}=X_2-X_1$$
$$\Delta Y_{12}=Y_2-Y_1$$

如果以 2 点为始点，1 点为终点，则 2 至 1 直线的纵、横坐标增量应为

$$\Delta X_{21}=X_1-X_2$$
$$\Delta Y_{21}=Y_1-Y_2$$

用通式表示为

$$\Delta X_{始终}=X_{终}-X_{始}$$
$$\Delta Y_{始终}=Y_{终}-Y_{始} \tag{5-8}$$

从上可以看出，坐标增量有方向性和正负意义。从 1 至 2 的坐标增量与从 2 至 1 的坐标增量的绝对值相等，而符号相反。

从图 5-21 还可以看出：

$$\Delta X_{12}=X_2-X_1>0，\Delta Y_{12}=Y_2-Y_1>0$$
$$\Delta X_{21}=X_1-X_2<0，\Delta Y_{21}=Y_1-Y_2<0$$

可见，一条直线之坐标增量的符号取决于直线的方向，即取决于直线方向所指的象限。坐标增量值的正、负号与直线方向的关系如图 5-22 所示，四种情况的直线方向分别指向第Ⅰ、第Ⅱ、第Ⅲ、第Ⅳ象限。

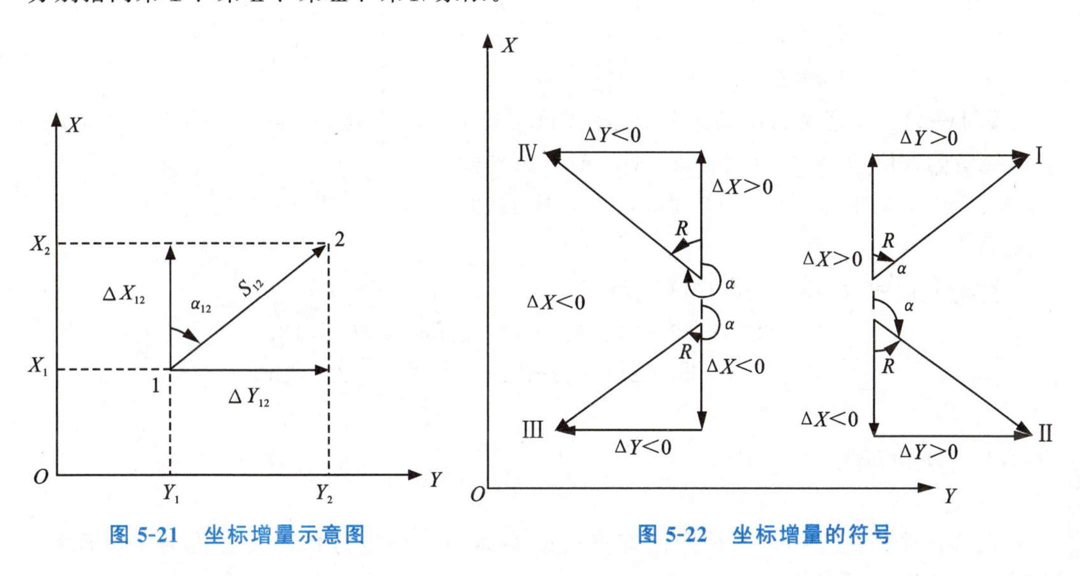

图 5-21　坐标增量示意图

图 5-22　坐标增量的符号

2. 根据已知边长和方位角计算坐标增量

如图 5-21 所示，如果已知直线 1、2 的长度 S_{12} 和该直线的坐标方位角 α_{12}，那么，根据直角三角形的三角函数公式，1、2 两点间的坐标增量也可以由下式求得：

$$\Delta X_{12}=S_{12}\cos\alpha_{12}$$
$$\Delta Y_{12}=S_{12}\sin\alpha_{12}$$

写成通式便为：

$$\Delta X_{始终}=S\cos\alpha_{始终}$$

$$\Delta Y_{始终}=S\sin\alpha_{始终} \tag{5-9}$$

其中 S 未加下标，是因为直线的长度是没有方向性的。

而坐标增量的方向（符号）仍维持与图 5-22 情况相同。同时，图 5-22 中还列出了直线指向四个方向时的方位角三角函数值的符号。

5.3.4 坐标正算

坐标正反算（微课）

坐标正反算（课件）

已知一个点的坐标及该点至未知点的距离和坐标方位角，计算未知点坐标的方法称为坐标正算。如图 5-23 所示，已知 A 点坐标（X_A，Y_A）、D_{AB} 和 α_{AB}，求 B 点坐标（X_B，Y_B）。

当已知直线的起始点坐标，测量出直线的长度、方位角，需求算直线终点的坐标时，可采用如下步骤进行计算：

首先，由式（5-9）求得坐标增量值：

$$\Delta X_{AB}=D_{AB}\times\cos\alpha_{AB}$$
$$\Delta Y_{AB}=D_{AB}\times\sin\alpha_{AB}$$

其次，由式（5-8）有：

$$X_B=\Delta X_{AB}+X_A$$
$$Y_B=\Delta Y_{AB}+Y_A$$

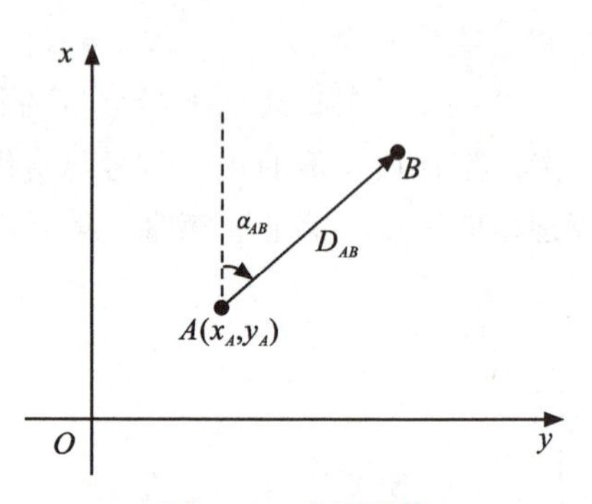

图 5-23　坐标正算

【例 5-2】 设直线 AB 的边长 $S_{AB}=211.65$m，AB 的坐标方位角为 $\alpha_{AB}=149°22'48''$，A 点的坐标为 $X_A=2835.32$m、$Y_A=7914.35$m，求 B 的坐标。

【解】 由式（5-8）、式（5-9）得

$$X_B=2835.32+211.65\cos149°22'48''=2653.18\text{m}$$
$$Y_B=7914.35+211.65\sin149°22'48''=8022.15\text{m}$$

5.3.5 坐标反算

坐标正反算（微课）

已知两个点的坐标，求该两已知点间的距离和坐标方位角的方法称为坐标反算。如图 5-24 所示，已知 A（x_A，y_A）、B（x_B，y_B）点坐标，求 D_{AB} 和 α_{AB}。

坐标正反算（课件）

1. 反算坐标方位角

由公式（5-8）可知：

$$\Delta X_{AB}=X_B-X_A$$
$$\Delta Y_{AB}=Y_B-Y_A$$

由直角三角形的正切公式可知：

$$\tan R=\left|\frac{\Delta Y_{AB}}{\Delta X_{AB}}\right|$$

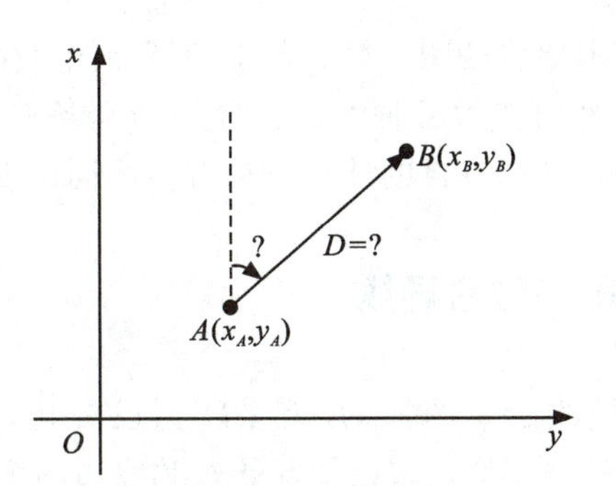

图 5-24　坐标反算

$$R=\arctan\left|\frac{\Delta Y_{AB}}{\Delta X_{AB}}\right| \tag{5-10}$$

R 为直线 AB 的象限角。然后根据 ΔX、ΔY 的正负，参考表 5-2，判断该直线的方向在第几象限，根据象限角 R 与坐标方位角的关系，求出该直线的坐标方位角。

$$\begin{cases}\alpha_{AB}=R\ (\text{第Ⅰ象限})\\ \alpha_{AB}=180°-R\ (\text{第Ⅱ象限})\\ \alpha_{AB}=180°+R\ (\text{第Ⅲ象限})\\ \alpha_{AB}=360°-R\ (\text{第Ⅳ象限})\end{cases} \tag{5-11}$$

2. 反算距离

反算两已知点间的距离，可利用两点之间的距离公式进行计算。

$$D=\sqrt{(X_B-X_A)^2+(Y_B-Y_A)^2} \tag{5-12}$$

【例 5-3】 已知 A、B 两点的坐标分别为 $X_A=104342.99$m，$Y_A=573814.29$m；$X_B=102404.50$m，$Y_B=570525.72$m。请计算 AB 的边长及坐标方位角。

【解】 先计算坐标增量

$$\Delta X_{AB}=X_B-X_A=102404.50-104342.99=-1938.49\text{m}$$
$$\Delta Y_{AB}=Y_B-Y_A=570525.72-573814.29=-3288.57\text{m}$$

根据式（5-12），$D=\sqrt{(-1938.49)^2+(-3288.57)^2}=3817.39$m

根据式（5-10），$R=\arctan|(-3288.57)/(-1938.49)|$

$=\arctan 1.696459615$

$=59°28'56''$

根据坐标增量的方向（$\Delta X<0$、$\Delta Y<0$，均为负），可按表 5-2 判断直线的方向指向第Ⅲ象限，按表 5-2 确定公式：

$$\alpha=180°+R=180°+59°28'56''=239°28'56''$$

任务 5.4　附合导线的内业计算

在导线内业计算之前应对外业资料做一次全面的检查和整理，查看有无遗漏、记错或算错的地方；各项限差是否在允许范围之内，如有不符合要求的情况，应立即进行重测。在此基础上，绘出导线略图，然后着手计算导线点坐标。

附合导线的形式大致可归纳为三种情况：导线两端各有一个连接角，导线只有一个连接角，导线无连接角。它们各自的计算方法有所不同，以下分别述之。

5.4.1 具有两个连接角的附合导线

附合导线内业计算案例（微课）

附合导线内业计算案例（课件）

图 5-25 为一条附合导线示意图，AB 和 CD 为已知边，1，2，3，…，n 为待定点，转折角 β_i 和边长 D_i 是观测值。若已知起始边和终边的坐标方位角，就可以根据各转折角推导出其他导线边的坐标方位角，然后根据各边的坐标方位角和观测的边长，按坐标正算的方法求得相邻两点的坐标增量，并根据已知点的坐标，求得各未知点的坐标。在实际计算中，AB 和 CD 的坐标方位角及 B、C 点的坐标是已知的，由于观测各转折角和量测各导线边有误差，则由 α_{AB} 推求的 α'_{CD} 与已知的 α_{CD} 可能不等，由 B 点坐标推求的 C' 点坐标与已知的 C 点坐标也不一样，这种几何矛盾是不允许的。因此，在导线计算过程中，还必须消除这些几何矛盾，测量上称为平差。下面介绍附合导线近似平差计算的方法和步骤。

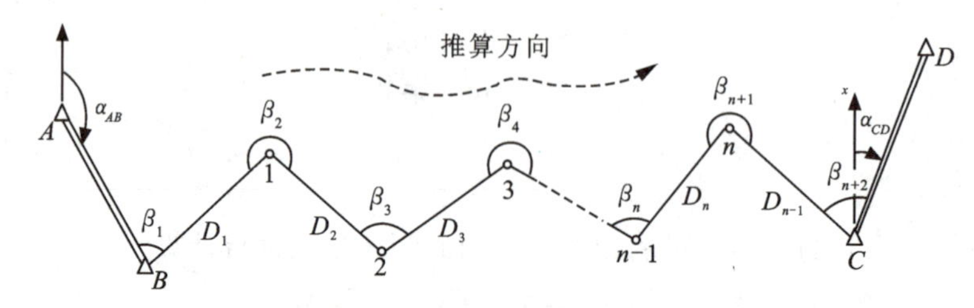

图 5-25 附合导线计算示意图

方位角闭合差的计算（微课）

方位角闭合差的计算（课件）

1. 角度闭合差的计算与分配

1）计算方位角闭合差

在图 5-25 中各观测角值均为左角，运用式（5-7），推算各导线边的坐标方位角如下：

$$\begin{cases} \alpha'_{B1}=\alpha_{AB}+\beta_1\pm180^\circ \\ \alpha'_{12}=\alpha'_{B1}+\beta_2\pm180^\circ \\ \alpha'_{23}=\alpha'_{12}+\beta_3\pm180^\circ \\ \quad\vdots \\ \alpha'_{CD}=\alpha'_{nC}+\beta_{n+2}\pm180^\circ \end{cases}$$

如果将等式两端分别相加，经整理得：

$$\alpha'_{CD}=\alpha_{AB}+\sum_{1}^{n+2}\beta_i\pm n\times180^\circ \tag{5-13}$$

式中：n 为待定点数，测站数或转折角数为 $n+2$。

式（5-13）中的 α'_{CD} 是用导线的所有观测水平角推算出来的，由于测角存在误差，它与用 C、D 两点坐标反算出来的已知方位角 α_{CD} 存在差异：

$$f_{\beta} = \alpha'_{CD} - \alpha_{CD} = \alpha_{AB} + \sum_{1}^{n+2}\beta_i \pm n \times 180° - \alpha_{CD} \tag{5-14}$$

f_{β} 就是导线测量的方位角闭合差，也俗称角度闭合差。

在表5-3中列出了角度闭合差的限差要求，由式（5-14）计算出的角度闭合差应小于对应等级的限差，方可继续进行下面的工作。

表5-3 导线测量技术要求

等级	导线长度/m	平均边长/m	测角中误差/（″）	测距中误差/mm	测距相对中误差	测回数		方位角闭合差/（″）	导线全长相对闭合差
						2″级仪器	6″级仪器		
一级	4000	500	5	15	1/30000	2	4	$10\sqrt{n}$	≤1/15000
二级	2400	250	8	15	1/14000	1	3	$16\sqrt{n}$	≤1/10000
三级	1200	100	12	15	1/7000	1	2	$24\sqrt{n}$	≤1/5000
图根	$a \times M$	—	20	—	—	1	1	$40\sqrt{n}$	≤1/2000

注：n 为测站数，a 为比例系数，取值宜为1，当采用1∶500、1∶1000比例尺测图时，a 值可在1～2之间选用；M 为测图比例尺分母。摘自《工程测量标准》（GB 50026—2020）

2）分配方位角闭合差

上述闭合差的产生是因为角度观测值有误差，由于导线各转折角是用相同的仪器和方法在相同的条件下观测的，所以每一个角度观测值的误差可以认为是相同的。因此，可将角度闭合差按相反符号平均分配到各观测角中。设以 v_i 表示各观测角 β_i 的角度改正数，则有：

$$v_i = -\frac{f_{\beta}}{n} \tag{5-15}$$

式中：n 为测角数，f_{β} 为角度闭合差。

注意：如果上面公式不能整除，则将余数角度分配给短边所夹角的改正数之中。分配时还应注意一个常识问题：分配的任何角度改正数都不能超过表5-3中的测角中误差规定值。角度改正数之和应满足下式，用来检验改正数是否正确。

$$\sum_{1}^{n} v_i = -f_{\beta} \tag{5-16}$$

2. 导线边方位角的推算

用改正后的导线转折角和起始方位角依次推求各导线边的坐标方位角。当推算至终边 CD 时，计算值应与已知值 α_{CD} 相同，以作检核，即

$$\begin{cases} \alpha_{B1} = \alpha_{AB} + \beta_1 + v_1 \pm 180° \\ \alpha_{12} = \alpha_{B1} + \beta_2 + v_2 \pm 180° \\ \alpha_{23} = \alpha_{12} + \beta_3 + v_3 \pm 180° \\ \quad\vdots \\ \alpha_{CD} = \alpha_{nC} + \beta_{n+2} + v_n \pm 180° \end{cases} \tag{5-17}$$

3. 坐标增量及闭合差的计算

1）计算坐标增量

在图5-25中，根据推算出的每条导线边的方位角以及观测的边长，再参照式（5-9）计算出各条导线边的坐标增量：

$$\begin{cases}\Delta X'_{B1}=D_{B1}\times\cos\alpha_{B1}，\ \Delta Y'_{B1}=D_{B1}\times\sin\alpha_{B1}\\ \Delta X'_{12}=D_{12}\times\cos\alpha_{12}，\ \Delta Y'_{12}=D_{12}\times\sin\alpha_{12}\\ \Delta X'_{23}=D_{23}\times\cos\alpha_{23}，\ \Delta Y'_{23}=D_{23}\times\sin\alpha_{23}\\ \vdots\\ \Delta X'_{nC}=D_{nC}\times\cos\alpha_{nC}，\ \Delta Y'_{nC}=D_{nC}\times\sin\alpha_{nC}\end{cases}\tag{5-18}$$

式中：D_i 为观测各条边的水平距离；α_i 为用改正后的角度值计算出的各边方位角。

2）计算坐标增量闭合差

将图5-25中的各条边（共 $n+1$ 条边）的坐标增量累加，理论上应满足如下条件要求：

$$X_B+\sum_1^{n+1}\Delta X'_i=X_C$$

$$Y_B+\sum_1^{n+1}\Delta X'_i=Y_C\tag{5-19}$$

但由于测量边长存在误差及方位角的残存误差，故式（5-19）并不严格成立，而是存在一定误差，误差大小为

$$f_x=X_B+\sum_1^{n+1}\Delta X'_i-X_C$$

$$f_y=Y_B+\sum_1^{n+1}\Delta X'_i-Y_C\tag{5-20}$$

式中：f_x 为 x 方向的坐标增量闭合差；f_y 为 y 方向的坐标增量闭合差。

3）计算导线全长闭合差与相对闭合差

因纵、横坐标增量闭合差的影响，计算出的 C' 点与已知的 C 点不重合，所产生的位移值称为导线全长闭合差，用 f_s 表示。导线全长闭合差计算公式为

$$f_s=\sqrt{f_x^2+f_y^2}\tag{5-21}$$

然后再计算 f_s 与导线全长的比值，并使分子为1，即

$$K=\frac{1}{\sum D/f_s}\tag{5-22}$$

K 称为导线全长相对闭合差，简称相对闭合差。相对闭合差应小于限差，如果计算的相对闭合差不超过表5-3中的规定限差，则可进行坐标增量闭合差的分配。

4）分配坐标增量闭合差

坐标增量闭合差可按边长成正比例反号配赋到各坐标增量中去，以 v_{xi}、v_{yi} 分别表示纵、横坐标增量的改正数，则有：

$$v_{xi}=-\frac{D_i}{\sum D}\times f_x,\quad v_{yi}=-\frac{D_i}{\sum D}\times f_y \tag{5-23}$$

坐标增量改正数之和应满足下式的要求：

$$\sum v_x=-f_x,\ \sum v_y=-f_y \tag{5-24}$$

4. 导线点坐标的计算

坐标增量分配完成之后，即可按下式进行各导线点的坐标计算，注意最后计算出的 C 点的坐标应与原已知坐标完全一致。相应的算例如下：

$$\begin{cases} X_1=X_B+\Delta X'_{B1}+v_{x1},\ Y_1=Y_B+\Delta Y'_{B1}+v_{y1} \\ X_2=X_1+\Delta X'_{12}+v_{x2},\ Y_2=Y_1+\Delta Y'_{12}+v_{y2} \\ X_3=X_2+\Delta X'_{23}+v_{x3},\ Y_3=Y_2+\Delta Y'_{23}+v_{y3} \\ \vdots \\ X_C=X_n+\Delta X'_{nC}+v_{xn},\ Y_C=Y_n+\Delta Y'_{nc}+v_{yn} \end{cases} \tag{5-25}$$

【例 5-4】 图 5-26 为某图根导线测量示意图。已知四个控制点的坐标如表 5-4 所示，观测出的 3 个角值和 2 条边长如表 5-4 所示，现要求按近似平差的方法进行导线计算，求出各导线点的坐标。

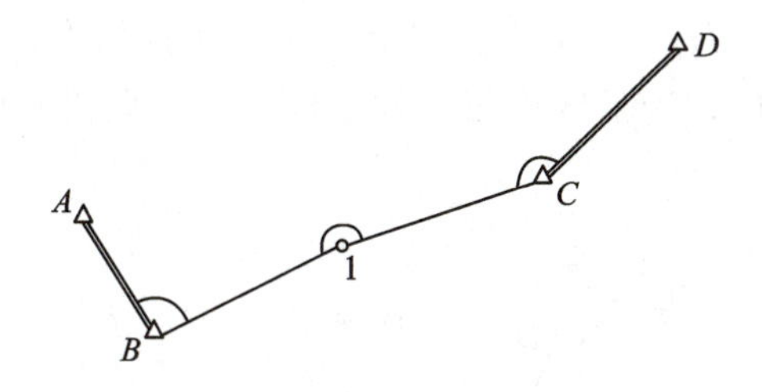

图 5-26　导线测量示意图

表 5-4　附合导线坐标计算表

点名	角度观测值 /(° ′ ″) 改正数 ν_i/(″)	方位角 /(° ′ ″)	边长 /m	坐标增量、改正数		坐标值	
				$\Delta x'$/m ν_{x_i}/m	$\Delta y'$/m ν_{y_i}/m	X/m	Y/m
A						509.58	675.89
		178°22′18″					
B	64°52′00″ +7″					469.09	677.04
		63°14′25″	79.04	35.59 +0.01	70.58 +0.02		
1	182°29′02″ +7″					504.69	747.64
		65°43′34″	59.12	24.30 +0.01	53.89 +0.01		
C	148°42′24″ +7″					529.00	801.54
		34°26′05″					
D						580.44	836.80

续表

<table>
<tr><td rowspan="2">点名</td><td rowspan="2">角度观测值
/ (° ′ ″)
改正数
ν_i/ (″)</td><td rowspan="2">方位角
/ (° ′ ″)</td><td rowspan="2">边 长
/m</td><td colspan="2">坐标增量、改正数</td><td colspan="2">坐标值</td></tr>
<tr><td>$\Delta x'$/m
ν_{x_i}/m</td><td>$\Delta y'$/m
ν_{y_i}/m</td><td>X/m</td><td>Y/m</td></tr>
<tr><td>$\sum$</td><td>396°03′26″</td><td></td><td>138.16</td><td>59.89
+0.02</td><td>124.47
+0.03</td><td></td><td></td></tr>
<tr><td>辅助计算</td><td colspan="7">$f_{\beta限}=\pm 40\sqrt{n}=\pm 69''$，$f_\beta=178°22'18''+396°03'26''-3\times 180°-34°26'05''=-21''$，
$f_\beta < f_{\beta限}$（合格）
$f_x=-0.02$，$f_y=-0.03$，$f_s=0.04$，$K=f_s/\sum S$
$=0.04/138.16\approx 1/3400 < K_{限}=1/2000$（合格）</td></tr>
</table>

5.4.2 具有一个连接角的附合导线

图 5-27 为具有一个连接角的附合导线示意图。A、B、C 为已知点，1、2、3、4 为待定点；β_i 为转折角，D_i 为边长。与具有两个连接角的附合导线相比，这里少了一个转折角和一个已知方向，于是方位角条件已经失去，但仍有两个多余观测使得坐标增量条件继续存在。

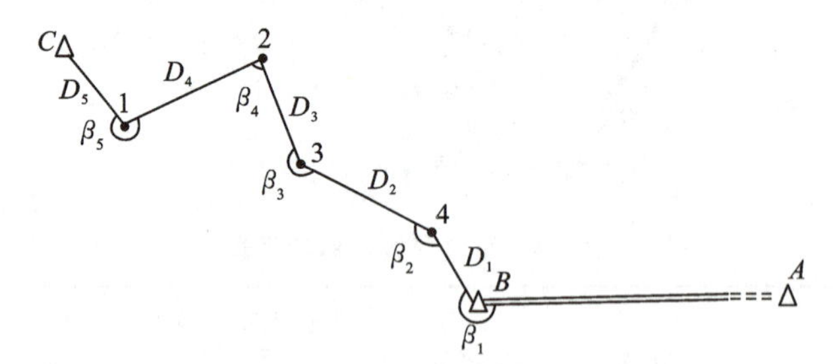

图 5-27 具有一个连接角的附合导线

具有一个连接角的附合导线的计算步骤如下。

（1）根据起始点 A、B 的坐标计算起始边 AB 的坐标方位角。

（2）根据观测的转折角 β_i 推算各边坐标方位角。

（3）根据各边的边长和方位角计算各边的坐标增量。

（4）计算坐标增量闭合差及导线全长相对闭合差。

（5）分配坐标增量闭合差。

（6）根据各边的坐标增量推算各点的坐标。

【例 5-5】 图 5-27 的已知数据见表 5-5，现要求按近似平差的方法进行导线计算，求出各导线点的坐标。

此导线为具有一个连接角的附合导线图形分布，4 个未知点，5 条观测边长，5 个观测角值。导线测量的全部计算过程列于表 5-5 之中。

表 5-5 具有一个连接角的附合导线坐标计算表

点名	角度观测值	方位角	边长/m	坐标值			
				$\Delta x'$/m ν_{x_i}/mm	$\Delta y'$/m ν_{y_i}/mm	x/m	y/m
A						87512.708	3056.079
		268°00′51″					
B	248°31′54″					87489.672	2391.705
		336°32′45″	247.290	226.859 +5	−98.425 −2		
4	150°58′28″					87716.536	2293.278
		307°31′13″	352.796	214.868 +7	−279.816 −4		
3	219°13′41″					87931.411	2013.458
		346°44′54″	351.704	342.339 +7	−80.621 −4		
2	66°06′56″					88273.757	1932.833
		232°51′50″	373.764	−225.645 +8	−297.966 −4		
1	281°06′47″					88048.120	1634.863
		333°58′37″	266.581	239.554 +5	−116.958 −2		
C	109°23′55″					88287.679	1517.903
$\sum$			1592.135	797.975 +32	−873.786 −16		
辅助计算	$f_x = 797.975 - (88287.679 - 87489.672) = -0.032$， $f_y = -873.786 - (1517.903 - 2391.705) = +0.016$， $f_s = 0.036$，$K = f_s/\sum S = 0.036/1592.135 = 1/44200 < K_{限} = 1/10000$（合格）						

5.4.3 无连接角的附合导线

无连接角的附合导线的两端各仅有一个已知点，缺少起始边和终边的坐标方位角。图 5-28 为某无连接角附合导线的示意图（例 5-5 的附合导线减去 1 个已知点），在已知点 B、C 之间布设点号为 1、2、3、4 的 4 个待定点，观测 5 条边长和 4 个转折角。已知点坐标、边长和角度观测值注于表 5-6 中。计算的方法和步骤如下。

1. 计算起始数据

根据 B、C 两点的已知坐标利用坐标反算公式计算出直线 BC 的方位角 α_{BC}、边长 S_{BC}。

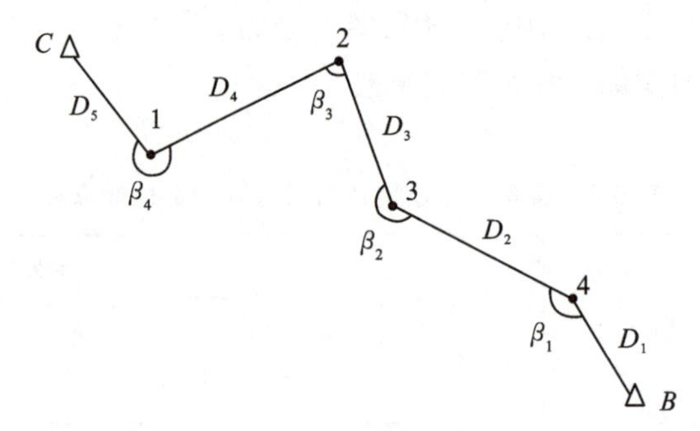

图 5-28 无连接角的附合导线

2. 假设坐标方位角

无连接角的附合导线由于缺少起始坐标方位角，不能直接推算导线各边的方位角。但是，导线受两端已知点的控制，可以间接求得起始方位角。其方法为：先假定一条边的方位角作为起始方位角，计算导线各边的假定坐标增量，再进行改正。

如图 5-28 所示，先假定 B_4 边的坐标方位角 $\alpha=30°00'00''$（也可以假定为 0°00′00"或其他任意角度），推算各边假定方位角 α'。

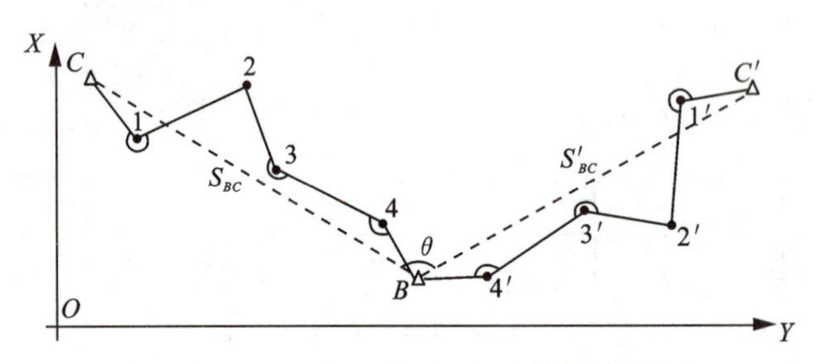

图 5-29 无连接角的附合导线的整体旋转

3. 计算假定坐标增量

利用推算的假定方位角和边长，利用式（5-9）计算各边的假定坐标增量 $\Delta x'$、$\Delta y'$，并取其总和 $\sum\Delta x'$、$\sum\Delta y'$，作为 B、C 两点间的假定坐标增量。

$$\Delta x'_{BC}=\sum\Delta x'$$

$$\Delta y'_{BC}=\sum\Delta y'$$

然后按坐标反算公式，计算 B、C 两点间的假定长度 S'_{BC} 和假定坐标方位角 α'_{BC}。假定坐标方位角相当于围绕 B 点把导线旋转了一个角度 θ，如图 5-29 所示。

$$\theta=\alpha'_{BC}-\alpha_{BC} \tag{5-26}$$

4. 计算真坐标方位角及改正后的边长

根据 θ 角，可以把导线各边的假定坐标方位角改正为真坐标方位角。

$$\alpha = \alpha' - \theta \tag{5-27}$$

由于导线测量中存在误差，所以由假定坐标增量算得 BC 边的假定长度 S'_{BC} 和根据 B、C 两点坐标反算的真实长度 S_{BC} 并不相等，他们之比称为边长改正系数 Q，它是一个接近于 1 的系数。

$$Q = S_{BC} / S'_{BC} \tag{5-28}$$

在本例中，$Q=1.000030$，用 Q 乘以导线各边长观测值，得到改正后的边长。边长改正系数 Q 是无连接角附合导线计算中唯一可以检验测量误差的值，Q 越接近于 1，则观测值的误差越小。

5. 坐标增量和坐标计算

用改正后的边长和改正后的坐标方位角计算各边坐标增量 Δx、Δy。由于已经过上述两项改正，导线各边、角的数值已符合两端已知点坐标所控制的数值，因此其坐标增量总和理论上应满足下式，作为计算的检核（由于计算取位原因，可能存在微小误差）。最后根据经过检核后的坐标增量，利用式（5-12）推算出各待定导线点的坐标。

$$\begin{cases} \sum \Delta x = X_C - X_B \\ \sum \Delta y = Y_C - Y_B \end{cases} \tag{5-29}$$

表 5-6　无连接角的附合导线坐标计算表

点名	转折角（左）	假定方位角	边长/m	假定坐标增量/m		改正后方位角	改正后边长	坐标增量/m		坐标/m	
				$\Delta x'$	$\Delta y'$			Δx	Δy	X	Y
1	2	3	4	5	6	7	8	9	10	11	12
B										7489.672	2391.705
		30°00′00″	247.290	214.159	123.645	336°32′47″	247.297	226.866	−98.426		
4	150°58′28″									7716.538	2293.279
		0°58′28″	352.796	352.745	6.000	307°31′15″	352.807	214.877	−279.822		
3	219°13′41″									7931.415	2013.457
		40°12′9″	351.704	268.620	227.022	346°44′56″	351.715	342.351	−80.620		
2	66°06′56″									8273.766	1932.837
		286°19′5″	373.764	105.016	−358.708	232°51′52″	373.775	−225.649	−297.977 +0.001		
1	281°06′47″									8048.117	1634.861
		27°25′52″	266.581	236.608	122.809	333°58′39″	266.589	239.563 −0.001	−116.959 +0.001		
C										8287.679	1517.903
$\sum$			1592.135	1177.148	120.768			798.008	−873.804		

续表

点名	转折角（左）	假定方位角	边长/m	假定坐标增量/m		改正后方位角	改正后边长	坐标增量/m		坐标/m	
				$\Delta x'$	$\Delta y'$			Δx	Δy	X	Y
辅助计算	$S_{BC}=1183.362$，$S'_{BC}=1183.327$，$Q=S_{BC}/S'_{BC}=1.000030$ $\alpha_{BC}=312°24'15''$，$\alpha'_{BC}=5°51'28''$，$\theta=-306°32'47''$										

任务 5.5　闭合导线的内业计算

闭合导线内业计算案例（微课）

闭合导线内业计算案例（课件）

闭合导线与具有两个连接角的附合导线近似平差过程类似，只在方位角闭合差和坐标增量闭合差的计算有所不同。下面结合具体算例介绍闭合导线的计算过程。

【例 5-6】 图 5-30 为某一级导线的野外测量示意图，已知点 A、B 点坐标，观测出的 4 个水平角和 3 条边长，试进行近似平差，计算出各导线点的坐标。

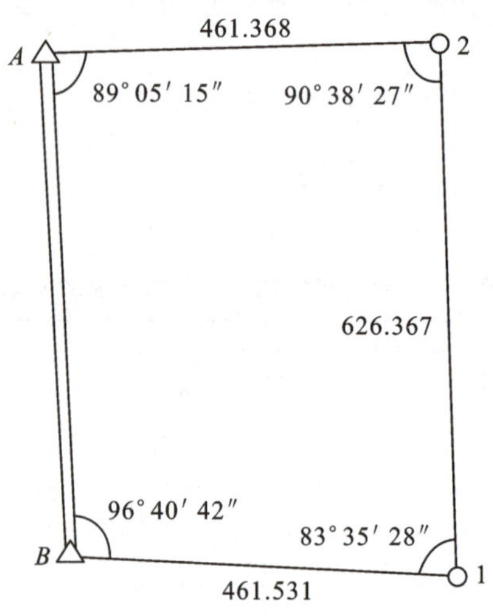

图 5-30　闭合导线示意图

5.5.1　角度闭合差的计算与分配

1）计算方位角闭合差

闭合导线角度闭合差的计算与已知控制点的方向无关，因此只需进行多边形内角闭合差的计算与分配。

由于角度观测值包含误差，使得多边形内角和的计算值不等于其理论值，而产生角度闭合差，即

$$f_\beta=\sum_{1}^{n}\beta-(n-2)\times 180° \tag{5-30}$$

式中：n 为多边形边数或转折角数。

本例中观测了四边形的四个内角，根据式（5-30），计算其角度闭合差为

$$f_\beta = \sum\beta - 360° = 359°59'52'' - 360° = -8''$$

根据表 5-6 可知：

$$f_{\beta限} = \pm 10\sqrt{n} = \pm 20''$$

$f_\beta < f_{\beta限}$，角度闭合差满足限差要求，可以分配角度闭合差。

2）分配角度闭合差

参照式（5-15），各观测角的改正数为 $v_i = -f_\beta / n = 8''/4 = +2''$，如表 5-7 所示。

5.5.2 导线边方位角的推算

（1）利用坐标反算公式，计算出 AB 边的坐标方位角。

计算坐标增量：

$$\Delta X_{AB} = X_B - X_A = -579.409,\quad \Delta Y_{AB} = Y_B - Y_A = 27.222$$

计算象限角：

$$R = \arctan\left|(27.222)/(-579.409)\right| = 2°41'24''$$

因 ΔX 为负，ΔY 为正，根据图 5-20 可知，AB 边的方向位于第Ⅱ象限。根据表 5-2 中象限角 R 与坐标方位角的关系，得到 AB 边的坐标方位角。

$$\alpha_{AB} = 180° - R = 177°18'36''$$

利用式（5-17），推算各导线边的坐标方位角：

$$\begin{cases} \alpha_{B1} = \alpha_{AB} + \beta_1 + v_1 - 180° = 93°59'20'' \\ \alpha_{12} = \alpha_{B1} + \beta_2 + v_2 - 180° = 357°34'50'' \\ \alpha_{2A} = \alpha_{12} + \beta_3 + v_3 - 180° = 268°13'19'' \\ \alpha_{AB} = \alpha_{2A} + \beta_4 + v_4 - 180° = 177°18'36'' \end{cases}$$

各导线边方位角的推算工作与附合导线的方位角推算完全相同。但需注意，为确保推算过程中角度计算的正确性，应推算出 AB 边的方位角来检核。

5.5.3 坐标增量及闭合差的计算

1）计算坐标增量

在图 5-30 中，根据推算出的每条导线边的方位角以及观测的边长，再参照式（5-18）计算出各条导线边的坐标增量：

$$\begin{cases} \Delta X'_{B1} = D_{B1} \times \cos\alpha_{B1} = +32.105,\quad \Delta Y'_{B1} = D_{B1} \times \sin\alpha_{B1} = 460.413 \\ \Delta X'_{12} = D_{12} \times \cos\alpha_{12} = +625.809,\quad \Delta Y'_{12} = D_{12} \times \sin\alpha_{12} = -26.442 \\ \Delta X'_{2A} = D_{2A} \times \cos\alpha_{2A} = -14.315,\quad \Delta Y'_{2A} = D_{2A} \times \sin\alpha_{2A} = -461.146 \end{cases}$$

2）计算坐标增量闭合差

如图 5-30 所示，对于起点、终点相重合的闭合导线，纵、横坐标增量代数和的理论值应为零，但由于导线边长的测量误差，使得实际计算所得的 $\sum \Delta X$、$\sum \Delta Y$ 不等于零，从而产生纵坐标增量闭合差 f_x 和横坐标增量闭合差 f_y。从 A 点出发，回到 A 点的纵、横坐标增量闭合差为

$$\begin{cases} f_x = \sum \Delta X = -0.020\text{m} \\ f_y = \sum \Delta Y = +0.047\text{m} \end{cases} \tag{5-31}$$

3）计算导线全长闭合差与相对闭合差

导线全长闭合差 f_s 和导线全长相对闭合差 K 的计算与前述各例均相一致：

$$f_s = \sqrt{f_x^2 + f_y^2} = 0.051\text{m}$$

$$K = \frac{1}{\sum D / f_s} \approx \frac{1}{30000}$$

对于相对闭合差的限差要求，亦按规范要求执行，例如《工程测量标准》规定一级导线的导线全长相对闭合差要求不超过 1/15000。

4）分配坐标增量闭合差

坐标增量的分配方法与附合导线也没有区别，同样按边长成正比反号进行分配，计算结果填入表 5-7。

$$\begin{cases} v_{x1} = -\dfrac{461.531}{1549.266} \times (-20) \approx +6, & v_{y1} = -\dfrac{461.531}{1549.266} \times (47) \approx -14 \\ v_{x2} = -\dfrac{626.367}{1549.266} \times (-20) \approx +8, & v_{y2} = -\dfrac{626.367}{1549.266} \times (47) \approx -19 \\ v_{x3} = -\dfrac{461.368}{1549.266} \times (-20) \approx +6, & v_{y3} = -\dfrac{461.368}{1549.266} \times (47) \approx -14 \end{cases}$$

计算正确性检核：坐标增量的改正数之和应与坐标增量闭合差大小相等，正负号相反。

5.5.4 各导线点坐标的计算

根据起始点 B 的已知坐标和改正后各导线边的坐标增量，依次推算出各导线点的坐标。最后推算至 A 点的坐标，应与已知值相等，以作为计算检核。

$$\begin{cases} X_1 = X_B + \Delta X'_{B1} + v_{x1} = 122.860, & Y_1 = Y_B + \Delta Y'_{B1} + v_{y1} = 924.886 \\ X_2 = X_1 + \Delta X'_{12} + v_{x2} = 748.677, & Y_2 = Y_1 + \Delta Y'_{12} + v_{y2} = 898.425 \\ X_A = X_2 + \Delta X'_{2A} + v_{x3} = 734.368, & Y_A = Y_2 + \Delta Y'_{2A} + v_{y3} = 437.265 \end{cases}$$

闭合导线与附合导线相比，无法检验出起始控制点数据。因此，实际工作中，能用附合导线时，应尽量避免使用闭合导线。

表 5-7　闭合导线计算表

点名	角度观测值 (° ′ ″)	改正数 ν_i (″)	方位角 (° ′ ″)	边长 /m	坐标增量、改正数 $\Delta x'$/m ν_{x_i}/mm	$\Delta y'$/m ν_{y_i}/mm	坐标值 x/m	y/m
A							734.368	437.265
			177°18′36″		−579.409	+27.222		
B	96°40′42″	+2″					154.959	464.487
			93°59′20″	461.531	−32.105 +6	+460.413 −14		
1	83°35′28″	+2″					122.860	924.886
			357°34′50″	626.367	625.809 +8	−26.442 −19		
2	90°38′27″	+2″					748.677	898.425
			268°13′19″	461.368	−14.315 +6	−461.146 −14		
A	89°05′15″	+2″					734.368	437.265
			177°18′36″					
B								
$\sum$	359°59′52″	8″		1549.266	−0.020 +20	+0.047 −47		
辅助计算	$f_{\beta限}=\pm10\sqrt{n}=\pm20''$，$f_\beta=359°59'52''-360°=-8''$，$f_\beta<f_{\beta限}$（合格） $f_x=-0.020$，$f_y=+0.047$，$f_s=0.051$，$K=f_s/\sum S=0.051/1549.266$ $\approx1/30000<K_{限}=1/15000$（合格）							

【例 5-7】 图 5-31 为某图根级别的闭合导线的野外测量示意图，已知点 A、B 点坐标，观测出的 6 个水平角和 5 条边长，试进行近似平差，计算出各导线点的坐标。

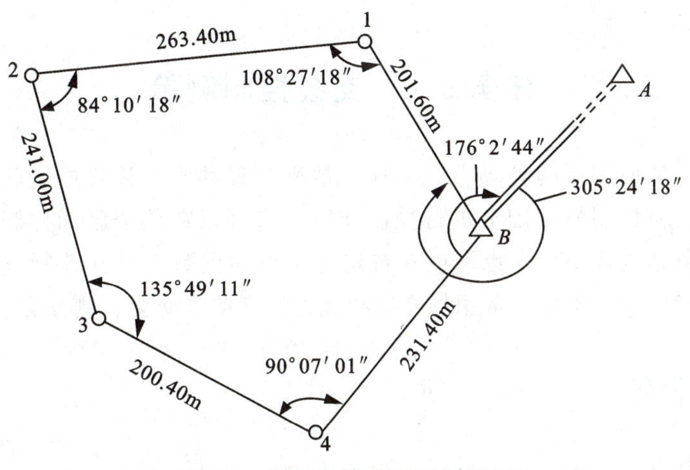

图 5-31　闭合导线野外观测示意图

参考例 5-6 的计算步骤，进行如下各项计算。最后计算结果见表 5-8。

表 5-8　闭合导线坐标计算表

点名	角度观测值 改正数 ν_i	方位角 (° ′ ″)	边长 /m	$\Delta x'$/m ν_{x_i}/m	$\Delta y'$/m ν_{y_i}/m	x/m	y/m
A						739.97	959.55
		209°59 42″					
B	305°24′18″ −8″					523.46	834.57
		335°23′52″	201.60	+183.30 +0.06	−83.93 +0.02		
1	108°27′18″ −8″					706.82	750.66
		263°51′02″	263.40	−28.22 +0.07	−261.88 +0.02		
2	84°10′18″ −8″					678.67	488.80
		168°01′12″	241.00	−235.75 +0.07	+50.02 +0.02		
3	135°49′11″ −9″					442.99	538.84
		123°50′14″	200.40	−111.59 +0.05	+166.46 +0.01		
4	90°07′01″ −9″					331.45	705.31
		33°57′06″	231.40	+191.95 +0.06	+129.24 +0.02		
B	176°2′44″ −8″					523.46	834.57
		29°59 42″					
A							
$\sum$	900°00′50″		1137.80	−0.31 +0.031	−0.09 +0.09		
辅助计算	$f_{\beta限} = \pm 40\sqrt{n} = \pm 97''$，$f_\beta = 900°00'50'' - 900° = 50''$，$f_\beta < f_{\beta限}$（合格） $f_x = -0.31$，$f_y = -0.09$，$f_s = 0.32$，$K = f_s / \sum D = 0.32/1137.80$ $= 1/3500 < K_{允} = 1/2000$（合格）						

任务 5.6　交会控制测量

交会控制测量（微课）

交会测量一般应用在两种场合，一种是精密工程的施工放样或现状位置测定，另一种是直接在已有控制的基础上进行控制加密。它可以在数个已知控制点上设站，分别向待定点观测角度或距离，也可以在待定点上设站向数个已知控制点观测角度或距离，而后计算待定点的坐标。常用的交会测量方法有前方交会、侧方交会和后方交会。

交会控制测量（课件）

5.6.1　前方交会

传统的经纬仪前方交会是在已知控制点上设站观测水平角，根据已知点坐标和观

测角值，计算未知点坐标的一种控制测量方法。

1. 计算公式推导

如图 5-32（a）所示，根据已知点 A、B 的坐标（X_A，Y_A）和（X_B，Y_B），反算可获得 AB 边的坐标方位角 α_{AB} 和边长 S_{AB}，由坐标方位角 α_{AB} 和观测角 α 可推算出坐标方位角 α_{AP}，由正弦定理可得 AP 的边长 S_{AP}，再根据坐标正算公式即可求得待定点 P 的坐标为：

$$\begin{cases} x_P = x_A + S_{AP} \cdot \cos\alpha_{AP} \\ y_P = y_A + S_{AP} \cdot \sin\alpha_{AP} \end{cases} \tag{5-32}$$

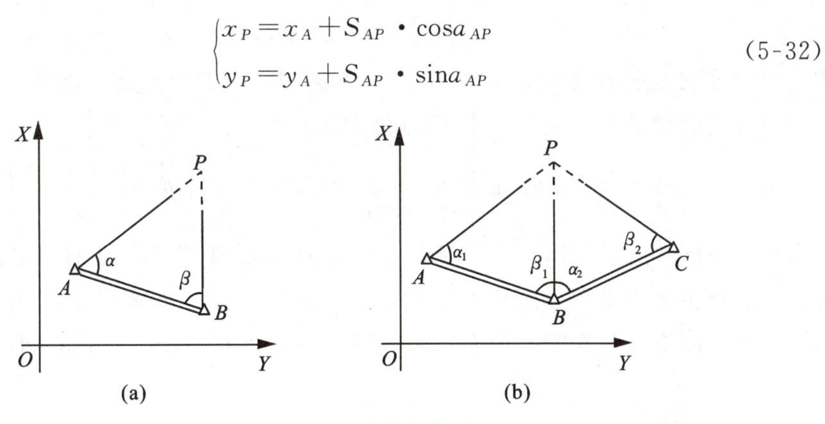

图 5-32　前方交会

根据式（5-32）和正弦定理可推导出如下公式：

$$\begin{aligned} x_P &= \frac{x_A \times \cot\beta + x_B \times \cot\alpha + y_B - y_A}{\cot\alpha + \cot\beta} \\ y_P &= \frac{y_A \times \cot\beta + y_B \times \cot\alpha + x_A - x_B}{\cot\alpha + \cot\beta} \end{aligned} \tag{5-33}$$

式（5-33）又称为余切公式。在应用公式时，已知点和待定点 ABP 必须按逆时针方向编号。A 点观测的水平角为 α，B 点观测的水平角为 β。

2. 质量精度保证

根据几何学知识，要确定一个三角形的形状与大小，必须有三个已知条件，而且三个已知条件中至少有一个是边长条件。图 5-32（a）正好属于这种情形，图中的两个已知控制点确定了一条已知边长，实地观测了两个角度，形成了两角一边的已知条件。也就是说，在已知两个控制点的前提下，要确定一个未知点的坐标需要两个观测值。这两个观测值可以是两个角度（如前方交会、侧方交会、后方交会）、两条边长（三边测量）、一个角度和一条边长（支导线测量）。

但是，如果刚好只有两个观测值没有一个多余观测，那就没有检核条件。而控制测量的基本精神就是要有多余观测，因此实际工作中至少要多找一个控制点去交会未知点，图 5-32（b）便有两个多余观测。此时，先按△ABP 由已知点 A、B 的坐标和

观测角 α_1、β_1 计算交会点 P 的坐标（x_P'，y_P'），再按△BCP 由已知点 B、C 的坐标和观测角 α_2、β_2 计算交会点 P 的坐标（X_P''，Y_P''），按下式计算两组坐标结果的点位误差 e：

$$e=\sqrt{(x_P'-x_P'')^2+(y_P'-y_P'')^2} \tag{5-34}$$

e 在允许限差之内，则取两组坐标的平均值作为 P 点的最后坐标。即

$$X_P=(X_P'+X_P'')/2,\ Y_P=(Y_P'+Y_P'')/2$$

对于图根控制测量，e 的限差为：

$$e_{限}=2\times 0.1M\ (\text{mm}) \tag{5-35}$$

式中：M 为测图比例尺分母，如对于 1∶500 测图的图根控制点，该限差为 100mm。

在前方交会测量中，交会点 P 的点位中误差按下式估算

$$M_P=\frac{m}{\rho}\cdot\frac{S_{AB}}{\sin^2\alpha}\cdot\sqrt{\sin^2\alpha+\sin^2\beta} \tag{5-36}$$

由式（5-36）可以看出：除了测角中误差 m 和已知边长 S_{AB} 对交会点误差产生影响外，交会点精度还受交会图形形状的影响。由未知点至两相邻已知点方向间的夹角称为交会角。测量规范规定，前方交会测量中的交会角一般应大于 30°小于 150°。

3. 优缺点分析

前方交会测量要求在两个以上的控制点摆设测站，野外工作量较大，其优点主要是不必在未知点摆设测站便可获得较高的精度，因此前方交会主要用于高精度的工程放样。图 5-33 是某桥梁工程中用前方交会方法测设大桥中线与河流中线交叉点坐标的示意图，图中为了精确测定该点坐标，利用河流两岸的 6 个高等级控制点进行前方交会，测量 8 个角度值（其中 6 个是多余观测）交会测量出该点坐标，并对结果进行检核最后取总平均值，以保证该点的点位精度达到设计要求。

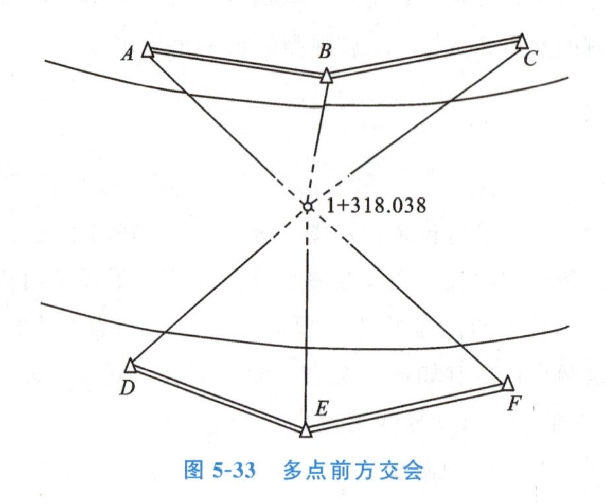

图 5-33　多点前方交会

【例 5-8】 如图 5-34 所示，已知前方交会控制点的坐标为 M（52845.150，

86244.679)，N（52874.898，85918.386)，在M、N两点的观测角分别为69°01′35″，72°06′18″，试求交会点P的坐标。

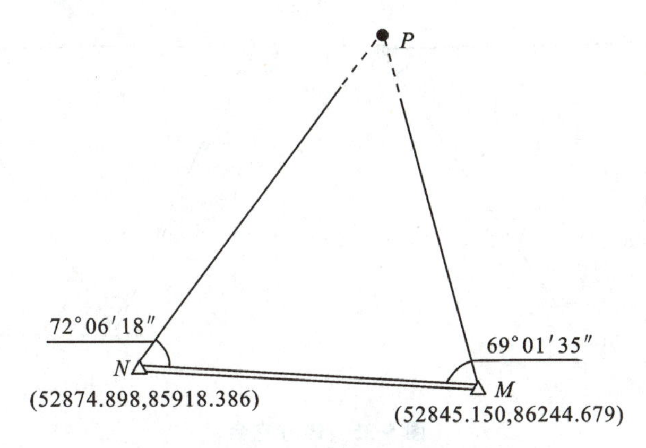

图5-34　计算示意图

【解】 根据余切公式（5-33）计算，结果为

$$x_P=\frac{x_N\times\cot\beta+x_M\times\cot\alpha+y_M-y_N}{\cot\alpha+\cot\beta}=53323.317$$

$$y_P=\frac{y_N\times\cot\beta+y_M\times\cot\alpha+x_N-x_M}{\cot\alpha+\cot\beta}=86109.692$$

5.6.2　侧方交会

传统侧方交会的工作示意图如图5-35所示，它是指在一个已知控制点和待测点摆站的交会方法。侧方交会的计算与前方交会基本相同，在图5-35（a）中，先根据三角形内角和公式求出另一个内角，剩下的计算则与前方交会完全相同。在图5-35（a）中也没有多余观测来进行检查，因此实际中可选择另一控制点C，瞄准测出角度β'来进行检查，如图5-35（b）所示。

检查的方法这里有两个，分别介绍如下。

（1）可借助已经测出的P点坐标与已知的C点坐标反算出距离S_{PC}，利用方位角α_{PA}与观测角β'计算出方位角α'_{PC}，算出C点的另一个坐标（X_C'，Y_C'），从而可计算出C点的点位差来与限差进行比较。点位误差的计算参见前方交会的式（5-34），限差要求与相应等级的控制要求相同。

（2）根据上述P点坐标与C点坐标反算出距离S_{PC}与方位角α_{PC}，以及上述方位角α'_{PC}，直接用公式计算测角误差产生的点位误差影响（准确地说是垂直于PC方向的横向误差影响）：

$$\Delta_P=\frac{\alpha'_{PC}-\alpha_{PC}}{\rho''}\times S_{PC}\tag{5-37}$$

式中$\rho''=206265''$。此公式用来将角度观测误差转化为地面横向误差，计算出的ΔP可以与相应等级的控制测量精度要求相比较，不要超出限差范围标准，以保障工程测量的要求。

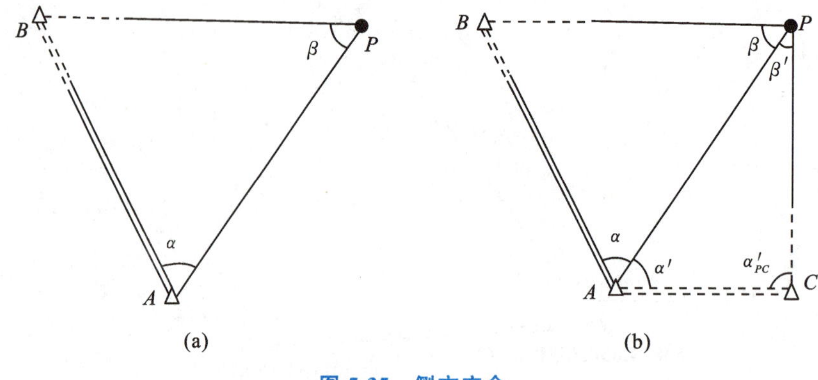

图 5-35　侧方交会

由于侧方交会的坐标计算公式与前方交会基本相同，故其点位误差的计算公式及影响要素亦相同，图形要求也相同。

侧方交会也需要在两个点上摆站，它适用于不怎么方便去另一个已知控制点摆站架设仪器的情形，例如控制点在交通不便的山顶、河流对岸等地，如图 5-36 所示。

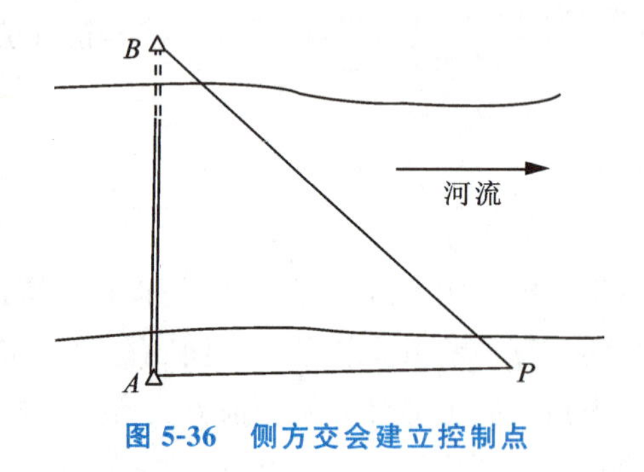

图 5-36　侧方交会建立控制点

5.6.3　后方交会

图 5-37 中，以 AB 为固定底边、顶角为 α 的三角形有无数个，这些三角形的顶点可以在它们的外接圆上随意滑动。另外，以 BC 为固定底边、顶角为 β 的三角形也有无数个，同样这些三角形的顶点也在它们自己的外接圆上滑动。当两个外接圆各自三角形的顶点滑动到两圆相交处 P 点时，形成两个具有公共边 PB 的三角形。换句话说，只有在 P 点才能绘出顶角为 α 和 β 的两个三角形——$\triangle PAB$ 和 $\triangle PBC$。这便是后方交会的几何基础。

如图 5-38 所示，仅在待定点 P 设站，向三个已知控制点观测两个水平夹角 α、β，从而计算出待定点的坐标，这便是传统的测角后方交会。

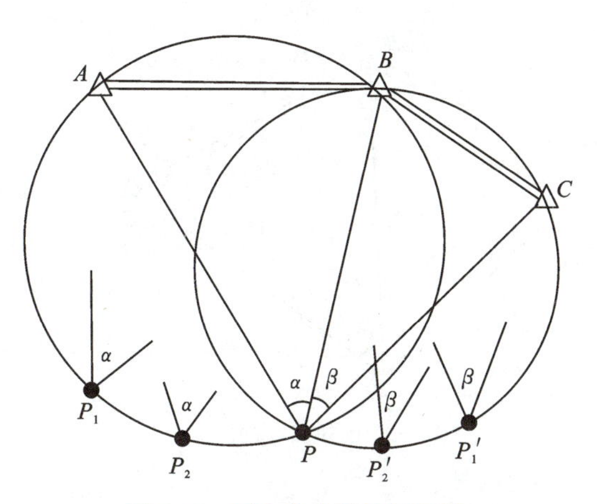

图 5-37　后方交会的几何原理

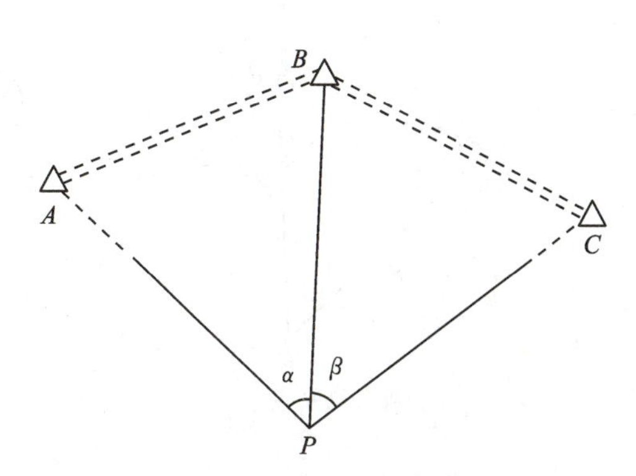

图 5-38　测角后方交会

后方交会的最大优点是只需在待定点设站观测，不必在已知控制点设站，这大大提高了野外作业的工作效率，缺点是测站点可能会位于危险圆附近，从而使观测数据无效。

【危险圆】 在图 5-39 中，后方交会的三个目标控制点 A、B、C 确定了一个外接圆，如果不小心在这个圆周上选取了待定点摆站观测，无论点位选在这个圆周的什么位置，例如 P_1、P_2、P_3 等，观测的两个角度 α、β 均相同，因此计算出的未知点的坐标也相同，这是一件危险的事情，所以称这个外接圆为危险圆。实际工作中要求测站点不仅不能摆在危险圆上，而且还要偏离危险圆的圆周一定距离，一般要偏离圆周 $R/5$ 的距离。

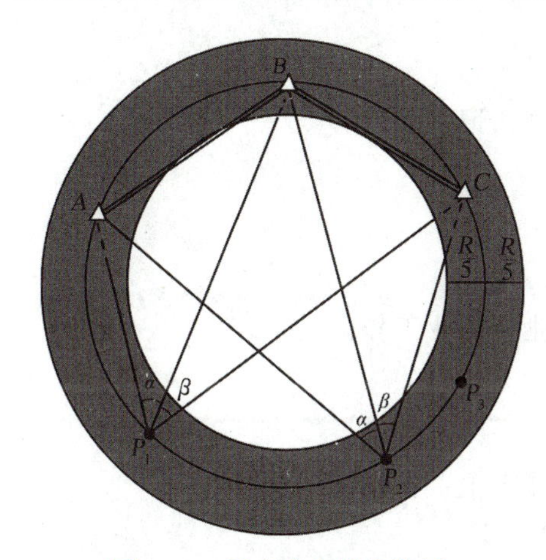

图 5-39　后方交会的危险圆

随着全站仪的广泛使用，依赖于经纬仪的传统后方交会测量慢慢被边角后方交会测量所取代。如图 5-40（a）所示，在未知点 P 设站，分别瞄准已知控制点 A、B，测出边长 S_1、S_2 和交会角 α，从而计算出待定点的坐标，这就是边角后方交会。通常在边角后方交会测量中，可以顺便也观测竖直角从而将 P 点的高程计算出来。边角后方交会在保证一定精度的情况下，具有更高的工作效率，在当今测量工作中被广泛采用。可以说，在地形测图、施工放样或验收测量等各种野外测量工作中，只要是需要建立交会控制点的地方，边角后方交会便是首选。

从图 5-40（a）中可知，边角后方交会有三个观测值，因此已有一个多余观测供检核计算和求取平差值。如果两个控制点的边角后方交会精度不能满足要求，则可以增加一个控制点 C，如图 5-40（b）所示，从而观测出角度 β 与边长 S_3，再参照图 5-32（b）图的前方交会数据处理方法，计算出 P 点的坐标。

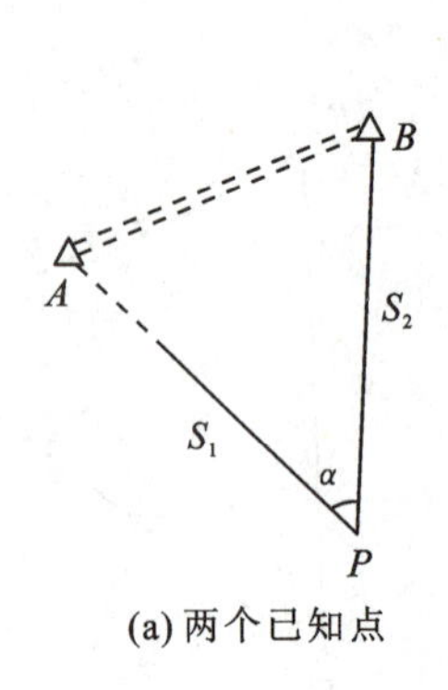

(a) 两个已知点

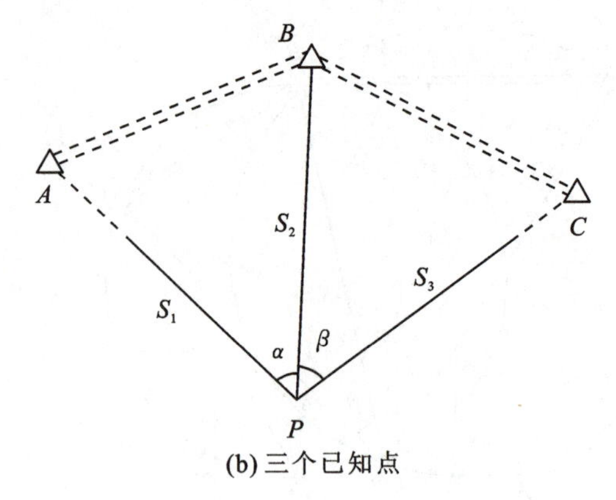

(b) 三个已知点

图 5-40　边角后方交会

任务 5.7　技能训练

5.7.1　图根导线测量

1. 实训目的

图根导线测量(虚拟仿真)

(1) 掌握附合导线的外业工作内容。

(2) 掌握图根导线的水平角和水平距离的观测、记录和计算。

(3) 掌握附合导线的内业平差计算。

2. 实训任务

图根导线测量记录表

在导线测量实训场完成图根级附合导线的外业和内业工作。

3. 实训设备与资料

(1) 全站仪 1 台，三脚架 1 个，带支架对中杆 2 个，棱镜 2 个。

(2) 实训记录表 1 张，记录板 1 个，2H 铅笔 1 支。

4. 操作流程

(1) 导线外业踏勘选点。

(2) 水平角和边长测量。

(3) 导线内业平差计算。

5. 注意事项及实训要求

(1) 实训前，认真阅读实训内容和相关学习内容，清点检查使用的仪器工具，确

保其完好无损。

(2) 导线选点时，相邻导线点相互通视，导线点要便于保存和设站观测，不影响通行和他人，要注意相邻边长比不小于1/3。

(3) 导线测量过程中注意人身安全和仪器设备安全。

(4) 每个测站观测前，要做好仪器的对中整平工作，观测结束，要检查仪器是否仍然处于水平状态。

(5) 迁站时，仪器要装箱搬运。

(6) 实训结束，按时归还实训设备，将实训设备放到指定位置，设备要摆放整齐。

6. 提交成果

实训结束，每小组应提交下列成果，作为评定成绩的依据：

(1) 记录表格；

(2) 实训总结报告。

5.7.2　三级导线测量

1. 实训目的

三级导线测量(虚拟仿真)

(1) 掌握闭合导线的外业工作内容。

(2) 掌握三级导线的水平角和水平距离的观测、记录和计算。

(3) 掌握闭合导线的内业平差计算。

2. 实训任务

三级导线测量记录表

在导线测量实训场完成三级闭合导线的外业和内业工作。

3. 实训设备与资料

(1) 全站仪1台，三脚架1个，带支架对中杆2个，棱镜2个。

(2) 实训记录表1张，记录板1个，2H铅笔1支。

4. 操作流程

(1) 导线外业踏勘选点。

(2) 水平角和边长测量。

(3) 导线内业平差计算。

5. 注意事项及实训要求

(1) 实训前，认真阅读实训内容和相关学习内容，清点检查使用的仪器工具，确

保其完好无损。

（2）导线选点时，相邻导线点相互通视，导线点要便于保存和设站观测，不影响通行和他人，要注意相邻边长比不小于1/3。

（3）导线测量过程中注意人身安全和仪器设备安全。

（4）每个测站观测前，要做好仪器的对中整平工作，观测结束，要检查仪器是否仍然处于水平状态。

（5）确保观测数据没有超限方可迁站，迁站时，仪器要装箱搬运。

（6）实训结束，按时归还实训设备，将实训设备放到指定位置，设备要摆放整齐。

6. 提交成果

实训结束，每小组应提交下列成果，作为评定成绩的依据：

（1）记录表格；

（2）实训总结报告。

5.7.3 前方交会控制测量

前方交会测量(虚拟仿真)

1. 实训目的

（1）熟悉前方交会控制测量的原理。

（2）掌握前方交会控制测量的观测和计算。

2. 实训任务

在导线测量实训场利用前方交会控制测量求待定点的平面坐标。

3. 实训设备与资料

（1）全站仪1台，三脚架1个，带支架对中杆2个，棱镜2个。

（2）实训记录表1张，记录板1个，2H铅笔1支。

4. 操作流程

（1）在A点安置全站仪，在P、B点安置棱镜，观测角α。

（2）在B点安置全站仪，在A、P点安置棱镜，观测角β。

（3）利用式（5-16）计算P点的平面坐标。

5. 注意事项及实训要求

（1）实训前，认真阅读实训内容和相关学习内容，清点检查使用的仪器工具，确保其完好无损。

（2）在选择已知控制点时，注意交会角应大于 30°小于 150°。

（3）测角精度应满足相应等级的要求。

（4）每个测站观测前，要做好仪器的对中整平工作，观测结束，要检查仪器是否仍然处于水平状态。

（5）实训结束，按时归还实训设备，将实训设备放到指定位置，设备要摆放整齐。

6. 提交成果

实训结束，每小组应提交下列成果，作为评定成绩的依据：

（1）记录表格；

（2）实训总结报告。

5.7.4　后方交会控制测量

1. 实训目的

后方交会测量（虚拟仿真）

（1）熟悉后方交会控制测量的原理。

（2）掌握边角后方交会控制测量的观测方法和步骤。

2. 实训任务

在导线测量实训场利用后方交会控制测量求待定点的平面坐标。

3. 实训设备与资料

（1）全站仪 1 台，三脚架 1 个，带支架对中杆 2 个，棱镜 2 个。

（2）实训记录表 1 张，记录板 1 个，2H 铅笔 1 支。

4. 操作流程

（1）在 P 点安置全站仪，在 A、B 点安置棱镜，测量仪器高和棱镜高。

（2）设置全站仪测距的参数（ppm、棱镜常数等）。

（3）进入全站仪后方交会程序。

（4）瞄准 A 点，输入 A 点坐标信息，点击“测角和测距”。

（5）瞄准 B 点，输入 B 点坐标信息，点击“测角和测距”。

（6）计算 P 点坐标。

5. 注意事项及实训要求

（1）实训前，认真阅读实训内容和相关学习内容，清点检查使用的仪器工具，确保其完好无损。

(2) 若使用2个以上控制点进行后方交会控制测量，要注意控制点要偏离危险圆一定距离。

(3) 观测前，要做好仪器的对中整平工作，观测结束，要检查仪器是否仍然处于水平状态。

(4) 实训结束，按时归还实训设备，将实训设备放到指定位置，设备要摆放整齐。

6. 提交成果

实训结束，每小组应提交下列成果，作为评定成绩的依据：

(1) 记录表格；

(2) 实训总结报告。

课后习题

一、选择题

(1) 四等水准测量属于（　　）。

A. 高程控制测量　　B. 平面控制测量

C. 碎部测量　　D. 三角测量

(2) 高程测量按使用的仪器和方法不同分为（　　）。

A. 水准测量　　B. 闭合路线水准测量

C. 附合路线水准测量　　D. 三角高程测量

(3) 下列关于控制点的选点原则，错误的是（　　）。

A. 点与点之间可以不通视　　B. 相邻边长比值要大于1∶3

C. 控制点周围视野要开阔　　D. 点位数量足够，分布均匀

(4) 已知A点坐标为（12345.7，437.8），B点坐标为（12322.2，461.3），则AB边的坐标方位角为（　　）。

A. 45°　　B. 315°　　C. 225°　　D. 135°

(5) 坐标增量的“+”或“−”决定于方位角所在的象限，当方位角在第四象限，则（　　）。

A. 均为“+”　　B. Δx为“−”，Δy为“+”

C. 均为“−”　　D. Δx为“+”，Δy为“−”

(6) 已知A点坐标为（1000，1000），方位角$\alpha_{AB}=35°17'36.5''$，点A、B间的水平距离为200.416m，则B的坐标为（　　）。

A. （1155.541，1121.525）　　B. （1255.355，1114.322）

C. （1163.580，1115.793）　　D. （1212.215，1554.321）

(7) 有一闭合导线，测量内角分别为108°27′18″、84°10′18″、135°49′11″、121°27′

02″和 90°07′01″，则角度闭合差为（　　）。

A. 50″　　B. −50″　　C. 55″　　D. −55″

(8) 闭合导线角度闭合差的分配原则是（　　）。

A. 反号平均分配　　B. 按角度大小成比例反号分配

C. 任意分配　　D. 分配给最大角

(9) 下列选项中，不属于导线坐标计算的步骤的是（　　）。

A. 半测回角值计算　　B. 角度闭合差计算

C. 方位角推算　　D. 坐标增量闭合差计算

(10) 衡量导线测量精度标准是（　　）。

A. 高差闭合差　　B. 坐标增量闭合差

C. 导线全长闭合差　　D. 导线全长相对闭合差

二、判断题

(1) 导线边长是相邻两导线点间的斜距。（　　）

(2) 房屋密集地区小区域平面控制网的建立目前主要采用导线测量。（　　）

(3) 地面上任意一点上的真北方向都是相互平行的。（　　）

(4) 方位角的取值范围为 0°～90°。（　　）

(5) 闭合导线点编号为逆时针时，内角是左角，推算方位角按左角公式。（　　）

(6) 闭合导线各点的坐标增量代数和的理论值应等于 0。（　　）

(7) 前方交会测量中，当交会角为 90°时，交会点的精度最好。（　　）

(8) 前方交会是指在两个已知点上分别设站，观测三角形的两个水平角，通过解算三角形算出未知点坐标。（　　）

三、计算题

(1) 下图为某附合导线测量示意图，按图根导线测量要求进行的野外观测结果如图所示，试进行近似平差，计算出各导线点的坐标。

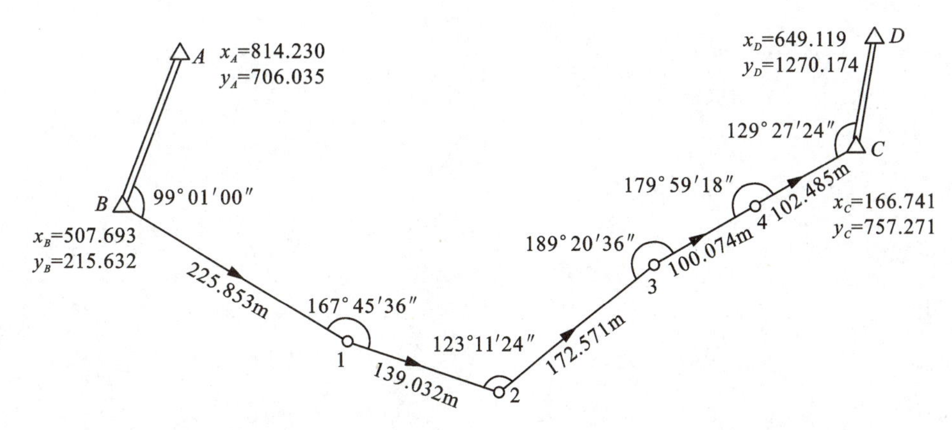

(2) 下图为某闭合导线测量示意图。按图根导线测量要求进行的野外观测结果如

图所示，试进行近似平差，计算出各导线点的坐标。

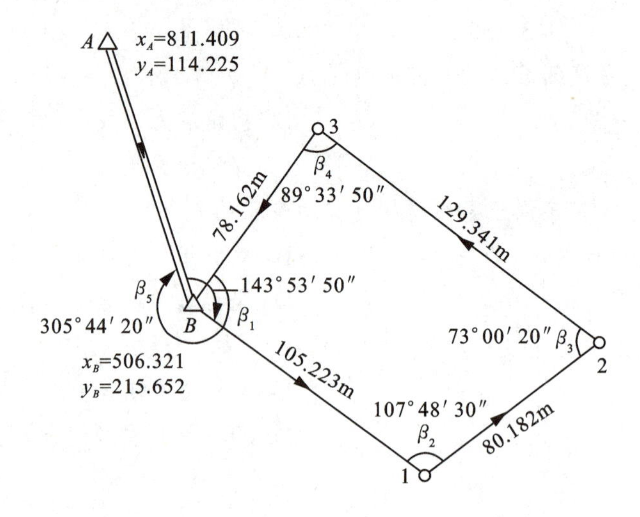

四、简答题

(1) 什么是控制测量？控制测量遵循的原则是什么？

(2) 比较附合导线与闭合导线的观测与内业计算的异同。

(3) 导线测量中，坐标增量闭合差产生的原因是什么？

项目6　三角高程测量

项目概况

本项目主要介绍三角高程测量原理、竖直角测量原理和方法；在此基础上介绍了三角高程导线的观测与计算；最后分析了三角高程测量误差的主要来源。通过本项目的学习，学习者可以理解三角高程测量原理，掌握竖直角的观测以及表格的记录和计算，五等三角高程导线的观测步骤和内业计算。

学习目标

（1）理解三角高程测量原理。

（2）理解竖直角测量原理，能使用全站仪进行竖直角测量。

（3）能分析三角高程测量的误差来源，会使用三角高程对向观测法。

（4）能进行高程导线的布设、外业观测和内业计算。

（5）通过对竖直角测量过程细节的把控，培养学生精益求精的职业素养。

（6）通过三角高程导线项目实施，培养学生解决问题的能力和项目综合管理能力。

任务6.1　三角高程测量原理

本书项目2介绍了采用水准测量的方法测定点与点之间的高差，从而由已知高程点求得另一点的高程。应用这种方法求得地面点之间的高差其精度最高，普遍用于建立国家高程控制点及测定高级地形控制点的高程，但是其工作量较大且受地形条件限制。三角高程测量的精度虽低于水准测量，但其作业简单，布设灵活，受地形条件限制小。因此，在一般地区或地面高低起伏较大地区，如果高程精度要求不是很高，常采用三角高程测量方法测定地面点的高程。

三角高程测量原理（微课）

三角高程测量原理（课件）

6.1.1　三角高程测量方法

三角高程测量是通过观测两点之间的距离和竖直角计算出两点间高差，从而由已知高程点求得未知点高程的方法。

如图6-1所示，设A、B为地面两控制点，欲求两点间高差h_{AB}，需在A点安置仪器，在B点安置反射棱镜，用小钢尺量取地面点A至仪器中心I的距离i（称为仪

珠峰测量方法（动画）

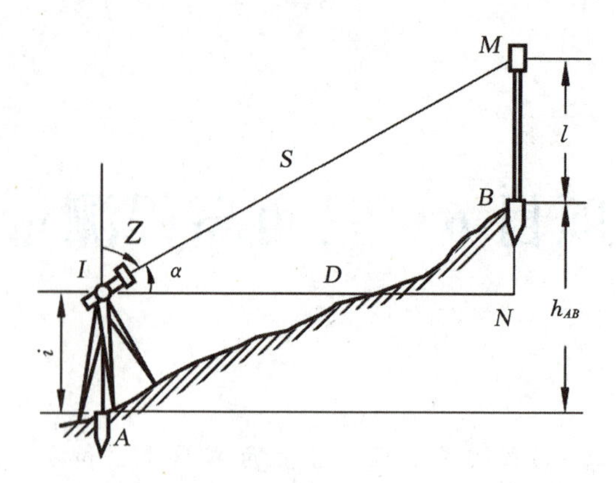

图 6-1　三角高程测量

器高）和 B 点至棱镜中心 M 的距离 l（称为棱镜高），用望远镜中十字丝的中横丝照准 B 点的反射棱镜中心 M，测出倾斜视线 IM 与水平视线 IN 所夹的竖直角 α，以及 AB 两点之间的斜距 S（或平距 D），则可得两点间高差 h_{AB} 为：

$$h_{AB}=S\times\sin\alpha+i-l \tag{6-1A}$$

如果是测定出平距 D，则按下式计算 h_{AB}：

$$h_{AB}=D\times\tan\alpha+i-l \tag{6-1B}$$

具体应用以上公式时要注意竖直角的正负号。

6.1.2　地球曲率和大气折射的影响

式（6-1）是以小范围为前提的，亦即 A、B 两点相距不远，可将水准面看作水平面。当控制区域较大，A、B 两点相距较远时，就必须考虑地球曲率和大气折射的影响。通常把地球曲率对高差的影响称为球差；把大气折射对高差的影响称为气差。

1. 球差

如图 6-2 所示，假设过 A 点的水准面为 AF，过 P 点的水准面为 PE，过 P 点的水平面为 PC，它们在 P 点相切，但在 B 点的铅垂方向上 E 点和 C 点的距离就是由于地球弯曲形成的球差。EC 距离的计算在任务 1.6 中已用式（1-8）列出，即：

$$|EC|=\frac{D^2}{2R} \tag{6-2A}$$

式中：D 为 A、B 两点间水平距离，R 为地球半径。

由式（6-2A）知，球差的大小仅与两点间距离有关，与地形起伏无关，其影响总是使所测高差减

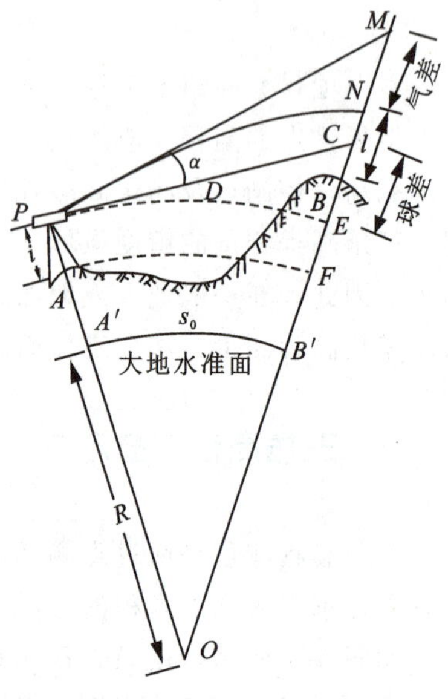

图 6-2　三角高程测量原理示意图

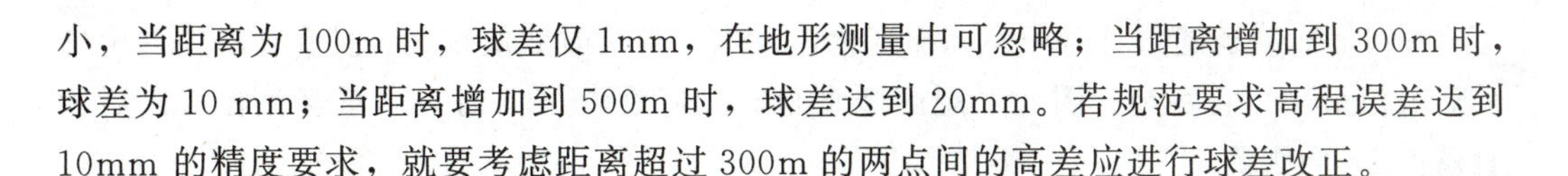

小，当距离为 100m 时，球差仅 1mm，在地形测量中可忽略；当距离增加到 300m 时，球差为 10 mm；当距离增加到 500m 时，球差达到 20mm。若规范要求高程误差达到 10mm 的精度要求，就要考虑距离超过 300m 的两点间的高差应进行球差改正。

2. 气差

地球是被大气所包围的，大气密度与距地面的高度成反比，距地面越近，密度越大；距地面越远，密度越小。而大气折射影响与大气密度有关，实践证明，大气折射的影响使光线向上凸，当仪器望远镜瞄准目标 N 时，实际照准了 M 点，瞄准的方向线亦为圆弧 PN 的切线方向 PM。这样使得所测高差增加了线段 MN 的长度，这就是气差。由图 6-2 可知，气差总是使所测高差变大。根据与 EF 距离同样的推理可得：

$$|MN| = \frac{D^2}{2R} \times k \tag{6-2B}$$

式中：D 为 AB 水平距离；R 为地球半径；k 为大气折光系数，其值小于 1（通常在 0.08～0.15 之间）。

3. 两差改正

球差和气差合称为两差。为了减少两差对三角高程测量的影响，通常需要对两差进行综合改正，简称两差改正。

由图 6-2 可知

$$h_{AB} = D \times \tan\alpha + i - l + |EC| - |MN|$$

通常令 $f = |EC| - |MN|$，则上式可写为：

$$h_{AB} = D \times \tan\alpha + i - l + f \tag{6-3}$$

其中：

$$f = |EC| - |MN| = \frac{D^2}{2R} \times (1 - k) \tag{6-4}$$

f 为两差改正数。一般地，大气折光系数 k 随气温、气压、湿度和空气密度的变化而变化，与地区、季节、气候、地形条件、地面植被和地面高度等有关，在实际工作中，通常选取全国性或地区性的 k 的平均值代替，即把 k 近似当常数来对待。目前，我国一般采用 $k = 0.11$，此值对大多数地区都是适用的，少数地区若相差较大，可使用适合本地区的具体 k 值。表 6-1 列出了一些两差改正数。

表 6-1　两差改正表

距离	0	100	200	300	400	500	600	700
0	0.000	0.001	0.003	0.006	0.011	0.017	0.025	0.034
1000	0.070	0.085	0.110	0.118	0.137	0.157	0.179	0.202
2000	0.275	0.308	0.338	0.369	0.402	0.437	0.472	0.509

另外，k 值还随每日时刻不同而变化，日出、日落时数值较大，且变化较快；中午前后数值最小，且稳定。因此，观测竖直角时最好在 9～15 时，尽量避免在日出后和日落前 2h 内观测。

使用两差改正数表时，首先由距离的整千米数确定改正数所处的行；然后根据不足千米的数确定改正数所处的列。例如，距离 $D=1400\text{m}$，改正数为 0.137m，位于表的 1000 所在的行和 400 所在列的交叉处。距离一般可取整到百米，必要时也可以按线性插值法来确定改正数。

6.1.3 对向观测

以建立控制点为目的的三角高程测量，为了提高精度，通常要分别在 A、B 两点设站，相互观测竖直角，并量取仪器高和觇标高，这样的观测称为对向观测。凡仪器安置在已知高程点，观测该点与未知高程点之间的高差称为直觇，如图 6-3（a）所示；反之，将仪器安置在未知高程点，测定该点与已知高程点之间的高差称为反觇，如图 6-3（b）所示。

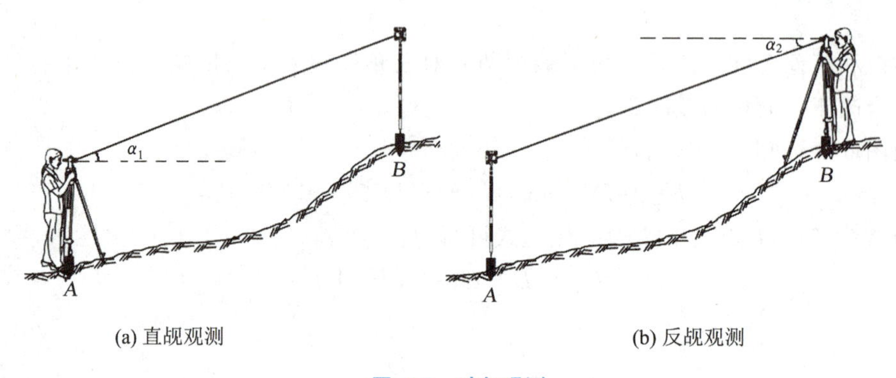

(a) 直觇观测　　(b) 反觇观测

图 6-3　对向观测

理论上，同一条边上对向观测高差的绝对值应相等，或者说对向观测高差之和应等于零。实际上由于各种误差的影响，对向观测高差之和不等于零，而产生对向观测高差较差，其值应在一定范围内。

任务 6.2　竖盘构造及竖直角测量

竖直角测量原理（微课）

竖直角测量原理（课件）

6.2.1 竖直度盘的结构

无论是过去的老式经纬仪，还是今天的光电经纬仪或全站仪，竖直度盘（简称竖盘）在仪器中的位置、与其他部件的结构关系，以及操作使用上的技术要求等，均没有发生变化。光学经纬仪竖盘构造示意图如图 6-4 所示。

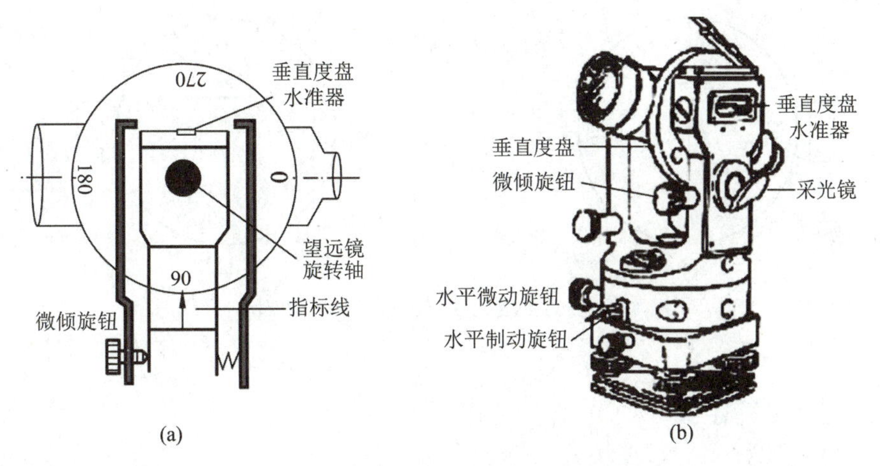

图 6-4　光学经纬仪竖直度盘构造示意图

图中的竖直度盘固定在望远镜旋转轴的一端，观测时望远镜绕横轴转动，同时带动竖盘一起转动。竖盘指标线同竖盘水准管连接在一起，不随望远镜转动，只有通过调节竖盘水准管微倾螺旋，才能使竖盘指标与竖盘水准管（气泡）一起作微小移动。在正常情况下，当竖盘水准管气泡居中时，竖盘指标线才处于正确的铅垂线位置。所以每次用望远镜照准目标后，均应先调节竖盘水准管使气泡居中，才能进行竖盘读数。

竖直度盘的刻线分划与水平度盘相似，但其注记形式较多，常见为全圆式，即按0°～360°注记。注记的方向有顺时针和逆时针两种。现把两种比较常见的注记形式分列如下：

(1) 天顶距注记形式，如图 6-5 所示。天顶距是指目标方向与天顶方向（即铅垂线的反方向）所构成的角，一般用符号 Z 表示。天顶距的大小为 0°～180°，没有负值。图 6-5 (a) 所示竖盘注记是盘左时情况，竖盘指标指示的读数即为天顶距。

(2) 高度角注记形式，如图 6-6 所示。目标方向与水平方向间的夹角称为高度角，一般用符号 α 表示，本书所谈到的高度角都简称为竖直角。望远镜瞄准目标时，指标线的读数为目标测线的高度角。图 6-6 (a) 所示竖盘注记是盘左时情况，竖盘指标指示的读数即为高度角。

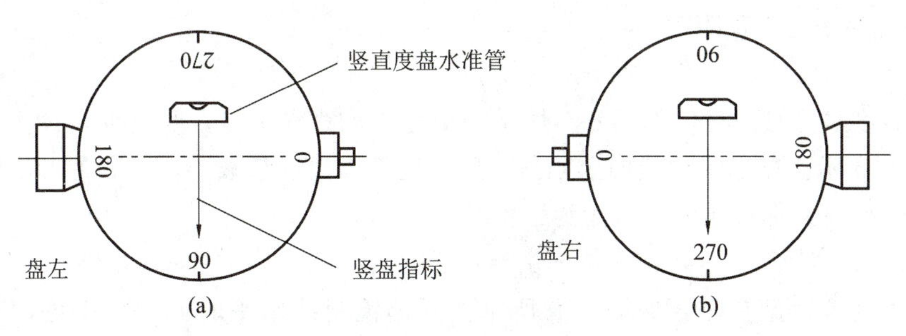

图 6-5　竖直度盘的注记形式（天顶距注记）

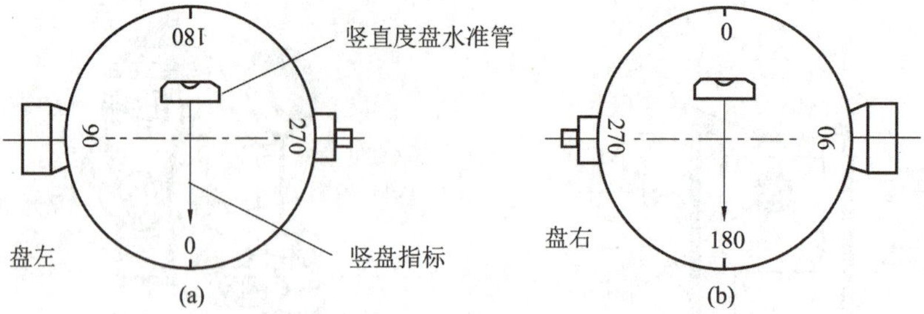

图 6-6　竖直度盘的注记形式（高度角注记）

6.2.2　竖直角的定义

竖直角测量原理（动画）

项目 3 已经介绍了竖直角的概念，它是同一竖直面内的方向线与水平直线的夹角。任何注记形式的竖直度盘，当视线水平时，不论是盘左还是盘右，其读数是个定值，正常状态应该是 90°的整数倍。所以测定竖直角时实际只对视线指向的目标进行读数。计算竖直角的公式其实就是两个方向读数之差。以仰角为例，只需对所用仪器把望远镜放在大致水平位置观察一下读数，望远镜逐渐向上倾斜时观察读数是增加还是减少，就可得出计算公式。

（1）当望远镜视线慢慢向上倾斜时，竖直度盘读数逐渐增加，则竖直角 α＝瞄准目标时的读数－视线水平时的读数；

（2）当望远镜视线慢慢向上倾斜时，竖直度盘读数逐渐减小，则竖直角 α＝视线水平时的读数－瞄准目标时的读数。

夹角的大小为测线在竖直面内的方向值与水平直线的方向值相减的结果，显然，这个水平直线的方向值应该确定为零（或者使铅垂线为 90°）不变。

常用的 J6 光学经纬仪的竖直度盘注记形式如图 6-5 所示。假设以下列符号表示：

L——盘左时视线照准目标时的读数；

R——盘右时视线照准目标时的读数。

图 6-7 中竖直度盘注记形式为天顶距注记形式，表示盘左时望远镜瞄准目标的读数 L 为目标测线的天顶距。

$$Z_{左}=L \tag{6-5}$$

当竖直度盘为盘左时，如图 6-7 所示。望远镜视线水平时，竖直度盘读为 90°，如图 6-7（a）所示。望远镜视线向上倾斜，竖直度盘读数逐渐减小，读数为 L，如图 6-7（b）所示，此时目标视线的竖直角为：

$$\alpha_L=90°-L \tag{6-6}$$

当竖直度盘为盘右时，如图 6-8 所示。望远镜视线水平时，竖直度盘读为 270°，如图 6-8（a）所示。当望远镜视线向上倾斜，竖直度盘读数逐渐增大，读数为 R，如图 6-8（b）所示，此时目标视线的竖直角为：

$$\alpha_R=R-270° \tag{6-7}$$

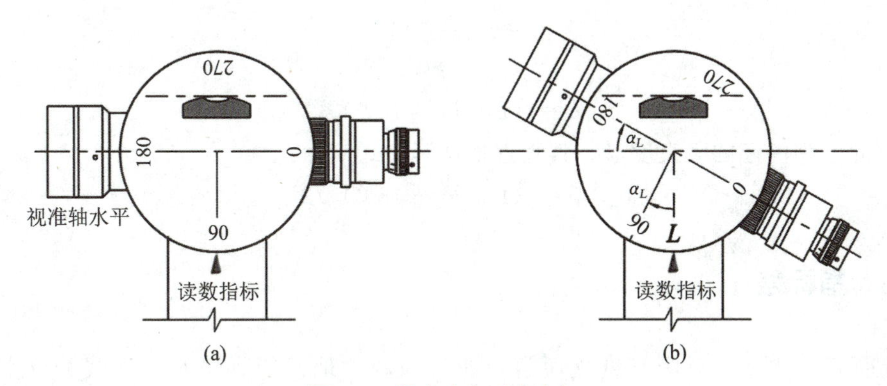

图 6-7　竖直度盘（盘左）

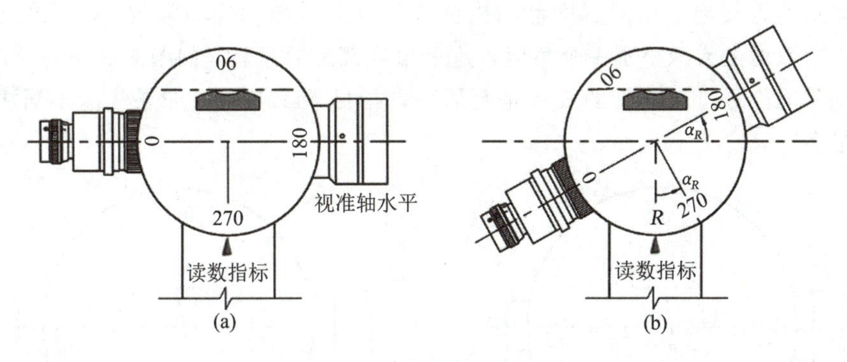

图 6-8　竖直度盘（盘右）

此时，天顶距计算公式为：

$$Z_{右}=360°-R$$

由于竖盘读数 L 和 R 都含有误差，α_L 与 α_R 常不相等，竖直角应取平均值，为：

$$\alpha=(\alpha_{左}+\alpha_{右})/2=(R-L-180°)/2 \tag{6-8}$$

【例 6-1】 用天顶距注记形式的全站仪观测一高处目标，盘左时读数为 87°34′26″，盘右读数为 272°25′38″，试计算此竖直角。

【解】

$$\begin{aligned}\alpha &=(R-L-180°)/2\\ &=(272°25'38''-87°34'26''-180°)/2\\ &=2°25'36''\end{aligned}$$

对于高度角注记的竖直度盘，当望远镜视线慢慢向上倾斜时，盘左时竖直度盘读数逐渐增大，盘右时竖直度盘读数逐渐减小，其仰角计算公式为：

$$\alpha_{左}=L+0°$$

$$\alpha_{右}=180°-R$$

$$\alpha=(L-R+180°)/2$$

但这种注记得竖盘，当视线向下倾斜时，盘左时竖直度盘读数逐渐减小，盘右时竖直度盘读数逐渐增大。根据前述同样方法，由于现在测的是负的竖直角，故俯角计算公式为：

$$\alpha_{左}=L-360°$$

$$\alpha_{右}=180°-R$$

$$\alpha=(L-R+180°)/2$$

因此这种注记的竖直度盘，其竖直角计算公式应为：

$$\alpha=(L-R+180°)/2 \tag{6-9}$$

6.2.3 指标差

上面已经提及，对竖直度盘而言，如何强制性地使望远镜水平视线的读数为零，是仪器生产工艺与安装方面一件很艰难的事情。也就是说，假定望远镜视准轴水平，而且竖盘水准管气泡居中时，度盘的指标线并没有对准相应的常数（0°、90°、270°），而是比该常数增大或减小了一个角值，这个角值就是指标差，如图 6-9 中的 x。

可见，无论竖盘水准管的气泡是否居中，指标差都存在。如果气泡不居中，指标差会大很多。

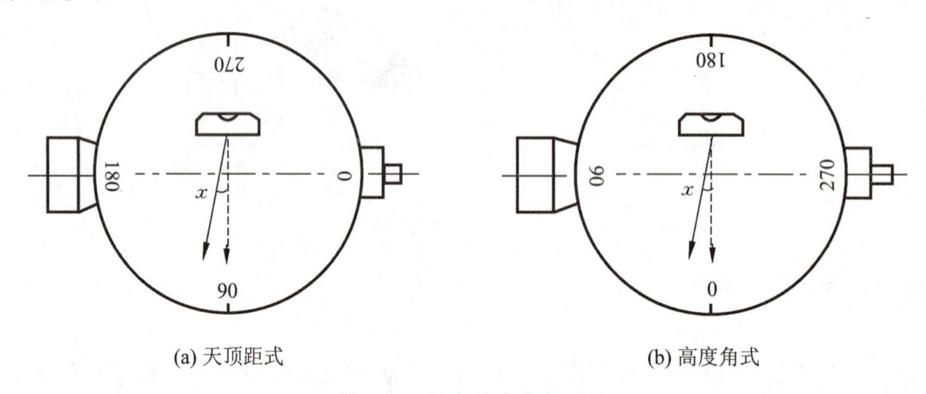

图 6-9　竖直度盘指标差

竖盘指标差 x 本身有正有负，为了确定指标差的符号，参照本项目开头对角度的定义，可规定竖盘指标差为铅垂线与指标线的夹角。即当指标线偏移方向与竖盘注记方向一致时，x 取正号，反之 x 取负号。图 6-9 中的竖盘指标差 x 为正。

由于竖盘的刻度注记方式不同，故按竖盘读数计算竖直角的公式也各不相同，但它们的计算原理是相同的。现以天顶距式注记的竖直度盘为例，来详细说明竖直角和指标差的计算方法。

如图 6-10（a）所示，竖直度盘处于盘左位置，尽管竖盘水准器气泡已居中，但由于竖盘指标差 x 的存在，当视准轴水平时指标线的读数为 $90°+x$，当望远镜带动竖盘慢慢转动瞄准目标方向时，指标线的读数也从 $90°+x$ 慢慢变化为 L。显然有：

$$\alpha=90°-(L-x)=90°-L+x \tag{6-10}$$

类似，盘右位置也存在相同的指标差影响 x，如图 6-10（b）所示。操作仪器时其指标线读数从 $270°+x$ 变化为 R，有：

$$\alpha=(R-x)-270°=R-270°-x \tag{6-11}$$

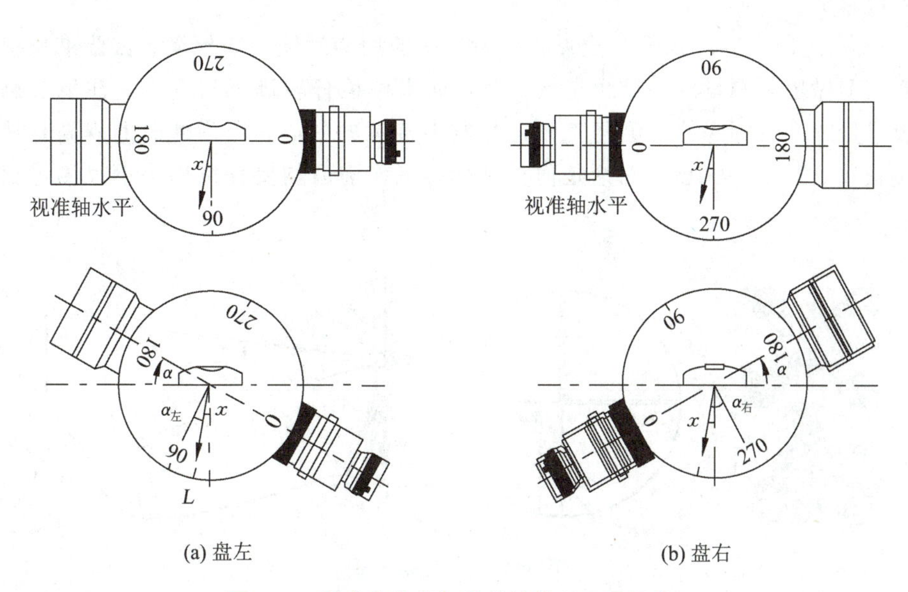

图 6-10　竖直角与指标差的计算（天顶距式）

式（6-10）与式（6-11）相加除 2，得：

$$\alpha = [(90° - L + x) + (R - 270° - x)] / 2$$
$$= (R - L - 180°) / 2$$

这与式（6-8）完全相同，也就说明了用盘左、盘右两个半测回角取平均值而求算竖直角，其值不受指标差的影响。因此，在实际工作中，竖盘指标差本身的大小对测量的结果并无影响，可以通过盘左盘右取平均值给予抵消。不过，如果指标差太大会不方便计算，因此其大小还是应该得到控制。若将式（6-10）与式（6-11）相减，则得：

$$x = (L + R - 360°) / 2 \tag{6-12}$$

这便是通过盘左、盘右读数计算指标差的公式。

野外观测时，如果用人工记录、计算，则按式（6-8）计算竖直角比较麻烦，可先按式（6-12）计算指标差，再按式（6-10）或式（6-11）计算竖直角。即：

$$x = (L + R - 360°) / 2$$
$$\alpha = 90° - L + x \quad 或 \quad \alpha = R - 270° - x$$

6.2.4　竖直角的测量

竖直角的观测与计算（微课）

竖直角的观测与计算（课件）

为了计算高差，在测站安置好仪器后，首先要量取仪器高和觇标高。仪器高是测点标志顶面至望远镜旋转轴的垂直距离，觇标高是望远镜照准点至被测目标点标志顶面或中间的垂直距离。竖直角观测方法有三丝法和中丝法。三丝法要求用十字丝的三根横丝去照准目标读数，一般只在较高等级的高程控制测量中使用。中丝法只以十字丝中横丝瞄准目标读数，是最为常用的竖直角观测方法。

水平角测量时尽量用竖丝瞄准目标的底部。竖直角测量则必须用横丝瞄准目标的顶部或中间，如图 6-11 所示。全站仪测量，一般用望远镜十字丝横丝去瞄准反射棱镜的中心。但做控制测量（如导线支点）时，如果棱镜杆较高无法立直，注意观测水平角就要尽量瞄准目标底部；测竖直角还是瞄准棱镜的中心，因为此时的觇高是从棱镜杆脚尖底量取至棱镜中心。无论是何种觇标，工作前后均要仔细用小钢尺测量核对觇标高度。

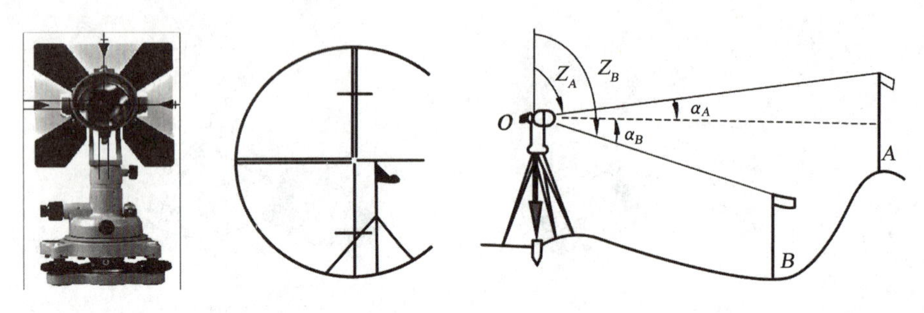

图 6-11　竖直角测量

竖直角观测步骤通常如下。

(1) 分别在测站点和目标点安置仪器和觇标，对中、整平，用小钢尺量出仪器高 i 和觇标高 l。

(2) 盘左瞄准目标 A，使望远镜十字丝的横丝切于目标 A 某一位置（如觇标中心或测钎顶部），读取竖盘读数 L，记入表 6-2 第 4 列。松开制动螺旋，同样方法瞄准其他目标读数、记录，完成上半测回（盘左）观测。

(3) 松开制动螺旋，将竖盘调整至盘右状态，依次瞄准目标，使望远镜横丝切于各目标的与盘左相同位置，读取竖盘读数 R，记入表 6-2 第 5 列，完成下半测回（盘右）观测。

以上为第一测回观测，重复上述步骤观测第二测回，并完成计算。

表 6-2　竖直角观测记录表

测站	目标（觇高）	测回	竖盘读数		指标差/(″)	竖直角/(° ′ ″)	竖直角平均值/(° ′ ″)
			盘左/(° ′ ″)	盘右/(° ′ ″)			
1	2	3	4	5	6	7	8
O	A 2.235	1	86 43 24	273 16 48	+6	+3 16 42	+3 16 41
		2	86 43 18	273 16 38	−2	+3 16 40	
	B 2.017	1	92 37 12	267 22 54	+3	−2 37 09	−2 37 10
		2	92 37 06	267 22 47	−4	−2 37 10	

表中的指标差对于同一仪器在同一时段内通常是一个固定值。但是，由于观测中不可避免地含有各种误差（主要为盘左盘右间的瞄准误差），使得各方向计算出的指标差互不相同。对此，国家有关测量规范进行了相应规定。表 6-3 列出了《工程测量标准》（GB 50026—2020）规定的竖直角测量的指标差互差和竖直角测回较差技术要求。

表 6-3　电磁波测距三角高程观测的主要技术要求

等级	竖直角观测			
	仪器精度等级	测回数	指标差较差	测回较差
四等	2″级仪器	3	≤7″	≤7″
五等	2″级仪器	2	≤10″	≤10″
图根	6″级仪器	2	≤25″	≤25″

任务 6.3　三角高程测量误差分析

根据三角高程测量的基本原理，以及在观测过程中的各种影响因素，电磁波测距三角高程测量的误差来源主要有：测距误差、测量竖直角的误差、量取仪器高和棱镜高的误差、大气折光误差，以及地球曲率所引起的误差。

三角高程测量误差分析（微课）

6.3.1　测距误差

三角高程测量误差分析（课件）

在上述的各个三角高差计算公式中，用到的斜距或者平距都是用全站仪直接测量所得。而全站仪测距本身有其精度限制，不可避免地会产生测距误差，误差大小情况在项目已有详尽分析，在此不再讨论。实际中，为了提高测距精度，一方面可以使用测距精度较高的全站仪来获取两点之间的水平距离或者斜距，另一方面施加各种距离改正数使得所测距离能满足相应的精度要求。

6.3.2　测角误差

竖直角观测误差对高差的影响随边长的增大而增大。竖直角观测误差包括仪器误差、观测误差及外界条件的影响等。仪器误差不可避免，有竖盘指标差及竖盘分化误差等，可以根据具体情况选取更精密的仪器来测量。竖直角的观测误差主要有照准误差、读数误差、气泡居中误差。工作中竖直角用全站仪观测两个测回，则可以在一定程度上提高测量精度。外界环境条件对观测也会产生一定的影响，如空气清新程度，会很大程度上干扰观测时的瞄准质量，从而影响观测值的精度。

对于上述误差，有的也可以通过观测方法来减弱或者消除：事先仔细检校仪器；改进觇标结构；采用盘左、盘右迅速照准觇标观测等。

6.3.3 测量仪器高和棱镜高的误差

仪器高和棱镜高量取误差直接影响着高差值，因此应认真、细致地量取仪器高和棱镜高，以控制其在最小误差范围内。仪器高 i 指安置好的仪器中心至地面标志点的距离，目标高 l 指仪器中横丝瞄准的目标位置到地面标志点的距离。

对于测定地形控制点高程的三角高程测量，仪器高和棱镜高仅要求精确到厘米级，而对于用光电三角高程测量代替四等水准测量时，精度要求达到毫米级。丈量时需从三个不同方位量测，互差最大不超过 3mm，而且在仪器观测开始与结束时分别各量测一次，注意要将这些读数全部记录下来再取平均值。如果是高等级的精密三角高程测量，则可采用类似水准测量那样的方法精密测量仪器高。

6.3.4 大气折光和地球曲率引起的误差

在三角高程测量中，当相邻两点之间的距离相对比较大时，必须考虑到大气折光和地球曲率对测量结果的影响。

大气折光误差系数随地区、气候、季节、地面、覆盖物和视线超出地面高度等因素而变化，目前还不能精确测定它的数值。一般认为早、晚变化较大，中午附近比较稳定，阴天或夜间空气的密度亦较稳定。所以折射系数是个变数，通常采用其平均值来计算大气折射的影响，故系数是有误差的。为了解决这个问题，采用对向观测法，用往、返测单向观测值取平均值，得到的对向观测值就能够在相当程度上抵消掉大气折光。折射系数的误差对短距离三角高程测量的影响不是主要的。

地球是一个椭球体，在较小范围内可以不考虑地球曲率的影响，但三角高程测量涉及的两相邻点间的距离都比较大，必须考虑它的影响。尤其是在地形起伏较大的地区，地球曲率的影响更加明显。对于该项误差，也必须进行相应的改正，而大地水准面是一个不规则的曲面，地球曲率改正难以做到十分精确。所以，可以根据实际情况改变测量方式，如采用对向观测法进行观测，以减弱或消除掉它的影响。

在以上的几种误差中，竖直角的误差对测量结果的影响最大。这是因为在三角高程测量的基本计算公式中竖直角需要与距离相乘，而距离一般都比较大，进行乘法运算后的值也就相应地变化较大。所以在观测中竖直角的精度一定要得到保证。

最后需要指出的是，虽然三角高程在精度上与几何水准测量有一定的差距，但在很多时候，人们习惯用它来代替水准测量。因为它能跨过特殊地段（如施工场地、高山峡谷、河流水面），在较远距离测量未知点的高程，观测需要的时间相对水准测量来说大大缩减，生产效率、经济效益均大大提高。尤其在高山峡谷作业区，几何水准测量异常艰难，三角高程测量便可以发挥它的优势，解决几何水准测量难以解决的高程传递。

任务 6.4　三角高程导线

高程导线是根据三角高程测量原理，采用导线的形式联测所求各点的高程。其特点是不需要测定点的平面位置，所以与水准测量相似。

三角高程导线（微课）

6.4.1　三角高程导线的布设形式

三角高程导线可以根据地形测量需要布设成附合导线形式，起闭于两个已知高程点；或用闭合导线形式，起闭于同一个已知高程点；有时也可用支导线形式，但总长度较短。在图根控制测量中，三角高程导线测量一般与平面控制导线测量同时进行。

三角高程导线（课件）

6.4.2　三角高程导线测量技术要求

三角高程导线，由于导线较短，导线点间的空气密度分布基本相同，采用对向观测，可使三角高程测量的精度大大提高。

一般等级（如四等以下）的三角高程测量时，仪器高、觇标高量用小钢尺丈量读数至毫米，丈量时需从三个不同方位量测，互差最大不超过 3mm，而且在仪器观测开始与结束时分别各量测一次，取其平均值作为最终高度。如果是高等级的精密三角高程测量，则可采用类似水准测量那样的方法精密测量仪器高、觇标高。

其他主要技术要求应符合《工程测量标准》（GB 50026—2020）的规定，如表 6-4 所示。

表 6-4　电磁波测距三角高程测量主要技术要求

等级	每千米高差全中误差/mm	边长/km	观测方向	对向观测高差较差/mm	附合或环形闭合差/mm
四等	10	≤1	对向观测	$40\sqrt{D}$	$20\sqrt{\sum D}$
五等	15	≤1	对向观测	$60\sqrt{D}$	$30\sqrt{\sum D}$
图根	20	≤5	对向观测	$80\sqrt{D}$	$40\sqrt{\sum D}$

注：

（1）D 为测距边的长度，单位 km。

（2）起讫点的精度等级，四等应起讫于不低于三等水准的高程点上，五等应起讫于不低于四等的高程点上。

（3）路线长度不应超过相应等级水准路线的长度限值。

6.4.3 三角高程导线的计算

1. 外业成果的检查和整理

(1) 检查观测成果，计算前应先检查外业观测手簿是否符合有关规定及各项限差要求，确认无误后方可计算。

(2) 确定三角高程导线的推进方向，从起始点开始抄录线上各点的竖直角及对应的仪器高和觇标高，填入表 6-5 的相应栏内。

2. 高差计算

根据抄录的数据，按式 (6-3) 计算两相邻点间的单向高差。注意：顺导线推进方向的观测为直觇，其高差叫往测高差，用 $h_{往}$ 表示。逆导线推进方向的观测为反觇，其高差叫返测高差，用 $h_{返}$ 表示。因往、返测高差的符号相反，故它们的较差为：

$$d=h_{往}+h_{返} \tag{6-13}$$

当 d 不超过表 6-4 规定的限差时，可按下式计算高差中数

$$h_{中}=(h_{往}-h_{返})/2 \tag{6-14}$$

表 6-5 为五等三角高程导线的高差计算示例。

表 6-5 三角高程导线高差计算表

边名	边长 D/m	觇法	竖直角 α /(° ′ ″)	i/m	v/m	f/m	h/m	互差 /mm	互差限差 /mm	高差中数 /m
A−B	121.358	直觇	+2°13′25″	1.605	1.628	0.001	4.690	+14	±20	4.683
		反觇	−2°17′44″	1.612	1.424	0.001	−4.676			
B−C	150.162	直觇	−4°36′28″	1.585	1.308	0.003	−11.822	+15	±23	−11.830
		反觇	+4°27′54″	1.623	1.515	0.003	11.837			
C−D	106.764	直觇	+3°25′02″	1.618	1.506	0.001	6.488	−13	±19	6.494
		反觇	−3°33′15″	1.597	1.468	0.001	−6.501			

3. 计算导线的高差闭合差

对于附合三角高程路线，如果观测没有误差，则所有高差之和应等于起、终点间的高差，即

$$\sum h_i=H_{终}-H_{起} \tag{6-15}$$

但实际上观测不可能没有误差。因此，式(6-15) 两端不可能相等，必定产生高程闭合差 f_h。根据高差闭合差的定义，则有：

$$f_h = \sum h_i - (H_B - H_A) \tag{6-16}$$

对于闭合三角高程路线，由于起、终点相同，其高差为 0，则有：

$$f_h = \sum h_i \tag{6-17}$$

如果 f_h 不超过规定的限差，就可进行高程闭合差的分配。否则，应检查计算，或另选线路，或返工重测某些边的竖直角、仪高和觇标高，直至符合要求为止。

4. 导线高程闭合差的配赋

导线的高程闭合差主要是竖直角观测误差和边长误差所引起的，其大小与边长成正比。因此，要消除导线的高程闭合差，可以按与边长成比例将高程闭合差反号分配到各观测高差中去，就可得到正确高差。

设导线全长为 $\sum L$，各边的高差改正数为 v_i，相应的边长为 L_i，则有高差改正数为：

$$v_i = -\frac{L_i}{\sum L} \times f_h \tag{6-18}$$

凑整的余数，可强制分配到长边对应的高差中去，使：

$$\sum v = -f_h$$

将 v_i 加到相应的观测高差 h_i 中，就可得到改正后的正确高差为

$$\hat{h}_i = h_i + v_i \tag{6-19}$$

改正后的高差总和 $\sum \hat{h}_i$，应等于两已知点间的高差，可以作为计算正确性的检核。

5. 各点高程的计算

根据改正后的高差，按下式即可计算各所求点的高程。

$$H_1 = H_A + \hat{h}_1$$

$$H_2 = H_1 + \hat{h}_2$$

最后求出的终点高程应与已知高程完全相等，以检核高程计算的正确性。

【例 6-2】 如图 6-12 所示，从已知水准点 BM_1 出发进行五等三角高程测量，经过未知高程点 A、B、C、D 共观测 5 个测段，最后附合到另一个水准点 BM_2 结束。已知点的高程，各测段高差，各测段长度均见表 6-6，现要求各未知点的高程。

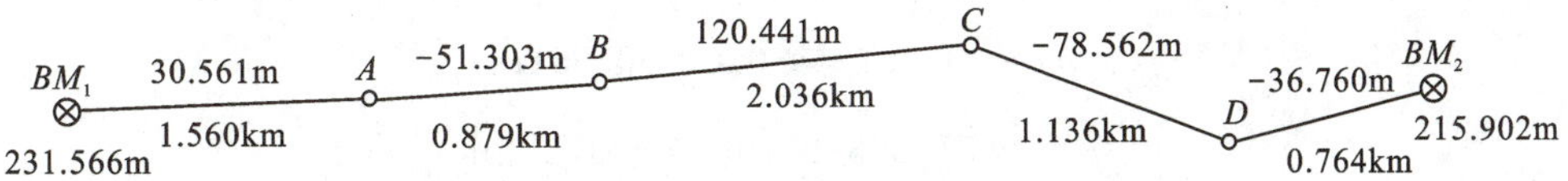

BM_1 231.566m — 30.561m, 1.560km — A — −51.303m, 0.879km — B — 120.441m, 2.036km — C — −78.562m, 1.136km — D — −36.760m, 0.764km — BM_2 215.902m

图 6-12　附合高程导线的计算

【解】 计算的过程及结果均如表 6-6 所示。步骤说明如下。

表 6-6 附合路线三角高程平差计算表

点号	测段长度/km	观测高差/m	改正数/mm	改正后高差/m	高程/m
BM_1					231.566
	1.560	30.561	−10	30.551	
A					262.117
	0.879	−51.303	−6	−51.309	
B					210.808
	2.036	120.441	−13	120.428	
C					331.236
	1.136	−78.562	−7	−78.569	
D					252.667
	0.764	−36.760	−5	−36.765	
BM_2					215.902
$\sum$	6.375	−15.623	−41	−15.664	
$f_h=\sum h_i-(H_{BM_2}-H_{BM_1})=41\text{mm}<f_{h_{允}}$ $\quad f_{h_{允}}=\pm 30\sqrt{\sum L}=75\text{mm}$					

(1) 列表，填写已知数据及观测数据。

(2) 计算闭合差。

$$f_h=\sum h_i-(H_{BM_2}-H_{BM_1})=-15.623\text{-}(-15.664)=0.041\text{m}=41\text{mm}$$

(3) 检核(按五等三角高程)。

$$f_{h_{允}}=\pm 30\sqrt{\sum L}=\pm 75\text{mm}$$

$$f_h\leqslant f_{h_{允}}$$

(4) 观测高差改正数计算。

改正数的计算与水准测量相同。按距离成正比反号分配，即

$$v_i=-f_h\times L_i/\sum L$$

$$v_1=-41\times 1.560/6.375\approx -10\text{mm}$$

$$v_2=-41\times 0.879/6.375\approx -6\text{mm}$$

$$v_3=-41\times 2.036/6.375\approx -13\text{mm}$$

$$v_4=-41\times 1.136/6.375\approx -7\text{mm}$$

$$v_5=-41\times 0.764/6.375\approx -5\text{mm}$$

计算改正后高差 $\hat{h}_l$：

$$\hat{h}_1=30.561-0.010=30.551\text{m}$$

$$\hat{h}_2=-51.303\text{-}0.006=-51.309\text{m}$$

$$\hat{h}_3=120.441-0.013=120.428\text{m}$$

$$\hat{h}_4=-78.562\text{-}0.007=-78.569\text{m}$$

$$\hat{h}_5=-36.760-0.005=-36.765\text{m}$$

（5）计算未知点高程。

$$H_A=H_{BM_1}+\hat{h}_1=262.117\text{m}$$

$$H_B=H_A+\hat{h}_2=210.808\text{m}$$

$$H_C=H_B+\hat{h}_3=331.236\text{m}$$

$$H_D=H_C+\hat{h}_4=252.667\text{m}$$

$$H_{BM_2}=H_D+\hat{h}_5=215.902\text{m}$$

任务 6.5　技能训练

6.5.1　竖直角测量

1. 实训目的

竖直角测量（虚拟仿真）

（1）了解全站仪竖盘的构造，竖直角测量原理。

（2）掌握竖直角的观测、记录和计算。

2. 实训任务

竖直角度测量表

在导线测量实训场完成竖直角的观测、记录和计算。

3. 实训设备与资料

（1）全站仪 1 台，三脚架 1 个，带支架对中杆 1 个，棱镜 1 个。

（2）实训记录表 1 张，记录板 1 个，2H 铅笔 1 支。

4. 操作流程

（1）在目标点上安置对中杆，安装棱镜。

（2）在测站点上安置全站仪。

（3）将全站仪调整到盘左状态，对准一明亮背景，调节目镜调焦螺旋，使十字丝清晰可见。

（4）使用十字丝的横丝瞄准目标中间位置，将竖直度盘读数记录到表格中。

（5）将全站仪调整到盘右状态，继续瞄准目标棱镜相同位置，将竖直度盘读数记录到表格中。

（6）计算半测回竖直角、指标差和一测回竖直角。

5. 注意事项及实训要求

（1）实训前，认真阅读实训内容和相关学习内容，清点检查使用的仪器工具，确保其完好无损。

（2）各小组按实习内容精心策划好工作，小组成员轮流进行仪器操作，严格按老师的各项示范动作进行，服从老师，听从指挥，团结协作，按时保质保量完成任务。

（3）实训过程中注意人身安全和仪器设备安全。

（4）十字丝的横丝瞄准的位置要与测量目标高的位置一致。

（5）观测结束后，要立刻松开水平制动螺旋和垂直制动螺旋，以免小组成员损坏制动螺旋。

（6）实训结束，按时归还实训设备，将实训设备放到指定位置，设备要摆放整齐。

6. 提交成果

实训结束，每小组应提交下列成果，作为评定成绩的依据：

（1）记录表格；

（2）实训总结报告。

6.5.2 三角高程对向观测法

1. 实训目的

三角高程对向观测法(虚拟仿真)

（1）了解三角高程测量原理。

（2）掌握三角高程测量对向观测的方法和步骤。

2. 实训任务

在导线测量实训场利用三角高程对向观测法观测并计算两点的高差。

三角高程观测记录表

3. 实训设备与资料

（1）全站仪 1 台，三脚架 1 个，带支架对中杆 1 个，棱镜 1 个。

（2）实训记录表 1 张，记录板 1 个，2H 铅笔 1 支。

4. 操作流程

（1）在 A 点上安置全站仪，测量仪器高。

（2）在 B 点上安置对中杆，安装棱镜，测量棱镜高。

（3）观测 AB 的竖直角和平距 2 测回，将观测数据记录到表格中，并计算各测回平均值。

（4）在 B 点上安置全站仪，测量仪器高。

（5）在 A 点上安置对中杆，安装棱镜，测量棱镜高。

（6）观测 BA 的竖直角和平距 2 测回，将观测数据记录到表格中，并计算各测回平均值。

（7）根据三角高程测量原理，分别计算直觇和反觇的高差，互差，以及高差中数。

5. 注意事项及实训要求

（1）实训前，认真阅读实训内容和相关学习内容，清点检查使用的仪器工具，确保其完好无损。

（2）各小组按实习内容精心策划好工作，小组成员轮流进行仪器操作，严格按老师的各项示范动作进行，服从老师，听从指挥，团结协作，按时保质保量完成任务。

（3）在测量仪器高和棱镜高时，要从地面点（A 点或 B 点）斜量。

（4）在观测前、观测后分别测量仪器高和棱镜高 2 次，若前、后两次数据相差较大，应重新观测。

（5）十字丝的横丝瞄准的位置要与测量目标高的位置一致。

（6）实训结束，按时归还实训设备，将实训设备放到指定位置，设备要摆放整齐。

6. 提交成果

实训结束，每小组应提交下列成果，作为评定成绩的依据：

（1）记录表格；

（2）实训总结报告。

6.5.3　五等三角高程测量

1. 实训目的

（1）熟悉三角高程导线的布设；

（2）掌握五等三角高程测量的外业观测和内业计算。

五等三角高程测量（虚拟仿真）

2. 实训任务

在导线测量实训场利用五等三角高程测量观测一条闭合高程导线，并计算未知点的高程。

五等三角高程测量记录表

3. 实训设备与资料

（1）全站仪 1 台，三脚架 1 个，带支架对中杆 2 个，棱镜 2 个。

（2）实训记录表 1 张，记录板 1 个，2H 铅笔 1 支。

4. 操作流程

(1) 踏勘选点；

(2) 观测各条边的竖直角和平距；

(3) 计算各边的高差，并参照水准测量方法完成内业平差计算。

5. 注意事项及实训要求

(1) 实训前，认真阅读实训内容和相关学习内容，清点检查使用的仪器工具，确保其完好无损。

(2) 各小组按实习内容精心策划好工作，小组成员轮流进行仪器操作，严格按老师的各项示范动作进行，服从老师，听从指挥，团结协作，按时保质保量完成任务。

(3) 为了保证观测精度，宜采用对向观测法。

(4) 在观测前、观测后分别测量仪器高和棱镜高 2 次，若前、后两次数据相差较大，应重新观测。

(5) 十字丝的横丝瞄准的位置要与测量目标高的位置一致。

(6) 实训结束，按时归还实训设备，将实训设备放到指定位置，设备要摆放整齐。

6. 提交成果

实训结束，每小组应提交下列成果，作为评定成绩的依据：

(1) 记录表格；

(2) 实训总结报告。

6.5.4 全站仪综合测量

1. 实训目的

全站仪综合测量(虚拟仿真)

掌握一测站的水平角、竖直角、距离等综合测量操作步骤和记录、计算。

2. 实训任务

在导线测量实训场完成水平角、竖直角的、距离、仪器高、棱镜高的观测、记录和计算。

全站仪综合测量记录表

3. 实训设备与资料

(1) 全站仪 1 台，三脚架 1 个，带支架对中杆 1 个，棱镜 1 个。

(2) 实训记录表 1 张，记录板 1 个，2H 铅笔 1 支。

4. 操作流程

（1）在目标点上安置对中杆，安装棱镜，在实训场上任意选择 2 个棱镜作为观测对象，并测量棱镜高。

（2）在测站点上安置全站仪，并测量仪器高。

（3）将全站仪调整到盘左状态，对准一明亮背景，调节目镜调焦螺旋，使十字丝清晰可见。

（4）使用十字丝瞄准起始目标 A 棱镜的中心，点击距离测量，测量距离 4 次，并记录表格中。

（5）水平度盘置盘，将水平度盘和竖直度盘读数记录到表格中。

（6）顺时针旋转照准部，使用十字丝瞄准目标 B 棱镜的中心，将水平度盘和竖直度盘读数记录到表格中。

（7）将全站仪调整到盘右状态，继续瞄准目标 B 棱镜的中心，将水平度盘和竖直度盘读数记录到表格中。

（8）逆时钟旋转照准部，瞄准目标 A 棱镜的中心，将水平度盘和竖直度盘读数记录到表格中。

（9）再次测量仪器高和棱镜高，并记录到表格中。

（10）完成表格的计算，并检查数据是否合格，如若超限，则重测。

5. 注意事项及实训要求

（1）实训前，认真阅读实训内容和相关学习内容，清点检查使用的仪器工具，确保其完好无损。

（2）各小组按实习内容精心策划好工作，小组成员轮流进行仪器操作，严格按老师的各项示范动作进行，服从老师，听从指挥，团结协作，按时保质保量完成任务。

（3）在观测前、观测后分别测量仪器高和棱镜高 2 次，若前、后两次数据相差较大，应重新观测。

（4）用十字丝瞄准目标时，要求竖丝、横丝、十字丝都要瞄准到对应位置。

（5）实训结束，按时归还实训设备，将实训设备放到指定位置，设备要摆放整齐。

6. 提交成果

实训结束，每小组应提交下列成果，作为评定成绩的依据：

（1）记录表格；

（2）实训总结报告。

课后习题

一、填空题

（1）用三角高程测量两点的高差，测得水平距离为 100.086m，竖直角为 15°37′46″，仪器高为 1.484m，目标高为 1.016m，则两点间的高差为______ m。

(2) 观测一竖直角，盘左读数为 81°18′45″，盘右读数为 278°41′31″，则竖盘指标差为________。

(3) 采用全站仪测得盘左时的天顶距为 89°54′02″，则半测回竖直角为________。

(4) 观测一竖直角，盘右时竖盘读数为 267°22′54″，则半测回竖直角为________。

二、选择题

(1) 三角高程测量中，高差计算公式为 $h=D\tan\alpha+i-v$，式中 D 的含义为（　　）。

A. 斜距　　B. 平距　　C. 垂直距离　　D. 觇标高

(2) 下列不属于三角高程测量的优点的是（　　）。

A. 适用于地形起伏的地区　　B. 观测量少，效率高

C. 能测定较远目标的高程　　D. 精度很高，适合于精度较高的高程控制测量

(3) 下列高程测量方法中，用于测量两点之间的高差最精密的方法是（　　）。

A. 水准测量　　B. 三角高程测量

C. GPS 高程测量　　D. 气压高程测量

(4) 竖直角的取值范围是（　　）。

A. 0°～360°　　B. 0°～180°

C. 0°～90°　　D. −90°～90°

(5) 观测竖直角时，采用盘左盘右观测可消除（　　）的影响。

A. i 角误差　　B. 指标差　　C. 视差　　D. 目标倾斜

(6) 在三角高程测量中，采用对向观测可以消除（　　）的影响。

A. 视差　　B. 视准轴误差

C. 地球曲率差和大气折光差　　D. 水平度盘分划误差

(7) 三角高程导线可以布设成（　　）。

A. 附合高程导线　　B. 闭合高程导线

C. 高程支导线　　D. 以上都是

三、判断题

(1) 空间两条相交直线在水平面上投影的夹角称为竖直角。（　　）

(2) 测量竖直角时，全站仪所显示的竖盘读数就是竖直角。（　　）

(3) 当全站仪的望远镜在水平面内旋转时，竖直度盘读数相应改变。（　　）

(4) 天顶距为仪器到目标的距离。（　　）

(5) 为了减少仪器高和目标高的误差，可以在观测开始与观测结束时分别各量测一次。（　　）

(6) 球差使所测高差变大，气差使所测高差减小。（　　）

(7) 三角高程导线测量可以与平面控制导线测量同时进行。（　　）

(8) 使用 2″仪器进行五等三角高程测量，采用中丝法要求观测竖直角 2 测回。（　　）

四、计算题

(1) 下表为一测站竖直角的观测记录数据，请完成指标差、竖直角、各测回平均值的计算。

测站	目标	测回	竖盘读数		指标差 /(″)	竖直角 /(° ′ ″)	各测回平均值 /(° ′ ″)
			盘左 /(° ′ ″)	盘右 /(° ′ ″)			
1	2	3	4	5	6	7	8
O	*A*	1	86 52 36	273 07 30			
		2	86 52 31	273 07 27			
	B	1	92 32 43	267 27 26			
		2	92 32 41	267 27 25			

(2) 三角高程导线测定的竖直角、水平距离、仪器高、目标高等观测数据如下表所示，试计算各导线点的高程。已知高程数据为 $H_{G_{06}}=153.866\mathrm{m}$，$H_{G_{17}}=167.530\mathrm{m}$。(温馨提醒：往返测时，球气差改正可抵消)。

测站	仪器高 /m	目标	目标高 /m	竖直角 /(° ′ ″)	水平距离 *S*/m	*H*/m	$h_{平}+v_i$	*H*/m
G_{06}	1.508	N_1	1.456	1 08 42	243.168			153.866
N_1	1.486	G_{06}	1.700	−1 06 36				
		N_2	1.637	0 32 48	295.618			
N_2	1.560	N_1	1.600	−0 30 36				
		N_3	1.514	0 18 42	329.750			
N_3	1.488	N_2	1.442	−0 19 54				
		N_4	1.389	2 33 30	284.549			
N_4	1.503	N_3	1.520	−2 34 24				
		N_5	1.456	−1 36 54	252.087			
N_5	1.464	N_4	1.340	1 34 24				
		G_{17}	1.662	−0 18 48	238.789			
G_{17}	1.513	N_5	1.425	0 20 12				167.530

五、简答题

(1) 简要分析三角高程测量误差的主要来源。

(2) 简要分析三角高程测量与水准测量各自的优缺点。

项目7　误差基本理论

项目概况

本项目主要介绍测量误差产生的原因，误差的基本概念，误差的分类，平均误差、中误差、极限误差和相对误差的计算方法，在此基础上介绍了误差传播定律。通过本项目的学习，学习者能分析误差产生的原因和减少误差的方法，能使用平均误差、中误差 、相对误差来评价观测结果的精度高低。

学习目标

（1）了解测量误差产生的原因。

（2）理解偶然误差和系统误差的概念，掌握减弱偶然误差和系统误差对观测数据影响的方法。

（3）能使用平均误差、中误差 、相对误差来评价观测结果的精度高低。

（4）能计算各种观测值函数的中误差。

（5）通过对观测数据误差的分析和计算，培养严谨认真的工作态度。

任务7.1　误差的基本概念

误差的基本概念（微课）

根据前面各项目的介绍，由于测量仪器工具的质量、精度只能达到一定水平，观测人员的技术能力有一定限度，以及观测时外界条件的变化影响，使得野外测量时获得的观测值均带有一定误差。因此可以说，任何观测值都是带有误差的观测值。

7.1.1　观测值、真值、最或然值、误差

误差的基本概念（课件）

1. 观测值及其分类

观测值是指选择合适的仪器、工具、设备，采用一定的技术方法，对各种目标进行几何要素的定量观测，从而获得各种观测数据，如方向值、角度、距离、高差等。

观测值根据其获取途径，可分为直接观测值和间接观测值。直接观测值是指直接从仪器工具上的读数，如角度方向值、斜距、水准测量中丝读数等。间接观测值是根据直接观测值按一定函数关系计算出来的，如角度、高差、方位角、水平距离等。

按确定未知数所必需的观测值数量来划分，野外观测可分为必要观测与多余观测。如要确定一根金属杆的长度，必要观测是一次，其余是多余观测。又如，已知三角形中两点坐标，要确定第三点坐标，则必要的观测量是两个，这两个可以是三角形的任意两个角、两条边，或一个角一条边。如果观测了三个甚至更多的观测量，则两个之外的观测值就是多余观测值。通常未知量有几个，必要观测值就有几个。

还可以根据观测时的精度条件，分为等精度观测和非等精度观测，获得相应的等精度观测值和非等精度观测值。观测条件的概念稍后叙述。

2. 真值

真值反映目标物体客观存在的物理特性。通常认为每一个观测值都有一个真值相对应。有些真值是已知的（如三角形、多边形的内角和，闭合水准路线的高差之和等），有些真值则难以获得（如某个边长、角度），有些甚至需要永无止境的求索（例如光在真空中的传播速度）。

3. 最或然值

最或然值可以理解为一定条件下的最可靠值、最准确值、最精确值等。当无法知道某观测值的真值时，就想方设法去追求该值的最或然值。例如，可以对某条边长进行多次观测取其平均值作为该边长的最或然值，也可以用几种途径与方法测量某些重要点位的坐标或高程。

4. 真误差

真误差是观测值与真值的差值，如果用 l 表示观测值，X 表示真值，Δ 表示真误差，则：

$$\Delta = l - X \tag{7-1}$$

如果真值未知，则可以用最或然值 $\hat{X}$ 代替，称最或然误差：

$$\Delta = l - \hat{X} \tag{7-2}$$

7.1.2　观测条件

观测条件是指野外观测时，所有能够对观测值结果产生影响的因素。这实际上就是前面所说的影响测量结果的三个误差来源——仪器设备、观测能力水平、外界环境影响。

1. 仪器设备条件

测量是根据工作的目的与要求，选择适合的仪器设备与工具所进行的野外观测工作。现在常用的仪器设备有全站仪、水准仪、GPS、钢尺、摄影机、遥感设备等。无论是何种仪器，由于设计、制造、运输、校正、磨损等方面的原因，都存在一定误差。如果仪器设备性能优良、精度高、日常保养好，则仪器设备方面的观测条件便较好，观测值的误差也相应较小，反之则该方面的观测条件较差，观测值的误差较大。

2. 观测人员能力水平条件

该项条件主要指观测人员的技术熟练程度、感觉器官（眼睛）的分辨能力、责任心、工作状态等。较好的观测条件是观测人员具有正常的人眼分辨力、技术熟练、经验丰富、责任心强、工作状态稳定，反之亦然。

3. 外界环境条件

外界环境条件主要有气温、气压、风力、湿度、大气折光等条件的影响与变化，导致观测结果也随之发生变化，从而使测量成果产生误差。所以，通常选择气温、气压、湿度比较稳定适中，风力较小，尽量避开大气折光的天气与环境条件进行野外测量作业。

7.1.3 误差的分类

不论观测条件如何，观测结果都含有误差。根据误差对观测值的影响性质来划分，观测误差可分为系统误差和偶然误差。

1. 系统误差

在相同观测条件下进行一系列观测，如果误差的大小和符号保持不变，或者按一定规律变化，这种误差就称为系统误差。例如，钢尺量距时的尺长误差对量距结果的影响，总是与距离成正比例影响。还有，经纬仪的横轴误差、视准轴误差、照准部偏心差、竖盘指标差，它们对测角的影响也都是呈规律性的，因此也都是系统误差。

由于系统误差符号的单向性和大小的规律性，随着观测次数的增加，使该误差具有逐渐累积的严重后果，对观测成果质量的影响也特别显著。因此，实际工作中应该采取各种方法措施来消除或减弱系统误差对观测成果的影响，以达到实际上可以忽略不计的程度。这些方法有：

（1）测定仪器误差，对观测结果加以改正，如进行钢尺检定，求出尺长改正数，对量取的距离进行尺长改正。

（2）测前严格检验仪器工具，选用合格的仪器设备，以减小仪器校正不完善的影响。如水准仪的 i 角检校，使其影响减到最低限度。

（3）采用合理观测方法，使误差自行抵消或削弱。如水平角观测中，采用盘左、盘右观测，可消除横轴误差、视准轴误差、照准部偏心差、竖盘指标差对测角的影响；在水准测量中，可以用前后视距相等的办法来减少由于仪器 i 角误差给观测结果带来的影响等。

2. 偶然误差

在相同观测条件下，对某量进行一系列观测，若出现的误差在数值、符号上有一定的随机性，从表面看并没有明显的规律性，这种误差称为偶然误差。偶然误差是大部分人所不能控制的微小的偶然因素（如人眼的分辨能力、仪器的极限精度、外界条件的时刻变化等）共同影响的结果。如用经纬仪测角时的照准误差，水准测量中，在标尺上读数时的估计误差等。但人们通过长期的测量实践发现。在相同的观测条件下，对某量进行多次观测，所出现的大量偶然误差也具有一定的规律性，而且观测次数越多，这种规律性就越明显。

在某测区的平面控制三角测量中，相同条件下观测了 378 个三角形的全部内角，获得 378 个三角形闭合差。将这些闭合差按 1" 间隔进行统计，其结果列于表 7-1。

表 7-1　三角形闭合差统计分析表

误差区间	负的误差		正的误差		备注
	个数 k	相对个数 k/n	个数 k	相对个数 k/n	
0″～1″	74	0.196	72	0.190	$n=378$，相对个数的总和等于 1。
1″～2″	43	0.114	42	0.111	
2″～3″	35	0.093	36	0.095	
3″～4″	25	0.066	23	0.061	
4″～5″	11	0.029	12	0.032	
5″～6″	2	0.005	3	0.008	
6″以上	0	0	0	0	
求和	190	0.503	188	0.497	

设误差的总个数为 n，出现在某一区间的个数为 k，则 k/n 为误差出现在该区间内的相对个数。以横坐标表示误差值的大小 Δ，纵坐标表示各区间内误差出现的相对个数 k/n 除以区间的间隔值 $d\Delta$（如上例中的间隔 $d\Delta=1''$），这样，每一误差区间上的长方形面积就表示误差出现在该区间内的相对个数，相对个数的总和等于 1，亦即直方图中所有长方形面积的和等于 1。根据表 7-1 的数据便可绘制出的误差分布直方图 7-1。

由表 7-1 和图 7-1 可以直观地看出偶然误差的分布规律，归纳出如下四个基本特征：

（1）在一定观测条件下，偶然误差的绝对值不会超过一定限值。（有界性）

（2）绝对值小的误差比绝对值大的误差出现的机会多。（趋向性）

（3）绝对值相等的正误差与负误差出现的机会相等。（对称性）

（4）当观测次数 n 趋于无穷大时，偶然误差的算术平均值趋近于零。（抵偿性）

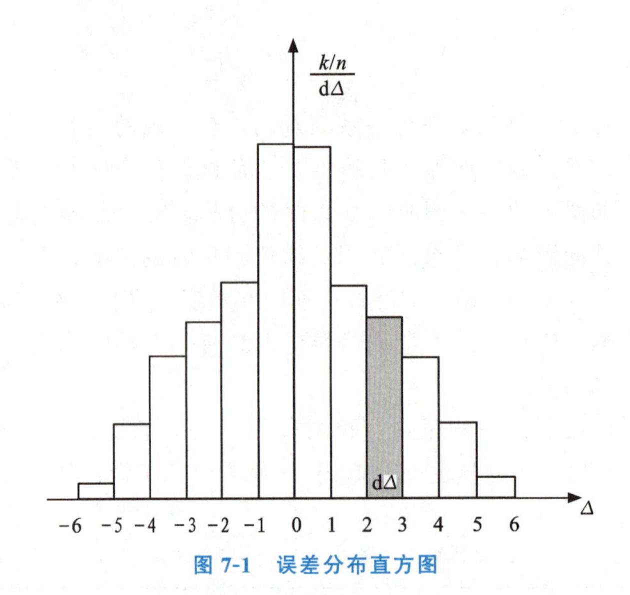

图 7-1　误差分布直方图

显然，第四个特性是由第三个特性派生出来的。该特性用公式表示为：

$$\lim_{n \to \infty} \frac{[\Delta]}{n} = 0 \tag{7-3}$$

式中：$[\Delta] = \Delta_1 + \Delta_2 + \cdots + \Delta_n$。

以上四个特征中，第一特征说明偶然误差出现的范围；第二特征说明偶然误差绝对值大小的规律；第三特征说明偶然误差符号出现的规律；第四特征说明偶然误差具有相互抵消的性能。

在测量工作中，为了提高成果的质量，通常要进行多余观测，即超过确定未知量必需观测数的观测。如一个三角形只需观测其中两个内角，便可确定其形状。但往往要观测三个内角，这样就产生了一个多余观测。有了多余观测，不但可以发现观测值中的错误，以便将其剔除或重测，而且势必在观测结果之间产生不符值。根据不符值的大小，可以评定成果的精度；不符值超过一定限度，称为误差超限，若不超限，则可按其特性加以调整，以减少偶然误差对测量成果的影响，从而求得较可靠的结果。

3. 粗差

在一定的测量条件下，超出规定条件下预期的误差称为粗差。一般地，在相同测量条件下的测量值序列中，超过二倍中误差的测量误差，就是粗差。严格来说，粗差不属于观测误差，它主要是由于工作中的粗心大意、观测条件发生突变引起的。

产生粗差的主要原因如下。

(1) 客观原因：电压突变、机械冲击、外界振动、电磁（静电）干扰、仪器故障等引起了测试仪器的测量值异常或被测物品的位置相对移动，从而产生了粗差。

(2) 主观原因：使用了有缺陷的量具；操作时疏忽大意；读数、记录、计算的错误等。另外，环境条件的反常突变因素也是产生这些误差的原因。

粗差不具有抵偿性，不能被彻底消除。粗差的出现不仅大大影响测量成果的质量，

甚至可能造成工作的全面返工。实际工作中一方面应采取相关措施，尽量避免粗差的产生；另一方面对于已经出现的粗差要给予正确诊断，剔除含粗差的观测值，必要时进行补测、重测。

当观测值中剔除了粗差，消除了系统误差的影响，或者与偶然误差相比系统误差处于次要地位时，占主导地位的偶然误差就成为误差理论研究的主要对象。如何处理这些随机观测变量的偶然误差，是测量误差理论所研究的主要内容。

任务 7.2　评定精度的指标

评定观测结果的精度高低，是用其误差大小来衡量的。评定精度的标准，通常用平均误差、中误差、极限误差和相对误差表示。

评定精度的指标（微课）

7.2.1　平均误差

在测量工作中，对于评定一组同精度观测值的精度来说，为了计算上的方便，取一组真误差的绝对值的算术平均值，作为衡量这一组同精度观测值的指标，叫作平均误差，记为 θ。

评定精度的指标（课件）

$$\theta=\lim_{n\to\infty}\frac{|\Delta_1|+|\Delta_2|+\cdots+|\Delta_n|}{n}=\lim_{n\to\infty}\frac{[|\Delta|]}{n} \tag{7-4a}$$

用或然率理论可以证明，当 $n\to\infty$ 时，按式（7-4a）计算的平均误差 θ 可以正确地衡量观测值的精度。但是，实际中的观测次数是有限的，只能用下式计算平均误差，即

$$\theta=\pm\frac{[|\Delta|]}{n} \tag{7-4b}$$

【例 7-1】 现分甲、乙两组对 6 个三角形的内角进行观测，各组测得的三角形的内角和观测值列于表 7-2，现要求计算各组的三角形内角和观测值的平均误差。

表 7-2　计算两组观测值的平均误差

序号	甲组		乙组	
	观测值	真误差 Δ/（″）	观测值	真误差 Δ/（″）
1	179°59′58″	−2	180°00′07″	+7
2	179°59′56″	−4	180°00′02″	+2
3	180°00′01″	+1	180°00′01″	+1
4	180°00′02″	+2	179°59′59″	−1
5	180°00′04″	+4	179°59′52″	−8
6	179°59′57″	−3	180°00′00″	0

【解】 三角形内角和真值为180°，利用式（7-1）计算各观测值的真误差Δ，列于表7-2中。应用式（7-4b），计算其平均误差分别为：

$$\theta_{甲}=\pm\frac{[|\Delta_{甲}|]}{n_{甲}}=\pm\frac{16}{6}=\pm2.7''$$

$$\theta_{乙}=\pm\frac{[|\Delta_{乙}|]}{n_{乙}}=\pm\frac{19}{6}=\pm3.2''$$

计算结果表明，甲组的观测精度比乙组稍高。

7.2.2 中误差

对一个未知量进行多次观测，设观测结果为 L_1，L_2，L_3，…，L_n，每个观测结果相应的真误差为 Δ_1，Δ_2，…，Δ_n。则用各个真误差的平方和的平均数的平方根作为精度评定的标准，用 m 表示，即

$$m=\pm\sqrt{\frac{[\Delta\Delta]}{n}} \tag{7-5}$$

式中：m 称为中误差（又称均方误差）；$[\Delta\Delta]$ 为各个真误差Δ的平方的总和，即 $[\Delta\Delta]=\Delta_1^2+\Delta_2^2+\cdots+\Delta_n^2$。由中误差的定义可知，中误差是指在同样观测条件下，一组观测值的中误差，它并不等于每个观测值的中误差，而是一组真误差的代表。一组观测值的真误差越大，中误差也就越大，其精度就越低。

【例7-2】 现分甲、乙两组对10个三角形的内角进行观测，各组测得的三角形的内角和观测值列于表7-3，现要求计算各组的三角形内角和观测值的中误差。

表7-3　计算两组观测值的中误差

三角形序号	甲组观测值			乙组观测值		
	观测值	真误差Δ/（″）	ΔΔ	观测值	真误差Δ/（″）	ΔΔ
1	2	3	4	5	6	7
1	179°59′58″	−2	4	180°00′07″	+7	49
2	179°59′56″	−4	16	180°00′02″	+2	4
3	180°00′01″	+1	1	180°00′01″	+1	1
4	180°00′02″	+2	4	179°59′59″	−1	1
5	180°00′04″	+4	16	179°59′52″	−8	64
6	179°59′57″	−3	9	180°00′00″	0	0
7	179°59′58″	−2	4	179°59′57″	−3	9
8	180°00′03″	+3	9	180°00′01″	+1	1
9	180°00′03″	+3	9	180°00′03″	0	0

续表

三角形序号	甲组观测值			乙组观测值		
	观测值	真误差 Δ/（″）	ΔΔ	观测值	真误差 Δ/（″）	ΔΔ
10	180°00′02″	+2	4	179°59′59″	−1	1
求和			76			130
中误差	±2.8″			±3.6″		

【解】（1）利用式（7-1）分别计算甲乙两组观测值的真误差，并将结果分别填入表格的第 3 列和第 6 列。

（2）计算两组观测值真误差的平方并求和，将结果分别填入表格的第 4 列和第 7 列。

（3）利用式（7-5）分别求出甲乙两组观测值的中误差

$$m_{甲} = \pm\sqrt{\frac{[\Delta\Delta]}{n}} = \pm\sqrt{\frac{76}{10}} = \pm 2.8''$$

$$m_{乙} = \pm\sqrt{\frac{[\Delta\Delta]}{n}} = \pm\sqrt{\frac{130}{10}} = \pm 3.6''$$

根据计算结果可知，乙组观测值的中误差 $m_{乙}$ 大于甲组观测值的中误差 $m_{甲}$，即乙组的观测精度较甲组要低。这主要是乙组观测值中出现了两个较大的误差（+7″，−8″）。

因为中误差能明显反映出误差对测量成果可靠程度的影响，所以成为测量上被广泛采用的一种评定精度的指标。中误差相对较小的观测值，认为精度较高；反之，中误差较大的观测值则认为其精度较低。

7.2.3　极限误差

根据偶然误差的第一特性（有界性），当观测误差超出一定范围时，说明观测条件发生了突变。因此，为了保证观测质量，必须对误差的界限进行讨论研究，这就是考虑极限误差大小取值的问题。严格来说，极限误差并不是一种衡量观测值精度的指标，而是一种保障观测精度所采取的措施（所以极限误差又称为允许误差）。

根据误差理论及大量的试验统计证明：大于中误差的偶然误差出现的机会为 32%；大于 2 倍中误差的偶然误差出现的机会为 5%；大于 3 倍中误差的偶然误差出现的机会仅为 0.3%。因此，测量中常取 2 倍中误差作为误差的极限，称为“极限误差”（或称允许误差、限差），即

$$\Delta_{允} = 2m \tag{7-6}$$

有些国家采用 3 倍中误差作为极限误差。我国现行测量规范中一般取 2 倍中误差作为限差。超过两倍中误差的观测值摒弃不用、返工重测。

7.2.4 相对误差

前面介绍的真误差、中误差、平均误差等都是绝对误差，是有测量单位的。在很多测量实际工作中，有时只用绝对误差还不能完全表达观测质量的好坏。例如，用钢卷尺丈量了两段距离，一段长 50m，另一段长 300m，它们的中误差均为±10mm。若以中误差来简单地评定精度，认为它们的“精度相等”显然是错误的。因为量距误差与其长度有关。为此，需要采取另一个评定精度的标准，即相对误差。相对误差是指观测值的中误差与观测值之比，通常以分子为 1 的分数形式表示，即

$$K=\frac{m}{L}=\frac{1}{\frac{L}{m}} \tag{7-7}$$

式中：m 为中误差，L 为观测值，K 为相对误差。

上例中，前者的相对误差为$\frac{0.01}{50}=\frac{1}{5000}$，后者为$\frac{0.01}{300}=\frac{1}{30000}$。很明显，后者的精度高于前者。因此，相对误差越小，精度越高，相对误差越大，则精度越低。

相对误差没有单位，通常将相对误差化成分子为 1 的分数形式，有时也化成百分比。实际中当上面各式中的中误差无法求得时，可用其他误差代替，如真误差、较差、平均误差等，而分母尽可能用最或然值。分数形式的相对误差的分母，通常只需在左端保留 2～3 位不是零的数字，其余均用零代替。凑整时只能舍去不能进位。

相对误差中也有极限误差的要求。如《工程测量标准》（GB 50026—2020）规定的一级导线距离测量相对误差不能超过 1/30000，导线全长相对闭合差的极限误差为 1/15000。显然，相对误差可以作为一种指标去衡量不同项目观测精度的高低，同时又可以作为一种措施标准使测量精度得到有效控制。

任务 7.3 误差传播定律

误差传播定律（微课）

上节讨论了如何根据同精度观测值的真误差来评定观测值精度的问题。但是，在实际中有许多未知量不能直接观测求其值，需要由观测值间接计算出来。例如某未知点 B 的高程 H_B，是由起始点 A 的高程 H_A 加上从 A 点到 B 点间进行了若干站水准测量而得来的观测高差 h_1，h_2，…，h_n 求和得出的。这时未知点 B 的高程 H_B 是各独立观测值的函数。那么如何根据观测值的中误差去求观测值函数的中误差呢？阐述观测值中误差与观测值函数中误差之间关系的定律，称为误差传播定律。

误差传播定律（课件）

通常的函数有和差函数、倍乘函数、线性函数、非线性函数等几种，下面按函数形式的不同，对误差传播定律分述如下。

7.3.1　和差函数及其中误差

设和差函数的表达式为

$$z=x\pm y \tag{7-8}$$

式中：x、y 为相互独立的直接观测值，具有中误差 m_x、m_y。由于 x、y 含有各自的真误差 Δ_x、Δ_y，故其函数也会产生相应的真误差 Δ_z：

$$z+\Delta_z=(x+\Delta_x)\pm(y+\Delta_y)$$

将上式减去式（7-8），有：$\Delta_z=\Delta_x\pm\Delta_y$

取平方和：　$[\Delta_z\Delta_z]=[(\Delta_x+\Delta_y)\times(\Delta_x+\Delta_y)]$

展开：　$[\Delta_z\Delta_z]=[\Delta_x\Delta_x]+2[\Delta_x\Delta_y]+[\Delta_y\Delta_y]$

两边除以 n：　$\dfrac{[\Delta_z\Delta_z]}{n}=\dfrac{[\Delta_x\Delta_x]}{n}+\dfrac{2[\Delta_x\Delta_y]}{n}+\dfrac{[\Delta_y\Delta_y]}{n}$

Δ_x、Δ_y 均为偶然误差，则互乘项 $\Delta_x\Delta_y$ 也为偶然误差，根据偶然误差的第四特性，当 $n\to\infty$时，$[\Delta_x\Delta_y]/n=0$。则上式为：$\dfrac{[\Delta_z\Delta_z]}{n}=\dfrac{[\Delta_x\Delta_x]}{n}+\dfrac{[\Delta_y\Delta_y]}{n}$

根据中误差定义，有：$m_z^2=m_x^2+m_y^2$，即

$$m_z=\pm\sqrt{m_x^2+m_y^2} \tag{7-9}$$

当函数为 $z=x_1\pm x_2\pm\cdots\pm x_n$ 时，根据上面推导的方法，可以得出函数 z 的中误差为：

$$m_z=\pm\sqrt{m_{x_1}^2+m_{x_2}^2+\cdots+m_{x_n}^2} \tag{7-10}$$

即 n 个观测值代数和（差）的中误差，等于 n 个观测值中误差平方和的平方根。

在等精度观测情况下，$m_{x_1}=m_{x_2}=\cdots=m_{x_n}=m$ 时，式（7-10）就成为

$$m_z=m\sqrt{n} \tag{7-11}$$

这就是说，在等精度观测时，观测值代数和（差）的中误差，与观测值个数 n 的平方根成正比。

【例 7-3】 三角测量中，以等精度观测了 n 个三角形的各内角，设各三角形的闭合差分别为 W_1，W_2，…，W_n，求测角中误差。

【解】 三角形闭合差 $W_i=A_i+B_i+C_i-180°$，设测角中误差为 m，则依式（7-11），有：

$$m_W=m\sqrt{3}$$

即

$$m=\frac{m_W}{\sqrt{3}}$$

根据中误差的定义（或参照例 7-1），有 $m_W=\pm\sqrt{\dfrac{[WW]}{n}}$，于是有

$$m=\pm\sqrt{\frac{[WW]}{3n}} \tag{7-12}$$

式（7-12）为三角测量时，规范规定用来初步评定测角精度的一个重要公式，称菲列罗公式。

7.3.2 倍函数及其中误差

设有函数
$$z=kx \tag{7-13}$$
这里 k 为常数，x 为直接观测值，于是有：
$$z+\Delta_z=k(x+\Delta_x)$$
将式（7-13）代入，为
$$\Delta_z=k\Delta_x$$
于是
$$[\Delta_z\Delta_z]=k^2[\Delta_x\Delta_x]$$
两边除以 n：
$$\frac{[\Delta_z\Delta_z]}{n}=\frac{k^2[\Delta_x\Delta_x]}{n}$$
取极限并根据中误差定义，有：
$$m_z^2=k^2m_x^2 \text{ 或 } m_z=km_x \tag{7-14}$$
即观测值与常数乘积的中误差，等于观测值中误差乘常数。

【例 7-4】 用水准仪进行视距测量的计算公式为 $s=100l$，设单根丝的读数精度为±1mm，当读得水准尺上的视距间隔为 1.5m 时，试求所测水平距离及其中误差为多少。

【解】 这里水平距离（视距）s 是上下丝读数差 l 的函数，l 又是上、下两丝的读数值的函数，即：
$$l=l_{上}-l_{下}，s=100l$$
由于上丝、下丝的读数精度相同，根据和差函数的中误差式（7-11），有：
$$m_l=\sqrt{2}m_{上}=\sqrt{2}m_{下}=\sqrt{2}m=\pm 1.4\ (\text{mm})$$
而 $s=100l$，根据式（7-14），有：
$$m_s=100m_l=\pm 1.4\times 100=\pm 140\ (\text{mm})$$
而 $s=100l=100\times 1.5=150\text{m}$。于是最后结果为：$s=150\text{m}\pm 0.14\text{m}$。

7.3.3 线性函数及其中误差

线性函数的表达式通常为
$$z=k_1x_1+k_2x_2+\cdots+k_nx_n \tag{7-15}$$
这里 k_1，k_2，…，k_n 为常数，x_1，x_2，…，x_n 为具有中误差 m_{x_1}，m_{x_2}，…，m_{x_n} 的独立观测值。

设
$$z_i=k_ix_i \tag{7-16a}$$
即
$$z=z_1+z_2+\cdots+z_n \tag{7-17a}$$
对倍乘函数式（7-16a），有：
$$m_{z_i}=k_im_{x_i} \tag{7-16b}$$
对和差函数式（7-17a），有：
$$m_z=\pm\sqrt{m_{z_1}^2+m_{z_2}^2+\cdots+m_{z_n}^2} \tag{7-17b}$$

将式（7-16b）代入式（7-17b），有

$$m_z=\pm\sqrt{k_1^2m_{x_1}^2+k_2^2m_{x_2}^2+\cdots+k_n^2m_{x_n}^2} \tag{7-18}$$

前面讨论的和差函数、倍乘函数，其中误差无疑都是线性函数的特例。另外，如果 $m_{x_1}=m_{x_2}=\cdots=m_{x_n}=m$，$k_1=k_2=\cdots=k$，则式（7-18）可写成

$$m_z=km\sqrt{n} \tag{7-19}$$

【例 7-5】 设有某线性函数

$$z=\frac{4}{14}x_1+\frac{9}{14}x_2+\frac{1}{14}x_3$$

其中 x_1、x_2、x_3 的中误差分别为 $m_1=\pm3\text{mm}$、$m_2=\pm2\text{mm}$、$m_3=\pm6\text{mm}$，求 z 的中误差。

【解】 按（7-18）式，并将 x_1、x_2、x_3 的中误差代入后可得：

$$m_z=\pm\sqrt{\left(\frac{4}{14}\times3\right)^2+\left(\frac{9}{14}\times2\right)^2+\left(\frac{1}{14}\times6\right)^2}=\pm1.6\text{mm}$$

【例 7-6】 等精度观测某三角形的三个内角 A、B、C，测角中误差均为 $m=\pm5''$，数据处理时先计算三角形闭合差 W，再按其三分之一均匀分配给各个内角，作为各内角的最或然值。试求闭合差 W 及三角形内角最或然值的中误差。

【解】 三角形闭合差 $W=A+B+C-180°$。由于 A、B、C 相互独立，可直接应用式（7-11）或式（7-19），得：

$$m_z=m\sqrt{3}=\pm5''\times\sqrt{3}=\pm8.7''$$

三个内角的观测精度相同，且相互独立，均按闭合差的三分之一平均分配，故最后它们的最或然值的中误差也是相同的。现以其中一角（如 A 角）进行计算：

$$\hat{A}=A-\frac{W}{3}$$

这里 W 与 A 并不相互独立，因此不能直接应用式（7-18）。可对上式先进行如下的函数处理：

$$\hat{A}=A-\frac{W}{3}=A-（A+B+C-180°）/3=\frac{2A}{3}-\frac{B}{3}-\frac{C}{3}-60°$$

再应用式（7-18），有：

$$m_{\hat{A}}=\pm\sqrt{\frac{4}{9}m^2+\frac{1}{9}m^2+\frac{1}{9}m^2}=\pm m\sqrt{\frac{2}{3}}=\pm4.1''$$

可见，最或然值的精度较原观测值的精度稍有提高。

7.3.4　一般函数及其中误差

一般函数可表达为

$$z=f（x_1，x_2，\cdots，x_n） \tag{7-20}$$

式中：x_1，x_2，…，x_n 为独立观测值，其真误差相应为 Δ_{x_1}，Δ_{x_2}，…，Δ_{x_n}。

于是有：$z+\Delta_z=f(x_1+\Delta_{x1}, x_2+\Delta_{x2}, \cdots, x_n+\Delta_{x_n})$。

由于Δ_{x_i}是一个微小量，故上式可按泰勒级数展开。在展开式中取Δ_{x_i}的一次幂项，有

$$z+\Delta_z=f(x_1+x_2, \cdots, x_n)+\frac{\partial f}{\partial x_1}\Delta_{x_1}+\frac{\partial f}{\partial x_2}\Delta_{x_2}+\cdots+\frac{\partial f}{\partial x_n}\Delta_{x_n}$$

将式（7-20）代入上式，有

$$\Delta_z=\frac{\partial f}{\partial x_1}\Delta_{x_1}+\frac{\partial f}{\partial x_2}\Delta_{x_2}+\cdots+\frac{\partial f}{\partial x_n}\Delta_{x_n}$$

式中：$\frac{\partial f}{\partial x_i}$为函数$f$对变量$x_i$所求的偏导数，将观测值代入进行计算，这些偏导数均为常数，因此上式为线性函数。根据线性函数的中误差式（7-18），有

$$m_{\Delta_z}=\pm\sqrt{\left(\frac{\partial f}{\partial x_1}\right)^2 m_{\Delta_{x_1}}{}^2+\left(\frac{\partial f}{\partial x_2}\right)^2 m_{\Delta_{x_2}}{}^2+\cdots+\left(\frac{\partial f}{\partial x_n}\right)^2 m_{\Delta_{x_n}}{}^2}$$

上式是函数真误差的中误差。分析式（7-1）可知，由于真值没有误差，因此观测值真误差的中误差也就是观测值本身的中误差，即有

$$m_z=\pm\sqrt{\left(\frac{\partial f}{\partial x_1}\right)^2 m_{x_1}{}^2+\left(\frac{\partial f}{\partial x_2}\right)^2 m_{x_2}{}^2+\cdots+\left(\frac{\partial f}{\partial x_n}\right)^2 m_{x_n}{}^2} \tag{7-21}$$

故一般函数的中误差，等于该函数对每个独立观测变量取偏导数与相应变量中误差乘积之平方和的平方根。

式（7-21）具有普遍意义，是误差传播定律的通用形式，前面的和差函数、倍函数、线性函数，均是式（7-21）的特例，并能由式（7-21）直接导出。

【例 7-7】 设有函数$z=S\sin\alpha$，式中，$S=150.11\text{m}$，中误差$m_S=\pm0.05\text{m}$；$\alpha=119°45'00"$，中误差$m_\alpha=\pm20.6"$，求z的中误差。

【解】 因为$z=S\sin\alpha$，z是S和α的二元函数，所以由式（7-21）得

$$m_z^2=\left(\frac{\partial z}{\partial s}\right)^2 \partial s^2+\left(\frac{\partial z}{\partial \alpha}\right)^2\left(\frac{m_\alpha}{\rho}\right)^2$$

式中：$\frac{\partial z}{\partial s}=\sin\alpha$，$\frac{\partial z}{\partial \alpha}=S\cos\alpha$。这里将$m_\alpha$除以$\rho$是因为角度的增量必须以弧度为单位（$\rho$取206265″）。将已知数据代入，得

$$m_z^2=\sin^2\alpha\times m_s^2+(S\cos\alpha)^2\left(\frac{m_\alpha}{\rho}\right)^2$$

$$m_z^2=0.868^2\times0.05^2+(150.11\times0.496)^2\left(\frac{20.6}{206265}\right)^2$$

$$m_z^2=1.939\times10^{-3}\text{m}$$

$$m_z=0.044\text{m}$$

在应用式（7-21）时应注意以下问题：

（1）式中$\frac{\partial f}{\partial x_i}$（$i=1, 2, \cdots, n$）是函数对各自自变量的偏导数用观测值代入后的

导数值，而不是导函数。

（2）若所给角度的中误差以度、分和秒为单位，则应将其化为弧度，具体做法是除以一个相应的 ρ 值。

（3）一个函数式中包含多项的和时，各项的单位要统一。

（4）应用误差传播定律时，各观测值应只包含偶然误差（不含系统误差）且各观测值必须互相独立（观测值之间不能有某种函数关系），否则，不能直接应用误差传播定律。

例如，设 $z=x+y$ 而 $y=3x$，此时就不能把 z 看成 x 与 y 的和，应用来求 z 的中误差，因为 x 与 y 并不独立。应将 $y=3x$ 代入 $z=x+y$ 中，得到 $z=4x$，为 x 的倍数函数，从而直接应用式（7-14），得 $m_z=4m_x$。

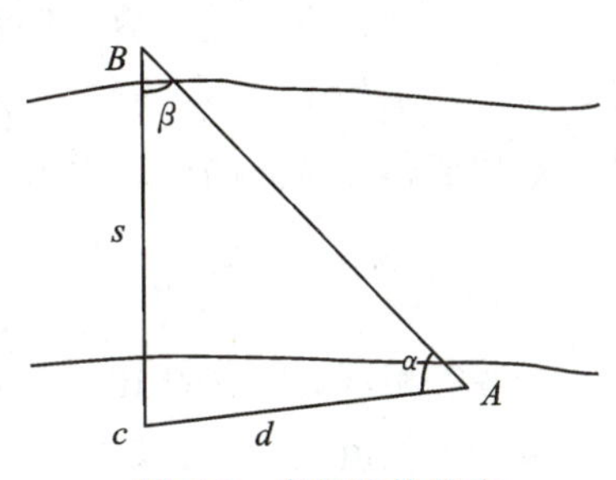

图 7-2　求河流的宽度

【例 7-8】 如图 7-2 所示，为了获得河流的宽度 s，沿河边测量距离 d，中误差为 m_d，测量角度 α、β，中误差为 m_α、m_β。求河流宽度 s 及其中误差。

【解】 图中应用正弦定理，得：

$$s=d\frac{\sin\alpha}{\sin\beta}$$

分别对各自变量求偏导数：

$$\frac{\partial s}{\partial d}=\frac{\sin\alpha}{\sin\beta}=\frac{s}{d}$$

$$\frac{\partial s}{\partial \alpha}=\frac{d\cos\alpha}{\sin\beta}=\frac{d\sin\alpha\cos\alpha}{\sin\beta\sin\alpha}=s\cot\alpha$$

$$\frac{\partial s}{\partial \beta}=-\frac{d\sin\alpha\cos\beta}{\sin\beta\ \sin\beta}=-s\cot\beta$$

代入式（7-21），有：

$$m_s=\pm\sqrt{s^2\frac{m_d^2}{d^2}+s^2\cot^2\alpha\frac{m_\alpha^2}{\rho^2}+s^2\cot^2\beta\frac{m_\beta^2}{\rho^2}}$$

任务 7.4　算术平均值及其中误差

算术平均值及其中误差（微课）

7.4.1　算术平均值

算术平均值及其中误差（课件）

在相同观测条件下，对某个未知量进行 n 次观测，其观测值分别为 l_1，l_2，…，l_n。又设该未知量的真值为 X，则各观测值的真误差为：

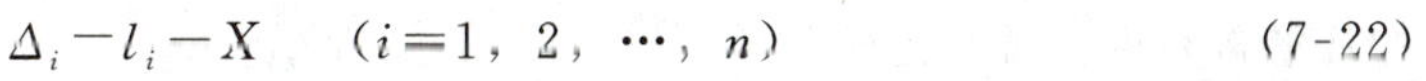

$$\Delta_i=l_i-X\quad(i=1,2,\cdots,n)\tag{7-22}$$

将上列各式相加，并除以 n，得到：$\frac{[\Delta]}{n}=\frac{[l]}{n}-X \Rightarrow \frac{[l]}{n}=\frac{[\Delta]}{n}+X$

这里令 $[\Delta]/n=\delta$，$[l]/n=L$，则 $L=\delta+X$，L 为观测值的算术平均值，δ 为算术平均值的真误差。根据偶然误差的第（4）个特征，当观测次数无限增多时，$[\Delta]/n$ 就会趋近于零，于是有

$$\lim_{n\to\infty}\frac{[l]}{n}=X \tag{7-23}$$

这就是说，当观测次数无限增大时，观测值的算术平均值趋近于该量的真值。但是，在实际工作中，不可能对某个量进行无限次的观测，因此，就把有限次观测值的算术平均值作为该量的最或然值，即：

$$\bar{x}=\frac{l_1+l_2+\cdots+l_3}{n}=\frac{[l]}{n} \tag{7-24}$$

这些等精度观测值都比较接近。当观测值的数值较大时，为了计算方便，可引入观测值的近似值进行计算，将各观测值 l_i 分成近似值与尾数值两部分，即 $l_i=l_0+\delta l_i$，这样在求取算术平均值以及改正数时，只需计算尾数部分，再将近似值 l_0 考虑进去即可。不过在计算机普及的今天，这样的技巧已慢慢失去其意义。

7.4.2 观测值的改正数

算术平均值与观测值之差称为观测值的改正数 ν：

$$\nu_i=\bar{x}-l_i \quad (i=1,2,\cdots,n) \tag{7-25}$$

如果将式（7-2）中的最或然值也看成算术平均值，则与式（7-25）比较可以发现，最或然误差与改正数大小相等，符号相反。

改正数具有两个著名的数学特性：$[\nu]=0$，$[\nu\nu]=$最小。

1. $[\nu]=0$

将式（7-25）式中的 n 个方程式求和，得：$[\nu]=n\bar{x}-[l]$

再根据式（7-24），得到

$$[\nu]=n\frac{[l]}{n}-[l]=0 \tag{7-26}$$

这表明，一组观测值取算术平均值后，其改正值之和恒等于零。这一特征可以作为计算中的校核，以检查误差分配的正确完整性。这里须强调指出：如果改正数的和不等于零，则必须强制性地对某些改正数进行微小调整，使 $[\nu]=0$。

2. $[\nu\nu]=$最小

先模仿式（7-25），再列出一个方程：$\nu'_i=\bar{x}-l_i$。这里 $\bar{x}'$ 为不等于算术平均值 $\bar{x}$ 的任意常数值。现在比较 $[\nu\nu]$ 与 $[\nu'\nu']$ 的大小。

将上式与式(7-25)相减，得 $\nu'_i - \nu = \overline{x}' - \overline{x}$。

为书写简便，令 $\overline{x}' - \overline{x} = \varepsilon$，则上式为：$\nu'_i = \nu_i + \varepsilon$。

对该式取平方并求和，有 $[\nu'\nu'] = [\nu\nu] + n\varepsilon^2 + 2\varepsilon[\nu]$。

$[\nu]=0$，故上式变化为：$[\nu'\nu'] = [\nu\nu] + n\varepsilon^2$。式中三项均为正数，故 $[\nu\nu] < [\nu'\nu']$。

由于前面已假定 $\overline{x}'$ 为任意的常数值，现在又推算出根据任意常数 $\overline{x}'$ 计算的 $[\nu'\nu']$，都有 $[\nu\nu] < [\nu'\nu']$。故可认为

$$[\nu\nu] = 最小 \tag{7-27}$$

式(7-27)即为“改正数的平方和为最小”。它包含两层含义：一是根据等精度观测值求出的最或然值(算术平均值)，其改正数必然满足 $[\nu\nu]=$ 最小；二是在满足 $[\nu\nu]=$ 最小的前提下，根据观测值改正后求出的数值一定是最或然值。这两个要点构成了整个测量平差的理论基础，并称之为最小二乘法原理。

7.4.3 按改正数计算中误差

式(7-5)是中误差的基本定义式，它要求根据观测值的真误差来计算中误差。但实际中往往无法知道观测值的真值，从而无法求得各观测值的真误差，这就需要另辟蹊径来求取观测值的中误差，通常的做法是根据改正数求取观测值的中误差。

将式(7-25)代入式(7-22)，有：$\Delta_i = (\overline{x} - X) - \nu_i \quad (i=1, 2, \cdots, n)$

对上式两边取平方得：$\Delta_i\Delta_i = (\overline{x} - X)^2 - 2\nu_i(\overline{x} - X) + \nu_i\nu_i$

再对上式求和，得 $[\Delta\Delta] = n(\overline{x} - X)^2 - 2[\nu](\overline{x} - X) + [\nu\nu]$

利用 $[\nu]=0$，再将上式两端除以 n，有：

$$\frac{[\Delta\Delta]}{n} = (\overline{x} - X)^2 + \frac{[\nu\nu]}{n} \tag{7-28}$$

式中 $\overline{x} - X$ 为算术平均值与真值的差，有：

$$(\overline{x} - X)^2 = \left(\frac{[l]}{n} - X\right)^2 = \left(\frac{[l] - nX}{n}\right)^2 = \left(\frac{[\Delta]}{n}\right)^2 = \left(\frac{\Delta_1 + \Delta_2 + \cdots + \Delta_n}{n}\right)^2$$

$$= \frac{1}{n^2}(\Delta_1^2 + \Delta_2^2 + \cdots + \Delta_n^2) + \frac{2}{n^2}\left\{\begin{matrix}(\Delta_1\Delta_2 + \Delta_1\Delta_3 + \cdots + \Delta_1\Delta_n) + \\ (\Delta_2\Delta_3 + \Delta_2\Delta_4 + \cdots + \Delta_2\Delta_n) + \\ + \cdots + \Delta_{n-1}\Delta_n\end{matrix}\right\}$$

Δ_i、Δ_j 均为偶然误差，则二者的乘积还是偶然误差，根据偶然误差的第(4)个特性，当 $n \to \infty$ 时，上式大括号内互乘项 $\Delta_i\Delta_j$ 的和必趋近于0，故

$$(\overline{x} - X)^2 = \frac{1}{n^2}(\Delta_1^2 + \Delta_2^2 + \cdots + \Delta_n^2) = \frac{[\Delta\Delta]}{n^2}$$

因此式(7-28)可写成 $\dfrac{[\Delta\Delta]}{n} = \dfrac{[\Delta\Delta]}{n^2} + \dfrac{[\nu\nu]}{n}$。

考虑中误差的定义式（7-7），上式又可写成

$$m^2=\frac{m^2}{n}+\frac{[\nu\nu]}{n}$$

整理上式，得：

$$m=\pm\sqrt{\frac{[\nu\nu]}{n-1}} \tag{7-29}$$

式（7-29）便是利用观测值的改正数计算中误差的公式，该式也称为白塞尔公式。

7.4.4 算术平均值的中误差

将式（7-24）变形，有

$$\bar{x}=\frac{[l]}{n}=\frac{l_1}{n}+\frac{l_2}{n}+\cdots\frac{l_n}{n}$$

式中各观测值相互独立，可应用误差传播率，得算术平均值的中误差为

$$M=\frac{m}{\sqrt{n}}=\pm\sqrt{\frac{[\nu\nu]}{n(n-1)}} \tag{7-30}$$

可见，算术平均值的中误差相当于观测值中误差的 $1/\sqrt{n}$，精度有所提高。

可以对式（7-30）进行验证，当观测次数 n 在 10 次以内增加时，M 减小的倍数很快（算术平均值的精度迅速提高），当 n 在 10 次以上增加时，M 减小的倍数相对较慢（算术平均值的精度提高幅度不大），n 越大，其算术平均值提高精度的步伐也就越慢。所以，实际工作中并不是观测次数越多越好，而是考虑经济原因而对观测次数有一定限制，通常的重复观测次数都不超过 12 次。例如《工程测量标准》（GB 50026—2020）便规定二等三角形网测量中一测站测角的测回次数为 12 测回。限制观测次数的另一个原因是，无法用单纯重复观测的方法消除某些系统误差的影响，因为如果重复观测次数过多，则会使计算出的结果的精度掩盖系统误差的影响，导致错误的精度结果。例如用一把毫米刻划的钢尺往返测量某段距离（称 1 测回），测量其结果的相对误差约为 1/5000 的话，则测 9 个测回可将精度提高为 1/15000，这是比较可行的。但如果测 900 个测回，按误差传播率可将其精度提高为 1/150000，这当然就是不可行的了，因为系统误差的存在大大掩盖了结果精度的真实性。

【例 7-9】 在相同条件下对某一水平距离进行 6 次观测，观测数据如表 7-4 中。求其算术平均值及其中误差。

【解】 先按式（7-24）计算 6 个观测值的算术平均值，再按式（7-25）计算各观测值的改正数，接着计算改正数的平方数，然后按式（7-29）及式（7-30）计算观测值及算术平均值的中误差。计算过程全部列于表 7-4 中。

表 7-4　按观测值的改正数计算中误差

次序	观测值/m	改正值 ν/cm	$\nu\nu/cm^2$	计算 $\bar{x}$/m
1	120.031	−1.4	1.96	$\bar{x}=[l]/n$ $=120.017m$ $m=\pm\sqrt{\frac{[\nu\nu]}{(n-1)}}$ $=\pm 3.0\ cm$ $M=m/\sqrt{n}=\pm 1.2\ cm$
2	120.025	−0.8	0.64	
3	119.983	+3.4	11.56	
4	120.047	−3.0	9.00	
5	120.040	−2.3	5.29	
6	119.976	+4.1	16.81	
$\sum$	$[l]=720.102$	$[\nu]=0.0$	$[\nu\nu]=45.26$	

课后习题

一、名词解释

真误差　最或然误差　偶然误差　系统误差　中误差　平均误差　相对误差　极限误差

二、选择题

(1) 同精度观测是指在（　　）相同的观测。

A. 允许误差　B. 系统误差　C. 观测条件　D. 偶然误差

(2) 一把名义长度为 30m 的钢卷尺，实际是 30.005m. 每量一整尺就会有 5mm 的误差，此误差称为（　　）。

A. 系统误差　B. 偶然误差　C. 中误差　D. 相对误差

(3) 在距离丈量中，衡量精度的指标是（　　）。

A. 往返较差　B. 相对误差　C. 闭合差　D. 中误差

(4) 对某一角度进行了一组观测，则该角的最或然值为该组观测值的（　　）。

A. 算术平均值　B. 平方和　C. 中误差　D. 平方和中误差

(5) 普通水准尺的最小分划为 1cm，估读水准尺 mm 位的误差属于（　　）。

A. 偶然误差　B. 可能是偶然误差也可能是系统误差

C. 系统误差　D. 既不是偶然误差也不是系统误差

(6) 对某角观测 4 测回，每测回的观测中误差为±8.5″，则其算术平均值中误差为（　　）。

A. ±2.1″　B. ± 1.0″　C. ±4.2″　D. ±8.5″

(7) 三角形测角中误差为±8″，则内角和中误差为（　　）。

A. ±8″　B. ±4.6″　C. ±24″　D. ± 13.9″

(8) 产生测量误差的原因有（　　）。

A. 观测者　B. 观测仪器　C. 外界条件　D. 观测的方法

(9) 在相同的观测条件下测得三角形内角和值为179°59′58″、179°59′52″、179°59′54″、180°00′06″、180°00′10″，则观测值中误差为（　　）。

A. ±4.5″　　B. ±5.1″　　C. ±6.9″　　D. ±7.7″

(10) 用全站仪对某角观测9次，其观测结果的算术平均值中误差为±2″，则该角的观测值中误差为（　　）。

A. ± 1″　　B. ±2″　　C. ±6″　　D. ±9″

三、判断题

(1) 中误差越大，观测精度越高。（　　）

(2) 偶然误差对观测结果的影响具有累积作用。（　　）

(3) 相同观测条件下，偶然误差的大小和符号具有规律性。（　　）

(4) 系统误差可以通过一些方法加以消除或减弱。（　　）

(5) 真值反映目标物体客观存在的物理特性，每一个观测值的真值都是知道的。（　　）

(6) 粗差也属于偶然误差，多次观测取平均值可以消除粗差的影响。（　　）

(7) 角度测量的误差与角度的大小有关。（　　）

四、简答题

简述偶然误差的特性。

五、计算题

(1) 在相同条件下对某一水平距离进行6次观测，观测数据如表1所示。求其算术平均值、观测值中误差及算术平均值的中误差。

表1

次序	观测值/m	改正值 ν/cm	$\nu\nu$
1	120.031		
2	120.025		
3	119.983		
4	120.047		
5	120.040		
6	119.976		
$\sum$	$[l]=$	$[\nu]=$	$[\nu\nu]=$

(2) 在相同条件下对6条边各丈量两次，变量结果见表2。各边均取两次丈量值的平均值作为最或然值，求观测值中误差与每边最或然值的中误差。

表 2

边号	第一次丈量值 L'/m	第二次丈量值 L''/m	差数 d_i/mm	$d_i d_{i1}$
1	25.475	25.466		
2	25.780	25.785		
3	25.009	25.005		
4	24.862	24.873		
5	24.341	24.335		
6	24.773	24.776		
				$[dd]=$

项目8　地形图的认识与测绘

项目概况

本项目主要介绍地形图的基本概念，地形图的分幅和编号，地形图的符号和注记。在此基础上介绍了如何阅读地形图，以及地形图在工程建设中的应用；最后介绍了地形图的测绘。通过本项目的学习，学习者可以正确阅读地形图，从地形图上提取坐标、高程、坡度等信息，并初步掌握地形图的测绘方法。

学习目标

（1）熟悉地形图的基本概念，地形图的分幅和编号，以及地形图的符号和注记。
（2）能正确阅读地形图，并从地形图上提取坐标、高程、坡度等信息。
（3）熟悉地形图的测绘方法和步骤。
（4）能综合使用RTK和全站仪设备，开展大比例尺地形图的测绘。
（5）通过任务驱动小组配合，提升团队合作精神。
（6）通过任务合作，培养良好的沟通表达能力。
（7）通过对整个任务周期的合理安排，树立良好的任务时间观念。

任务8.1　地形图的认识

8.1.1　地形图的概念

地形图的认识（微课）

地形图的认识（课件）

地图是先于文字形成的用图解语言表达事物的工具。在古代人类的生存斗争中，伴随着渔猎、耕作的实践活动，积累了相当丰富的地理知识。为了记载生活资料的产地，人类将它用图形模仿的方法记载下来，作为以后活动的指导。最初，人们并没有完整的地图概念，他们在记载各种事物的过程中，应用了最直接、形象的绘图方法，用各种图形表现各种事物和现象。其中，用于描绘地理环境的图画由于它描绘地面的独特的优越性终于发展成为地图。由于地图是在人们的实践活动中产生的，原始地图大多服务于某一项专门的生产操作，所以最早的地图是“专门”地图，后来在很多“专门”地图中找到了一些共同的地形因素，才出现了以表示地势河川、居民地和道路为主的“普通”地图。

关于地图的定义，许多文献总结出各种不同的说法。有的说，地图是根据一定的投影法则，使用专门符号，将地球表面缩小在平面的图件；也有的说，数字地形图是存储在数据库中的地理数据模型，等等。

《测绘学名词》定义，地图是“按一定数学法则，运用符号系统和综合方法，以图形或数字的形式表示具有空间分布特性的自然与社会现象的载体。”地形图是指“表示地表上的地物、地貌平面位置及基本地理要素，且高程用等高线表示的一种普通地图”。

其实，上述地形图定义中关于“高程用等高线表示”的内容是针对较大比例尺地形图的。对很多小比例尺地形图（如中国地形图），是不可能用等高线去表示高程的。针对上述各种定义，并考虑到地形图表达的具体内容情况，可以先对地形图与地图进行如下的归纳分析。

（1）地图是根据一定的数学法则绘制而成的。这个法则主要是指地图的投影法则，如 1.4.1 小节介绍的墨卡托投影、兰伯特投影、高斯投影等。

（2）地形图属于地图中的一种，同样具有相应的投影法则。地图分为普通地图和专题地图。地形图是一种普通地图，它是以相对平衡的详细程度表示地球表面的水系、地貌、土质植被、居民地、交通网、境界等自然现象和社会现象的地图。它比较全面地反映了制图区域的自然人文环境、地理条件和人类改造自然的一般状况，反映出自然、社会经济等方面的相互联系和影响的基本规律。随着地图比例尺的不同，所表达的内容的详简程度也有很大的差别。专题地图是根据专业方面的需要，突出反映一种或几种主题要素或现象的地图，其中作为主题的要素表示得很详细，而其他要素则作为地理基础概略表示。

（3）地物是指附着在地表上的自然或人工物体。自然物体大的如山脉、河流、海洋、草原、冰川等，小的如水塘、小山、小河等，它们一般都具有自己确定的位置和固定的名称。人工的地物则有公路、铁路、楼房等建筑物体与构筑物体，同样有各自固定的位置和名称。

（4）地貌。古时有孔子“以貌取人”的故事，还有“貌合神离”“道貌岸然”的成语，说的都是人的外表情形。由此可见，貌是指人或物体表面的分布情况与色彩的表达。因此，地貌是指地球表面高低起伏、凹凸不平的自然形态，包括陆地地貌和海底地貌。陆地地貌是指陆地部分地面高低起伏变化和形态变化的特点。如草原地貌、森林地貌、作物地貌，它们的面貌颜色会随春夏秋冬的季节变化而有所不同；而对于冰川、雪原、荒沙、戈壁等地貌，它们则有可能随时间的推移发生从量变到质变的变化；而在地质上也有喀斯特地貌、丹霞地貌、雅丹地貌等，这些地貌同样会在一定时间内发生可观的变化。海底地貌是指海洋部分海底高低起伏的变化、形态特点和海底地质。如海底山脉、海沟、海盆、海岭等。

综合以上分析，可以简单地将地形图定义为“按一定比例尺和图式符号，表示地物、地貌的平面位置和高程的正射投影图”。

图 8-1 为地形图的一部分。

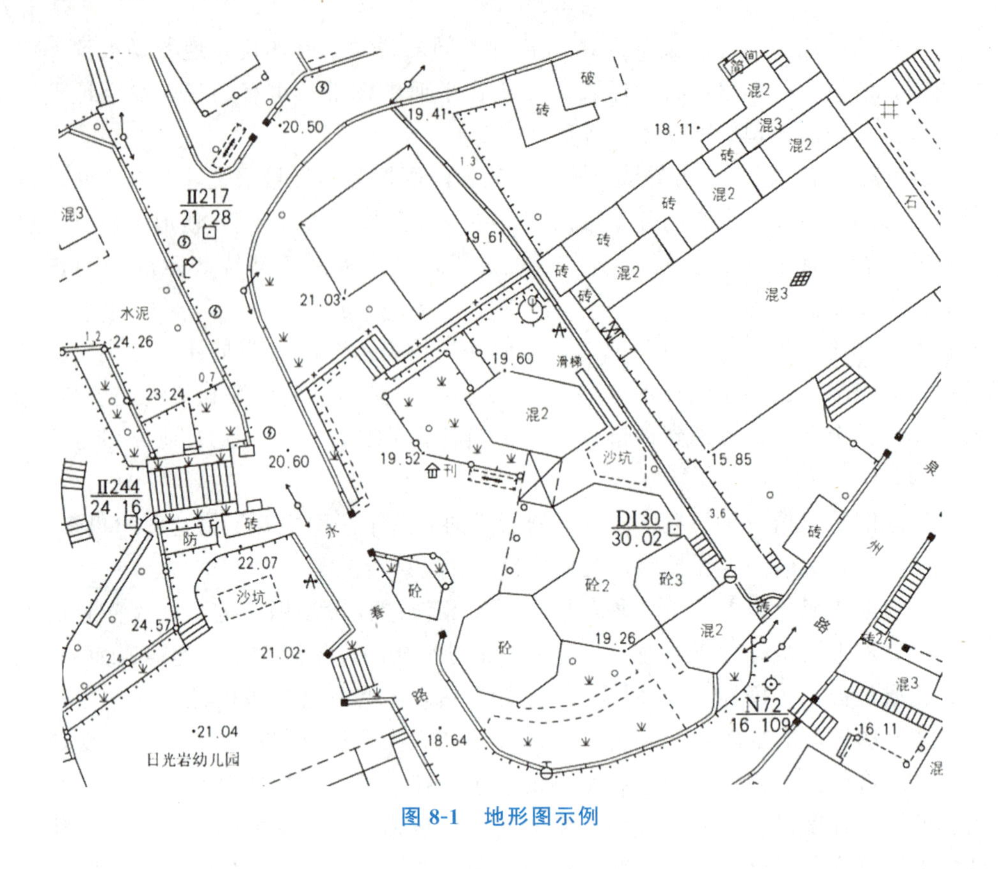

图 8-1　地形图示例

8.1.2　地形图的内容

地形图内容可分成四个部分：数学要素、地理要素、注记要素和整饰要素。

1. 数学要素

数学要素指数学基础在地图上的表现。数学要素包括地图投影及与之有联系的地图的坐标网、控制点、比例尺和地图定向等内容。

坐标网是制作地形图时绘制地形图内容图形的控制网，利用地形图时可以根据它确定地面点的位置和进行各种量算。由于地图投影的不同，坐标网常表现为不同的系统和形状。地形图的坐标网，有地理坐标网和直角坐标网之分，它们都是地图投影的具体表现形式。由于地形图的要求不同，有些地形图要同时表现两种形式的坐标网，另外一些地形图则只要表示其中一种坐标网即可。图 8-2 为某地形图的直角坐标网。

控制点是测图和制图的控制基础，它保证地形图上的地理要素对坐标网具有正确位置。控制点的位置和高程是用精密仪器测量得来的。控制点分为平面控制点和高程控制点。控制点只在大比例尺地形图上才选用，起补充坐标网的作用。

地形图的比例尺是表示地图对实地的缩小程度，是图上线段与该线段在实地长度之比。

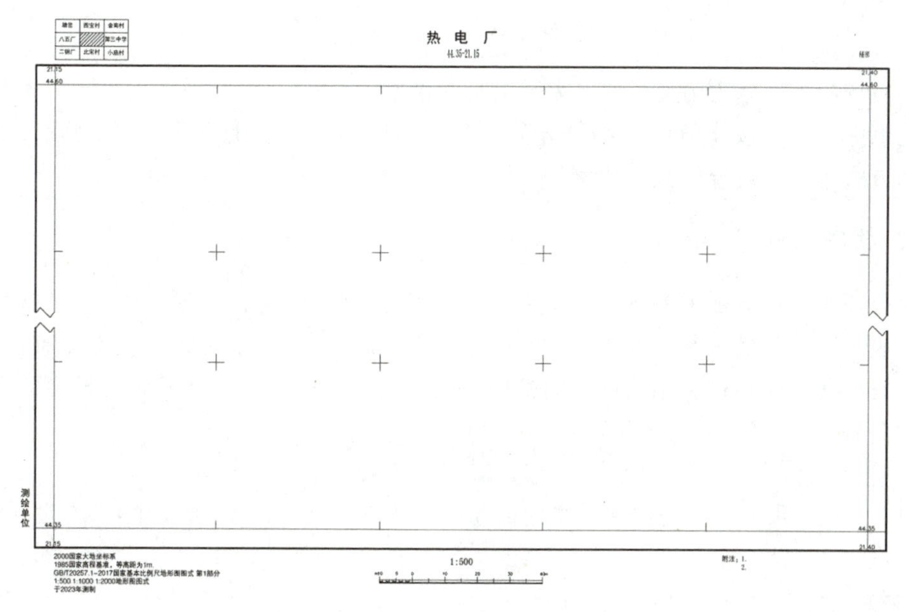

图 8-2　地形图图廓示例

地形图的定向则是确定地图上图形的方向。一般地形图均以北方定向。

2. 地理要素

地理要素是地形图的主体，包括各种地物和地貌。

3. 注记要素

注记要素包括名称注记和说明注记。名称注记指地理事物的名称。如行政区名称、居民地名称、企事业单位名称、交通要素名称、山名、河流名称等。名称注记是地形图上不可缺少的内容。

说明注记又分为文字和数字两种，用于补充说明制图对象的质量或数量属性。如管线性质、输送物质、公路路面性质、树种、比高、电压、里程、桥宽和载重、河流流速、高程、树高等。

4. 整饰要素

整饰要素包括图名，图号，接图表，四周的图框，测绘单位全称，测绘日期及测图的方法，采用的坐标系统、高程系统，使用的图式，测图比例尺，测量员，绘图员，检查员等，如图 8-2 所示。

8.1.3　地形图的比例尺

地形图的比例尺是指线段在图上的长度与其在实地的水平长度之比。设线段图上长为 l，实地水平距离为 L，则地形图的比例尺为

$$比例尺=\frac{l}{L}=\frac{1}{L/l}=\frac{1}{M} \tag{8-1}$$

式中，$M=L/l$ 称为比例尺分母，表示缩小的倍率。

地形图比例尺按比值的大小可分为三类：大比例尺、中比例尺、小比例尺。如果按表示方式来分，可分为数字比例尺、图示比例尺。

1. 数字比例尺

用分子为 1 的分数来表示的比例尺就是数字比例尺。这就是说，数字比例尺是用数字来表示比例尺的关系，如 1∶50000、1/5000 等。地形图下边缘一般都印有数字比例尺，它的优点是比例关系明确，能根据公式方便地进行图上长度或实地长度的计算。计算的公式由式（8-1）变形可得：

$$L=l\times M，l=L/M \tag{8-2}$$

【例 8-1】 量得一座桥梁两端之间的水平距离为 98.6m，试求在 1∶500 图上应画出的长度。

【解】 按式（8-2）有：

$$l=\frac{L}{M}=\frac{98.6}{500}=0.1972\text{m}=19.72\text{cm}$$

【例 8-2】 设在 1∶1000 图上量出一房屋的长为 3.24cm，宽为 2.24cm，求这房屋的占地面积。

【解】 由式（8-2）有

$$L_1=l_1\times M=3.24\times 1000=3240\text{cm}=32.4\text{m}$$

$$L_2=l_2\times M=2.24\times 1000=2240\text{cm}=22.4\text{m}$$

面积 $$S=32.4\times 22.4=725.76\text{m}^2$$

注意：数字比例尺的分母越大，则比值越小，比例尺也就越小；相反，分母越小，则比例尺越大。

2. 图示比例尺

在地（形）图的图纸上绘制的比例尺称图示比例尺。图示比例尺的应用有两个好处，一是为了方便直观，可以参照比例尺上所刻的比例长度关系，目估图上任意两点间的距离大小，经常读图的人可以达到 10%以内的估计精度；而更重要的是绘在图纸上的图示比例尺随图纸一同伸缩，用它在同一幅图上量测距离时，就可以基本上消除因图纸伸缩而带来的量测误差。图示比例尺有直线比例尺、斜线比例尺，还有一种用在较小比例尺图上的经纬线比例尺。

1）直线比例尺

直线比例尺是在一段直线上截取若干相等的线段，称为比例尺的基本单位，如图 8-3（a）所示的基本单位是 20mm（实地 20m）。对基本单位长度的选取，以换算成实地距离后应是一个使用方便的整数为原则。如对 1∶1000 及 1∶5000 的比例尺可取 2cm 作为基本单位，因它相当于上述比例尺的实地长度为 20m 及 100m；对于 1∶2000 的比

例尺，则取 2.5cm 作为基本单位比取 2cm 作基本单位方便实用，因为前者相当于实地 50m，后者为 40m。

截取基本单位后，再把左面第一个基本单位分为 10 等份（如能够，为了提高计数精度也可以分成 20 等份，通常最小可分出 1mm 间隔），在第一个基本单位右端分划线上注以“0”字，并在其他基本单位分划上注记相应比例尺的实地长。例如图 8-3（a）为 1∶1000 的直线比例尺，其基本单位（取 20mm）相当于实地 20m。

应用时，把分规（两脚规）的两脚尖对准图上待量距离的两点，然后，将分规移至直线比例尺上，使一个脚尖对准“0”分划线右侧的某一个分划，而使另一个脚尖落在“0”分划线左侧有小分划之分段中，则所量的距离就等于两个脚尖读数的总和，不足一个小分划的尾数可估读之，如图 8-3（a）所示读数为 49.5m（相吻合！对 1∶1000 比例尺地形图，使用毫米刻划的直尺量距，人眼可直接估读出 0.5m）。

2）斜线比例尺（复式比例尺）

图 8-3（b）为斜线比例尺。由于它是在直线比例尺的基础上制作出来的，同时也具有直线比例尺的功能，故又叫复式比例尺。

从上述应用举例可以看出，在直线比例尺上，只能直接读至 1/10（或 1/20）比例尺基本单位，剩下的读数就要目估读取，这与直接用毫米刻划的三角板在图上量测距离具有相同的精度。为了提高读数的精度，通常采用斜线比例尺。斜线比例尺可以直读到基本单位的 1/100，精度大大提高。

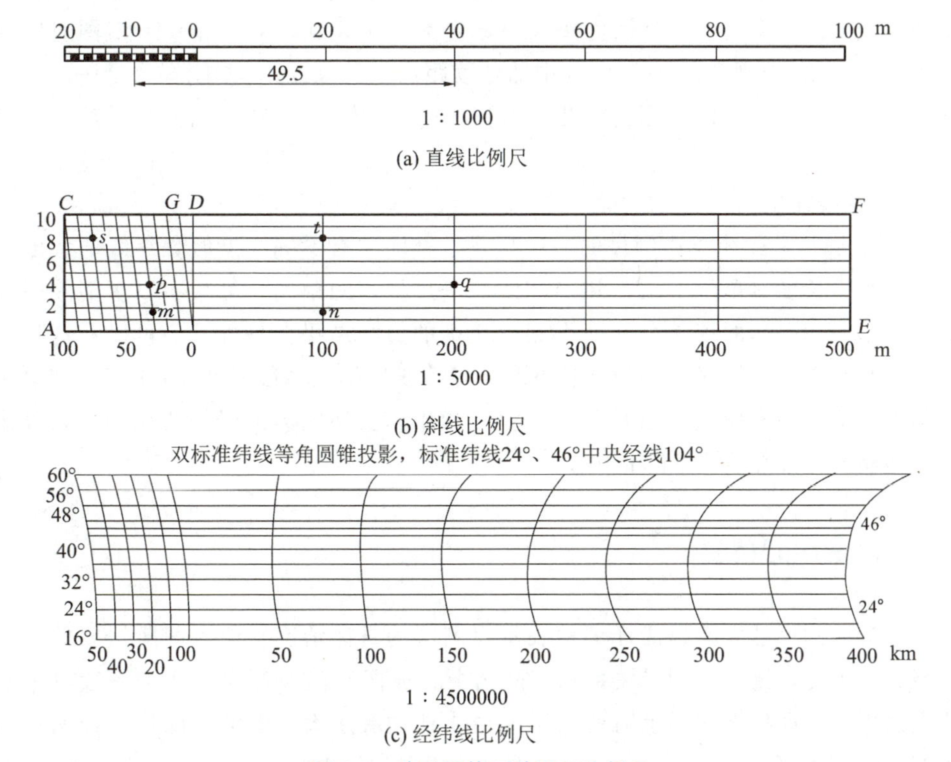

图 8-3　地形图的三种图示比例尺

如图 8-3（b）所示，在直线 ABE 上按基本单位（20mm）长度截取各分点，过各分点作 ABE 的垂线，垂线的长度与基本单位一致（20mm）。再将两端的垂线 10 等分，连接各对应的分点，得到与 ABE 平行的 10 条横线。然后，将左起第一个基本单位的上、下两边各分为 10 等份，并依次把上边左端点与下边左起第 1 分点，上边第 1 分点与下边第 2 分点，…，上边第 9 分点与下边右端点相连，由此得到 10 条斜的平行线。最后在第 1 段右端下方注记“0”，其他各基本单位分划下注以相应比例尺的实地长度，即得斜线比例尺（或称复式比例尺）。

使用时，用分规的两脚尖在图上截取要量的距离，再将它移至斜线比例尺上，使一个脚尖置于“0”分划右侧之基本单位分划线上，另一个脚尖恰好落在斜线与横线之某交点上，则两个脚尖读数之和就是所量的距离，如图 8-3（b）中的 $st=168\text{m}$，$pq=224\text{m}$。

斜线比例尺也可以估读出直读单位的一半，如图 8-3（b）中可直读出 1m，则可估读出 0.5m，图中的 $mn=131.5\text{m}$。此时可用式（8-1）计算出分规量取的图上长度为 131.5m/5000＝26.3mm，如果用毫米刻划的三角板直接对 1∶5000 的地形图量距，加上估读只能量出 26.5mm（最接近 26.3mm），算得 mn 实地长为 $L=26.5\text{mm}\times5000=132.5\text{m}$。可见，二者的量算精度不同，结果也不同。

当然，图 8-3（b）中的斜线比例尺也可以制作成 1mm 间隔（现在是 2mm）的最小基本单位使读数精度再提高一倍，只是由于用分规量取图上点位时的照准精度可能达不到相应要求而失去意义。因为按人眼分辨率一般为 0.1mm，1∶5000 图对应的实地距离为 0.5m，而现在图 8-3（b）中的估读距离也是 0.5m，刚刚好吻合一致。这比用毫米刻划的三角板直接在图上量测（直读 5m，估读 2.5m）已经提高了整整 5 倍的精度。

3）经纬线比例尺

图 8-3（c）是经纬线比例尺的一种样式，上面注有不同纬度时，纬线的线段所代表的实地水平长度（单位 km）。用经纬线比例尺量算的距离，可减弱以至消除因各处投影变形不同而引起的误差，从而得到较精确的量测结果。另外，还可以从这种比例尺上能直观地看出沿纬线变形的分布情况。经纬线比例尺一般只在 1∶100 万和更小比例尺的地（形）图上使用。图 8-3（c）是一幅中国交通图上的经纬线比例尺，该比例尺右侧注明双标准纬线为 24°和 46°。

8.1.4 比例尺的精度

测图的比例尺越大就越能详细地表示出测区的具体情况，但测图所需要的工作量也就越大。因此，测图比例尺关系到实际需要、成图时间及测量费用。一般以工作需要为主要因素，即根据在图上需要表示的最小地物有多大，点的平面位置或两点间的距离要精确到什么程度为准。一般正常人的眼睛只能清楚地分辨出图上距离大于 0.1mm 的两点，距离再小就难以分辨了。因此，通常定义图上 0.1mm 代表的地面长

度称为比例尺精度，如果用 ε 表示比例尺的精度，以 M 表示比例尺分母，则有：

$$\varepsilon = 0.1\text{mm} \times M \tag{8-3}$$

由上式可以算出不同比例尺地形图的精度，如表 8-1 所示。

表 8-1 几种比例尺的精度

比例尺	1∶500	1∶1000	1∶2000	1∶5000
比例尺精度/m	0.05	0.1	0.2	0.5

当地面实物的尺寸小于相应比例尺的精度时，在相应比例尺的图上是表示不出来的，故测图时可以舍去或用规定的符号表示；当测绘相应比例尺的地形图时，测量距离的精度（在不考虑其他误差时）只要分别准确到 0.05、0.1、0.2 及 0.5m 就可以了。因此，当确定了测图比例尺后，就可推算出测量地面上两点间距离应达到什么精度才有实际意义。反之，还可以根据测量距离的精度来确定选择多大的测图比例尺。

例如，依据某工程项目设计要求，在图上能表示出大于实地 0.2m 大小的物体，则由式（8-3）可计算出比例尺分母为：

$$M = \varepsilon / 0.1\text{mm} = 0.2\text{m} / 0.1\text{mm} = 2000$$

这就是说，测图比例尺不应小于 1∶2000。

8.1.5 地形图的分类

地形图按比例尺分类是一种习惯上的分类方法。在不同的地图生产部门，分类方法不一定相同。在城市规划及其他工程设计部门，通常将地形图按比例尺分为如下几类。

（1）大比例尺地形图：1∶2000 及更大比例尺的地形图。

（2）中比例尺地形图：1∶5000～1∶10000 比例尺之间的地形图。

（3）小比例尺地形图：1∶25000 及更小比例尺的地形图。

我国把 1∶100 万、1∶50 万、1∶25 万、1∶10 万、1∶5 万、1∶2.5 万、1∶1 万、1∶5000、1∶2000、1∶1000、1∶500 这 11 种比例尺的地形图规定为国家基本比例尺地形图，这些地形图都是由指定的国家机构和其他公共事业部门按照统一规格测制或编制的。

地形图的分幅和编号（微课）

任务 8.2 地形图的分幅和编号

地形图的分幅和编号（课件）

在地形图测绘中，如果某个区域较大，可能不能够将整个制图区域绘制在一张图纸上。为了不重测、漏测，就需要将地面按一定的规律分成若干块，这就是地图的分幅。另外，若不分幅，地图幅面过大，一般印刷设备难以满足地图印刷的要求。为了科学地反映地形图之间的拼接关系，并能快速检索查找到所需要的某种地区的地形图，同时还为了便于地图发放、保管和使用，需要将地形图按一定规律进行编号。总之，为了便于编图、测图、印刷、保管和使用地图的需要，必须对地图进行分幅和编号。

地形图的分幅和编号是指按一定的规格大小，将地球表面划分成若干小块区域，从而对各区域的地形图进行统一的分块与编号。地形图分幅的办法有两种：一种是按地理坐标的经纬线分幅，称梯形分幅，一般用于国家基本比例尺地形图；另一种是按直角坐标格网线分幅的矩形分幅，通常用于工程建设规划的 1∶500、1∶1000、1∶2000 大比例尺地形图。

8.2.1 梯形分幅与编号

我国的地形图按照国家统一指定的编制规范和图式图例，由国家统一组织测制的，提供各部门、各地区使用，称为国家基本比例尺地形图。1991 年我国制定了《国家基本比例尺地形图的分幅和编号》的国家标准，该标准自 1993 年起实施。1991 年以后制作的国家基本比例尺地形图，按此标准进行分幅和编号。2012 年 6 月 29 日由国家市场监督管理总局和中国国家标准化管理委员会发布的《国家基本比例尺地形图分幅和编号》(GB/T 13989—2012) 国家标准，该标准自 2012 年 10 月 1 日起实施。

2012 年 6 月 29 日最新发布的国家标准《国家基本比例尺地形图分幅和编号》(GB/T 13989—2012)（该标准自 2012 年 10 月 1 日起实施)，与 1992 年发布的国家标准《国家基本比例尺地形图分幅和编号》(GB/T 13989—1992) 相比，其分幅办法与编号规则没有实质性变化（分幅实质就是所有比例尺地形图均是在 1∶100 万地形图的基础上分幅)。只不过随着我国经济的发展与社会的进步，国家提出将 1∶5000 以上的三种规格比例尺地形图，即 1∶2000、1∶1000、1∶500 这三种常用的大比例尺地形图，也可按梯形分幅来进行分幅和编号，而且也是直接在 1∶100 万的地形图上进行分幅和编号，同时新增这三种比例尺代码分别为 I、J、K。

1. 1∶100 万比例尺地形图的分幅与编号

1891 年在瑞士的第五届国际地理学会议上提出了编制百万分之一世界地图的建议，1909 年和 1913 年相继在伦敦和巴黎举行了两次国际百万分之一地图会议，就该图的类型、规格、投影、表示方法、内容选择等作了一系列的规定。此后，百万分之一地图逐渐成了国际性的地图。

如图 8-4 所示，国际 1∶100 万地图的标准分幅是经差 6°、纬差 4°；由于随纬度增高地图面积迅速缩小，所以规定在纬度 60°～76°之间双幅合并，即每幅图包括经差 12°、纬差 4°；在纬度 76°～88°之间由四幅合并，即每幅图包括经差 24°、纬差 4°。纬度 88°以上单独为一幅。我国 1∶100 万地图的分幅、编号均按照国际 1∶100 万地图的标准进行，其他各种比例尺地形图的分幅编号均建立在 1∶100 万地图的基础上。我国处于纬度 60°以下，所以没有合幅。

每幅 1∶100 万地图所包含的范围为经差 6°、纬差 4°。从赤道算起，每 40 为一行，至南、北纬 88°，各为 22 行，北半球的图幅在列号前面冠以 N，南半球的图幅冠以 S，我国地处北半球，图号前的 N 全省略；依次用英文字母 A，B，C，…，V 表示其相应的行号；从 180°经线算起，自西向东每 6°为一列，全球分为 60 列，依次用阿拉伯数字 1，2，3，…，60 表示。这样，由经线和纬线围成的每一个图幅就有一个行号和一个列号，把它们结合在一起表示为“行号列号”的形式，即该图幅的编号。如北京所在的 1∶100 万地图的编号为 NJ50，一般记为 J50。

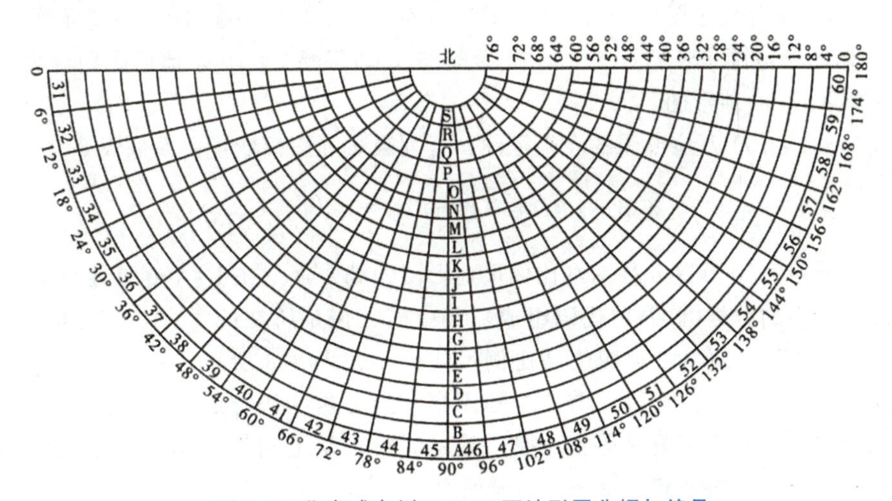

图 8-4　北半球东侧 1∶100 万地形图分幅与编号

2.1∶500～1∶50 万比例尺地形图的分幅

1∶500～1∶50 万地形图均以 1∶100 万地形图为基础，按规定的经差和纬差划分图幅。

每幅 1∶100 万地形图划分为 2 行 2 列，共 4 幅 1∶50 万地形图，每幅 1∶50 万地形图的范围是经差 3°、纬差 2°。

每幅 1∶100 万地形图划分为 4 行 4 列，共 16 幅 1∶25 万地形图，每幅 1∶25 万地形图的范围是经差 1°30′、纬差 1°。

每幅 1∶100 万地形图划分为 12 行 12 列，共 144 幅 1∶10 万地形图，每幅 1∶10 万地形图的范围是经差 30′、纬差 20′。

每幅 1∶100 万地形图划分为 24 行 24 列，共 576 幅 1∶5 万地形图，每幅 1∶5 万地形图的范围是经差 15′、纬差 10′。

每幅 1∶100 万地形图划分为 48 行 48 列，共 2304 幅 1∶2.5 万地形图，每幅 1∶2.5 万地形图的范围是经差 7′30″、纬差 5′。

每幅 1∶100 万地形图划分为 96 行 96 列，共 9216 幅 1∶1 万地形图，每幅 1∶1 万地形图的范围是经差 3′45″、纬差 2′30″。

每幅 1∶100 万地形图划分为 192 行 192 列，共 36864 幅 1∶5000 地形图，每幅 1∶5000 地形图的范围是经差 1′52.5″、纬差 1′15″。

每幅 1∶100 万地形图划分为 576 行 576 列，共 331776 幅 1∶2000 地形图，每幅 1∶2000 地形图的范围是经差 37.5″、纬差 25″，即每幅 1∶5000 地形图划分为 3 行 3 列，共 9 幅 1∶2000 地形图。

每幅 1∶100 万地形图划分为 1152 行 1152 列，共 1327104 幅 1∶1000 地形图，每幅 1∶1000 地形图的范围是经差 18.75″、纬差 12.5″，即每幅 1∶2000 地形图划分为 2 行 2 列，共 4 幅 1∶1000 地形图。

每幅 1∶100 万地形图划分为 2304 行 2304 列，共 5308416 幅 1∶500 地形图，每幅 1∶500 地形图的范围是经差 9.375″、纬差 6.25″，即每幅 1∶1000 地形图划分为 2 行 2 列，共 4 幅 1∶500 地形图。

1∶500～1∶100 万地形图的图幅范围、行列数量和图幅数量关系如表 8-2 所示。

3. 1∶2000～1∶50 万比例尺地形图的编号

1∶2000～1∶50 万这 8 种基本比例尺地形图的编号都是在 1∶100 万地形图的基础上进行的，它们的编号由 10 位代码组成，其中前三位是所在的 1∶100 万地形图的行号（1 位）和列号（2 位），第四位是比例尺代码，如表 8-3 所示，每种比例尺有一个自己的代码。后六位分为两段，前三位是图幅的行号数字码，后三位是图幅的列号数字码。行号和列号的数字码编码方法是一致的，行号从上而下，列号从左到右顺序编排，不足三位时前面加“0”。编号的构成如图 8-5 所示。

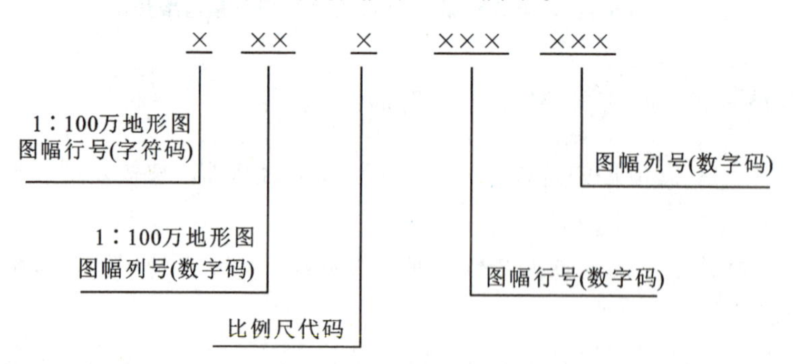

图 8-5　1∶2000～1∶50 万地形图图号的构成

4. 1∶500、1∶1000 比例尺地形图的编号

1∶1000、1∶500 地形图梯形分幅的图幅编号与 1∶2000～1∶50 万比例尺地形图的编号方法一样，均以 1∶100 万地形图编号为基础，采用行列编号方法。所不同的是图幅的编号由 12 位代码组成，前三位是所在的 1∶100 万地形图的行号（1 位）和列号（2 位），第四位是比例尺代码，如表 8-3 所示。后八位分为两段，前四位是图幅的行号数字码，后四位是图幅的列号数字码。行号和列号的数字码编码方法是一致的，行号从上而下，列号从左到右顺序编排，不足四位时前面加“0”。编号构成如图 8-6 所示。

表 8-2　1∶100 万～1∶500 地形图的图幅范围、行列数量和图幅数量关系

比例尺		1∶100 万	1∶50 万	1∶25 万	1∶10 万	1∶5 万	1∶2.5 万	1∶1 万	1∶5000	1∶2000	1∶1000	1∶500
图幅范围	经差	6°	3°	1°30′	30′	15′	7′30″	3′45″	1′52.5″	37.5″	18.75″	9.375″
	纬差	4°	2°	1°	20′	10′	5′	2′30″	1′15″	25″	12.5″	6.25″
行列数量关系	行数	1	2	4	12	24	48	96	192	576	1152	2304
	列数	1	2	4	12	24	48	96	192	576	1152	2304
图幅数量关系		1	4 (2×2)	16 (4×4)	144 (12×12)	576 (24×24)	2304 (48×48)	9216 (96×96)	36864 (192×192)	331776 (576×576)	1327104 (1152×1152)	5308416 (2304×2304)
			1	4 (2×2)	36 (6×6)	144 (12×12)	576 (24×24)	2304 (48×48)	9216 (96×96)	82944 (288×288)	331776 (576×576)	1327104 (1152×1152)
				1	9 (3×3)	36 (6×6)	144 (12×12)	576 (24×24)	2304 (48×48)	20736 (144×144)	82944 (288×288)	331776 (576×576)
					1	4 (2×2)	16 (4×4)	64 (8×8)	256 (16×16)	2304 (48×48)	9216 (96×96)	36864 (192×192)
						1	4 (2×2)	16 (4×4)	64 (8×8)	576 (24×24)	2304 (48×48)	9216 (96×96)
							1	4 (2×2)	16 (4×4)	144 (12×12)	576 (24×24)	2304 (48×48)
								1	4 (2×2)	36 (6×6)	144 (12×12)	576 (24×24)
									1	9 (3×3)	36 (6×6)	144 (12×12)
										1	4 (2×2)	16 (4×4)
											1	4 (2×2)

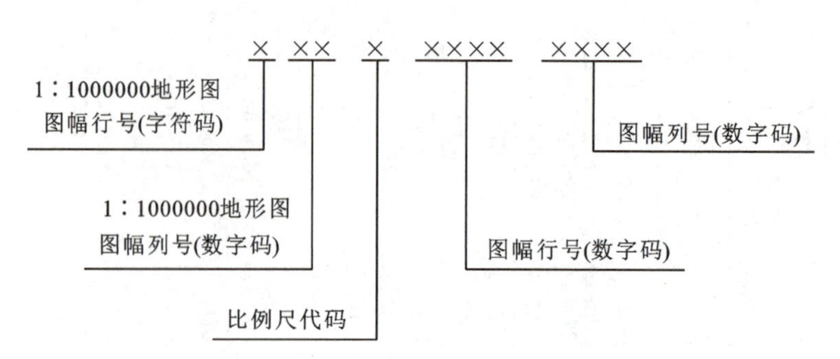

图 8-6　1∶500～1∶1000 地形图图号的构成

表 8-3　比例尺代码

比例尺	1∶50 万	1∶25 万	1∶10 万	1∶5 万	1∶2.5 万	1∶1 万	1∶5000	1∶2000	1∶1000	1∶500
代码	B	C	D	E	F	G	H	I	J	K

下面通过具体例子来说明各种比例尺地形图的图号。

如图 8-7 所示单斜线处为一幅 1∶50 万地形图，图号为 J50B001002。

如图 8-8 所示单斜线处为一幅 1∶25 万地形图，图号为 J50C003003。

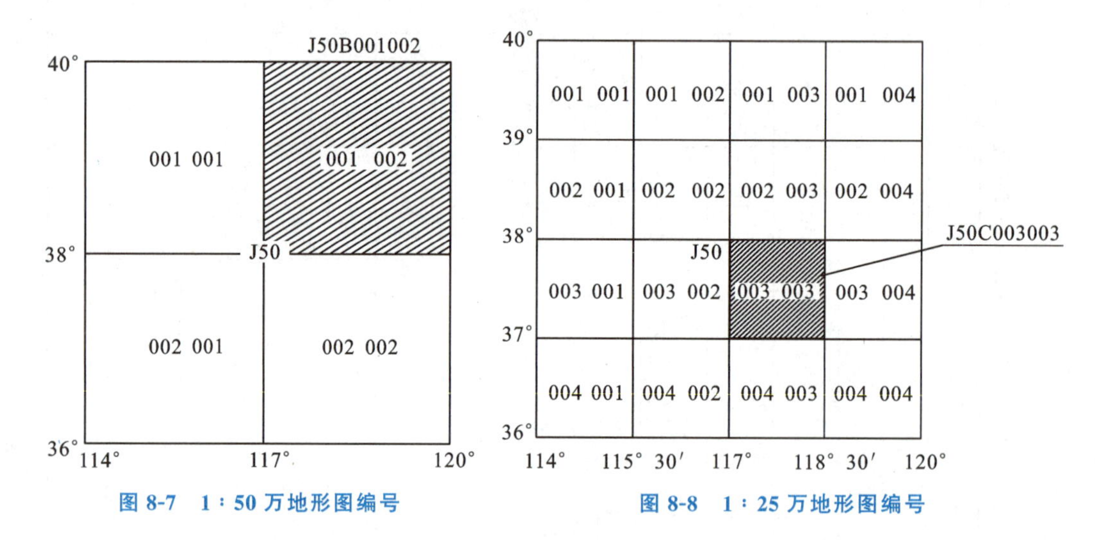

图 8-7　1∶50 万地形图编号　　　图 8-8　1∶25 万地形图编号

如图 8-9 所示单斜线处为一幅 1∶10 万地形图，图号为 J50D010010。

如图 8-9 所示双斜线处为一幅 1∶5 万地形图，图号为 J50E017016。

如图 8-9 所示网格线处为 1∶2.5 万地形图，图号为 J50F042002。

如图 8-9 所示灰底处为所在 1∶1 万地形图，图号为 J50G093004。

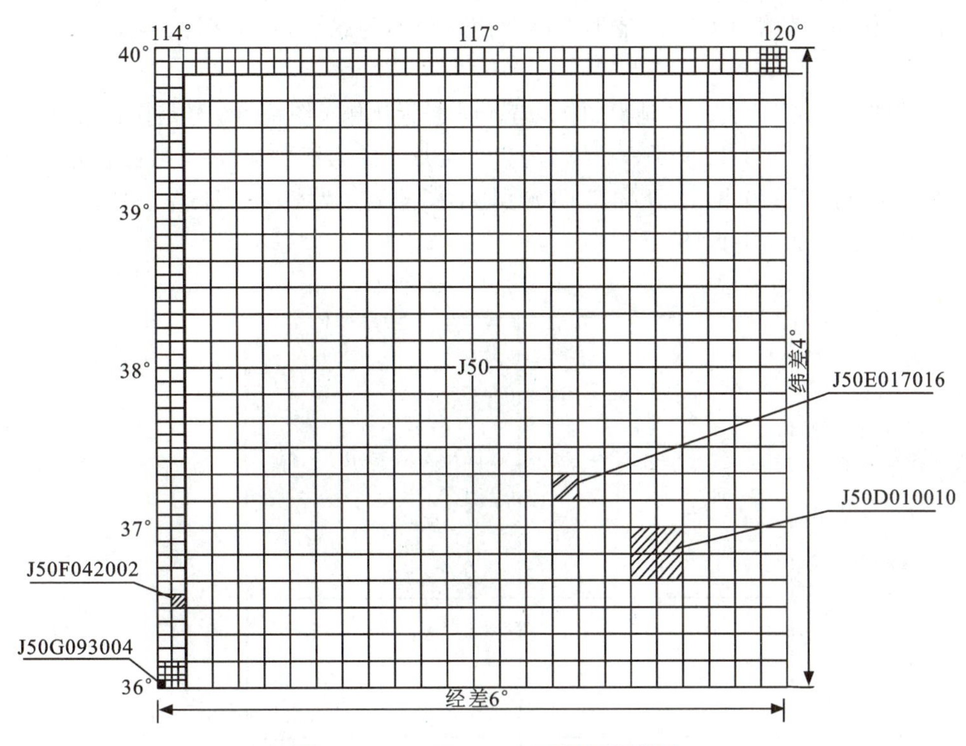

图 8-9　1∶1 万～1∶10 万地形图编号

8.2.2　矩形分幅与编号

为了适应各种工程设计和施工的需要，对于大比例尺地形图，大多按纵横坐标格网线进行等间距分幅，即采用矩形分幅与编号的方法。图幅大小如表 8-4 所示。

表 8-4　矩形分幅的图幅规格与面积大小

比例尺	图幅大小/cm	实际面积/km^2	一幅 1∶5000 地形图中包含的图幅数
1∶5000	40×40	4	1
1∶2000	50×50	1	4
1∶1000	50×50	0.25	16
1∶500	50×50	0.0625	64

图幅的编号一般采用坐标编号法和基本图号法，若为独立地区测图，其编号也可采用流水编号法或行列编号法。

坐标编号法是由图幅西南角纵坐标 x 和纵横坐标 y 组成编号，x 坐标在前，y 坐标在后，1∶5000 坐标值取至 km，1∶2000、1∶1000 取至 0.1km，1∶500 取至

0.01km。例如，某幅 1∶1000 地形图的西南角坐标为 $x=4230$km，$y=681$km，则其编号为 4230.0−681.0。

基本图号法是以 1∶5000 地形图作为基础，较大比例尺图幅的编号是在它的编号后面加上罗马数字。如图 8-10 所示，一幅 1∶5000 地形图的编号为 30-70，则右上角 1∶2000 地形图的编号为 30-70-Ⅱ，左下角 1∶1000 地形图的编号为 30-70-Ⅲ-Ⅳ，右下角 1∶500 地形图的编号为 30-70-Ⅳ-Ⅳ-Ⅱ。

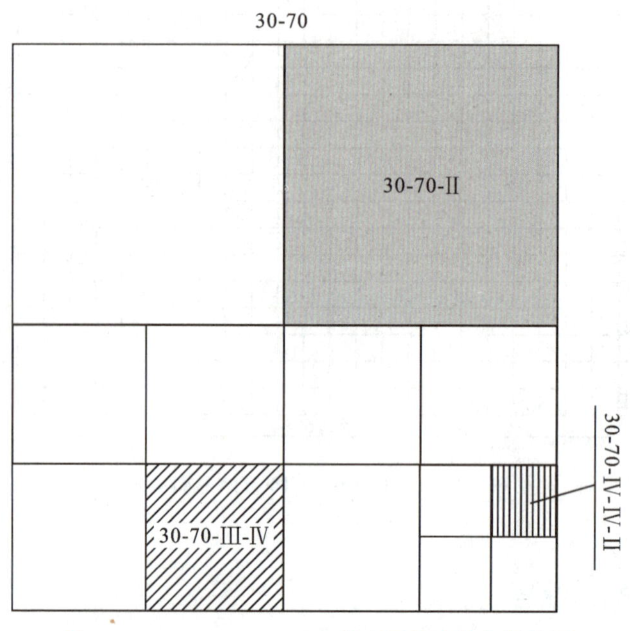

图 8-10　1∶500～1∶5000 基本图号法的分幅编号

带状测区或小面积测区，可采用流水编号法按测区统一顺序进行编号，一般从左到右、从上到下用阿拉伯数字 1，2，3，4，…编定，如图 8-11 所示；也可采用行列编号法，由上到下、从左到右排列来编写，先行后列，如图 8-12 中的 A-4。

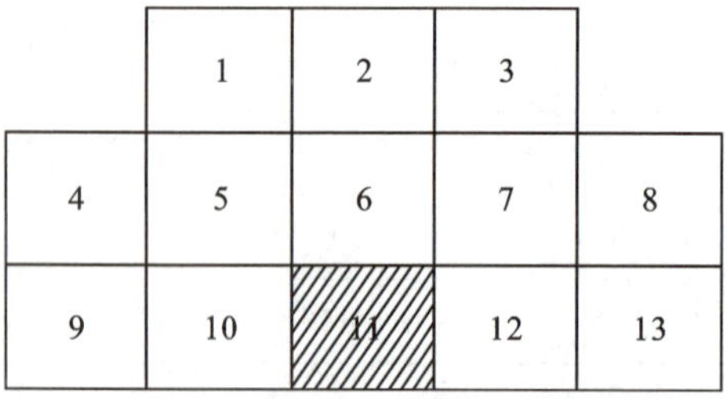

	1	2	3	
4	5	6	7	8
9	10	11	12	13

图 8-11　流水编号法

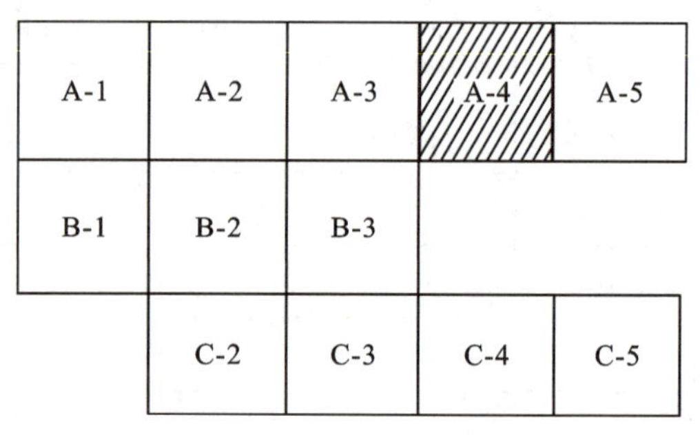

图 8-12　行列编号法

任务 8.3 地形图的符号与注记

8.3.1 地形图符号

地形图是一种以符号传达信息为主要方式的图形通信形式，使用专门的图形符号表现地理事物。地图符号是人为规定的，具有形状、尺寸、颜色、方向、亮度、密度和结构等图形特征。地图符号通过这些图形特征来表达地理要素的分类分级、数量特征和质量特征。地图符号的形成过程实质上是一种约定过程。任何符号都是在社会上被一定的社会集团或科学共同体所承认和共同遵守的，具有约定俗成的意义。

地形图上表示的符号种类繁多，为了便于认识和使用符号，需进行归纳和分类。

1. 按符号的几何特征分类

按地形图符号的几何特征可将符号分为点状符号、线状符号和面状符号，如图 8-13 所示。

这里的点、线、面的概念是指符号本身的视觉特征。点状符号是指符号具有点的视觉特征，符号的尺寸大小与实际地物的大小无关。线状符号是指它们在一个延伸方向上具有定位意义，符号的长度通常与实际地物的长度具有比例关系，而符号的宽度是示意性的，与实际地物的宽度无关。面状符号具有实际的二维特征，它们以面定位，其面积形状与其所代表对象的实际面积形状一致或相似，这取决于地形图投影的性质。

表示地物的符号，其点、线、面特征不是一成不变的，它们随着比例尺的变化而变化。如河流在大比例尺地形图上可以依比例尺表现为面，当比例尺逐渐缩小后，河流的宽度已不能够依比例尺表示，这时河流只能以线状符号表示；城市在大比例尺地形图上表现为面，而在小比例尺地形图上只能用点状符号表示。另外，由于地形图上要素表达的需要，面状要素也可以用点状或线状符号表示。如用点状符号表示全区域的性质特征（如草地、耕地等），用等值线来表现面状对象等。

2. 按符号与地形图比例尺的关系分类

按符号与地形图比例尺的关系可将符号分为依比例符号、半依比例符号和不依比例符号三种，如表 8-5 所示。

1）依比例符号

实地面积较大的物体依比例尺缩小后，仍然可以用与实地形状相似的图形表示，这一类符号就称为依比例符号。如较大比例尺地形图上房屋的平面图形，海、湖、大河、森林和沼泽等轮廓图形等。

2）半依比例符号

随着地形图比例尺的缩小，实地上的线状和狭长物体的长度仍可以依比例尺表示，

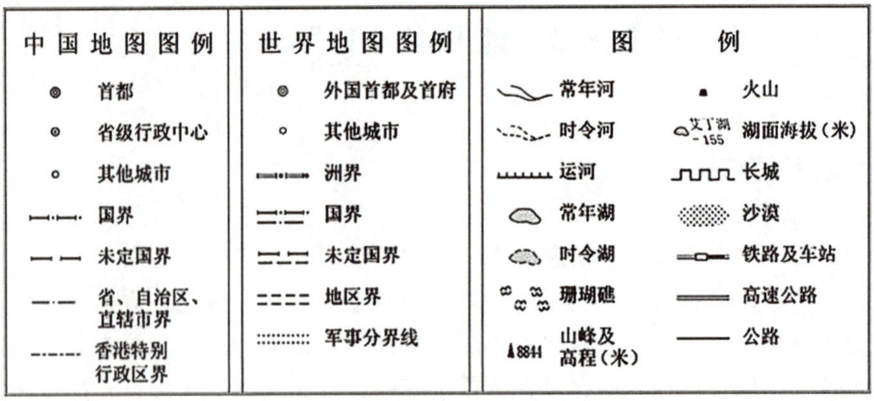

中国地图图例	世界地图图例	图	例
首都	外国首都及首府	常年河	火山
省级行政中心	其他城市	时令河	艾丁湖 -155 湖面海拔（米）
其他城市	洲界	运河	长城
国界	国界	常年湖	沙漠
未定国界	未定国界	时令湖	铁路及车站
省、自治区、直辖市界	地区界	珊瑚礁	高速公路
香港特别行政区界	军事分界线	8844 山峰及高程（米）	公路

图 8-13　点状、线状和面状符号示例

而宽度不能依比例绘出，这种符号的宽度是示意性的，这类符号称为半依比例符号。例如，小路、单线河流等，这些符号在图上只能量测其长度，不能量算宽度。

3）不依比例符号

随着地形图比例尺的继续缩小，实地上较小的物体就不可能依比例尺表现其平面图形，只能用夸张的符号表示它们的存在，但不能表示其实际大小，这些符号就称为不依比例符号。例如，地形图上表示的三角点、水井等符号，都是不依比例的符号，或叫非比例符号。

制图对象是否能依比例表达，取决于制图对象本身的面积大小和地形图比例尺大小。只有在一定比例尺的条件下，制图对象的宽度或面积仍可保持在图解清晰度允许的范围内时，才可能使用依比例符号。依比例符号主要是面状符号；不依比例符号则主要是点状符号；而半依比例符号是指线状符号。

表 8-5　各种不同比例尺符号示例

类别名称	独立房屋	机耕路	河流	灌木
依比例符号	混3			
半依比例符号				
不依比例符号				

同一类物体，在地图上表示时可能同时存在依比例尺、半依比例尺和不依比例尺

三种情况，如用平面图形表示的街区、狭长街区和独立房屋符号的并存等。但是随着地图比例尺的缩小，这种关系常常发生变化，依比例符号逐渐转化为半依比例符号或不依比例符号。即随着地图比例尺的缩小，不依比例尺表示的符号相对增多，而依比例尺表示的符号则相对减少。

3. 按物体的性质分类

按物体性质分类，是比较系统和适用的分类方法，可分为：测量控制点符号，如三角点、导线点、水准点、图根点等；居民地符号，如各类房屋、窑洞、蒙古包等；独立地物符号，如纪念碑、水塔、烟囱等；管线及垣栅符号，如电力线、通信线、各种管线、篱笆、铁丝网等；境界符号，如国界、省、自治区界、县、乡边界等；道路符号，如铁路、公路、小路等；水系符号，如河流、湖泊、水库；地貌与土质符号，如等高线、高程点、石块地、沙地等；植被符号，如森林、草地、各种经济作物等。其中，水系、地貌、土质、植被称为地理要素，其他被称为社会经济要素。表 8-6 列出了 34 种常用的 1∶500 大比例尺地形图符号。

表 8-6　几种常见地形图符号

地物性质	地物名称	符号样式	地物名称	符号样式
测量控制点	卫星定位等级点	B14 / 495.263	导线点	I16 / 84.46
	不埋石图根点	19 / 84.47	水准点	Ⅱ京石5 / 32.805
水系	地面河流		沟渠	
	湖泊		池塘	
房屋及附属设施	一般房屋	 混3	棚房	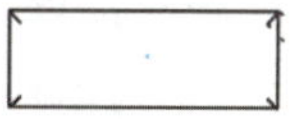
	廊房	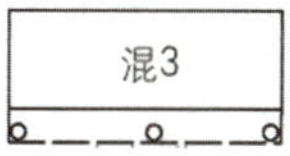 混3	栅栏	
	体育场		铁丝网	
交通	国道	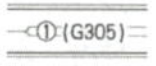 ①(G305)	省道	 ②(S301)
	街道		内部道路	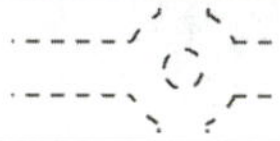
	机耕路		小路	
管线	高压输电线		配电线	
	陆地通信线	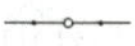	污水检修井	⊕

续表

地物性质	地物名称	符号样式	地物名称	符号样式
行政界线	省界		市界	
地貌	等高线		示坡线	
	斜坡		陡坎	
植被	旱地		稻田	
	人工绿地		林地	

8.3.2 地形图注记

地形图注记是地形图语言的重要组成部分。地形图符号由图形语言构成，地形图注记则由自然语言构成。地形图注记对地形图符号起补充作用，地形图有了注记便具有了可阅读性和可翻译性，成为一种信息传输工具。

1. 地形图注记的作用

地形图注记有标识各对象、指示对象的属性及转译的功能。

1）标识各对象

地形图用符号表示物体或现象，用注记注明对象的名称。名称和符号相配合，可以准确地标识对象的位置和类型，例如，“广州市”“白云山”“珠江”等。

2）指示对象的属性

文字或数字形式的说明注记标明地形图上表示的对象的某种属性，如树种注记、梯田比高注记等。

3）转译

为满足地形图阅读的需要，地形图注记可以采用任何国家或民族的语言，因此，地形图注记就具有从一种文字转换为另一种文字的功能，地形图符号也才能通过文字说明担负起信息的国际或民族间的传输功能。

2. 地形图注记的种类

地形图注记分为名称注记和说明注记两大类。

1）名称注记

名称注记指地理事物的名称。按照中国地名委员会制订的《中国地名信息系统规范》中确定的分类方案，地名分为 11 类，即行政区域名称，城乡居民地名称，具有地名意义的机关和企事业单位名称，交通要素名称，纪念地和名胜古迹名称，历史地名，社会经济区域名称，山名，陆地水域名称，海域地名，自然地域名。名称注记是地形图上不可缺少的内容，并且占据了地形图上相当大的载负量。

2）说明注记

说明注记分为文字和数字两种，用于补充说明制图对象的质量或数量属性。表 8-7 是大比例尺地形图上部分要素说明注记所标注的内容。

表 8-7　大比例尺地形图说明注记

要素名称	文字说明注记	数字说明注记
独立地物	矿产性质，采挖地性质，场地性质，库房性质，井的性质，塔形建筑物性质	比高
管线	管线性质，输送性质	管径，电压
道路	铁路性质，公路路面性质	路面宽，铺面宽，里程碑，公里数及界碑，界桩编号，桥宽及载重等
水系	泉水、湖水性质，河底、海滩性质，渡口、桥梁性质等	河底、沟宽、水深、沟深、流速，水井地面高，井口至水面深，沼泽水深及软泥层深，时令河、湖水有水月份，泉的日出水量等
地貌	地貌性质（如黄土溶斗、冰陡崖）	高程、比高、冲沟深、山洞、溶洞的洞口直径及深度，山隘可越过月份等
植被	树种、林地及园地性质等	平均树高、树粗、防火线宽度等

任务 8.4　地形图的阅读

地形图的阅读（微课）

地形图储存有大量的地理、社会信息，要对这些信息准确无误地认识和理解，就必须对地形图进行仔细认真地阅读。这里所说的“阅读”，绝非指快速浏览一下，而是很耐心地从上到下、从左到右，从图廓外的信息资料到图廓内的具体内容，全部逐行逐条地阅读理解。要不放过图中的每一条线、每一个点、每行文字、每个注记符号，要保证读完之后不留任何疑难问题，最起码所有的地物都能认清。通常，需注意以下三个方面的基本阅读：

地形图的阅读（课件）

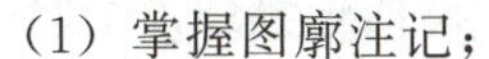

（1）掌握图廓注记；

（2）了解图中的地物和地貌的分布情况；

（3）搜集图中可用的重要控制点位资料。

8.4.1 图廓的阅读

图廓是指一幅图的绘图有效区域范围以外的部分，图廓线就是一幅图的范围界线，该线又称内图廓线。除内图廓线外，还有一条由内图廓线往外平移出去的外图廓线，一般外图廓线与内图廓线相距约10mm。根据地形图的方位，图廓的上、下、左、右称为北图廓、南图廓、西图廓、东图廓。

图廓注记又称图廓附注，即附在地形图图廓线外用于指导查阅地形图的说明。下面结合图8-14对图廓注记的内容逐一介绍与认识。

(1) 图名——位于北图廓线的正上方中间位置，通常以该幅图所在区域内最重要的居民地名称、自然名称、重要地物名称或企、事业单位名称来命名。如图8-14中的楼子村就选择居民地名称来命名。

(2) 图号——位于北图廓线的正上方中间位置，紧贴在图名的下方。大比例尺地形图的图号一般用该幅图西南角的平面直角坐标，按 $X-Y$ 的形式编排，如28.0—98.0，表示西南角的 X 坐标（尾数）为28.0km，Y 坐标为98.0km。

(3) 比例尺——数字比例尺标注在南图廓线正下方中间位置，从比例尺的大小可以第一时间推测该地形图是否满足你的用图精度要求。直线比例尺位于数字比例尺的正下方。地形图使用之前，你可以用一根小型钢钢尺测量直线比例尺的长度来检查地形图纸的伸缩变形情况。

(4) 接图表——绘在图廓的左上方，是标明某一地区的多幅地图或分幅地图的相邻图幅的相关位置的略图。中间的斜线框是本图“楼子村”图幅，与之相邻的东、西、南、北各图幅有相应的图名或图号，便于查找。

(5) 测量单位——西图廓外是测绘单位名称，有时此处注有两个单位名称：一个是地形图的施测单位，另一个是地形图的所有权单位（测图工作委托方）。

(6) 坐标系统—— 指明地形测量所使用的控制点属于何种坐标系统及坐标系的原点情况，如图8-14中的2000国家大地坐标系。

(7) 高程系统——指明控制点的高程系统名称。如果是地方高程系统，须清楚与国家高程系统的换算方法。

(8) 等高距——基本等高距，是两条相邻等高线之间的高程差。

(9) 图式——制作地形图所参考的图式规范。图式规定了地形图上表示的各种地物、地貌要素的符号、注记和图廓整饰，以及使用这些符号的方法和基本要求。图8-14是一幅1∶2000的地形图，因此，参考的图式是《国家基本比例尺地图图式 第1部分 1∶500、1∶1000、1∶2000 地形图图式》(GB/T 20257.1—2017)。

(10) 测量时间——测量的具体年度。测量时间反映出地形图的现势性，据此可以判断图的可用程度。

(11) 坐标格网线——沿图廓线位置标注有纵、横坐标分格线，从南往北为纵坐标增加，自西向东横坐标增加。坐标格线分球面坐标和直角坐标两种，大比例尺地形图

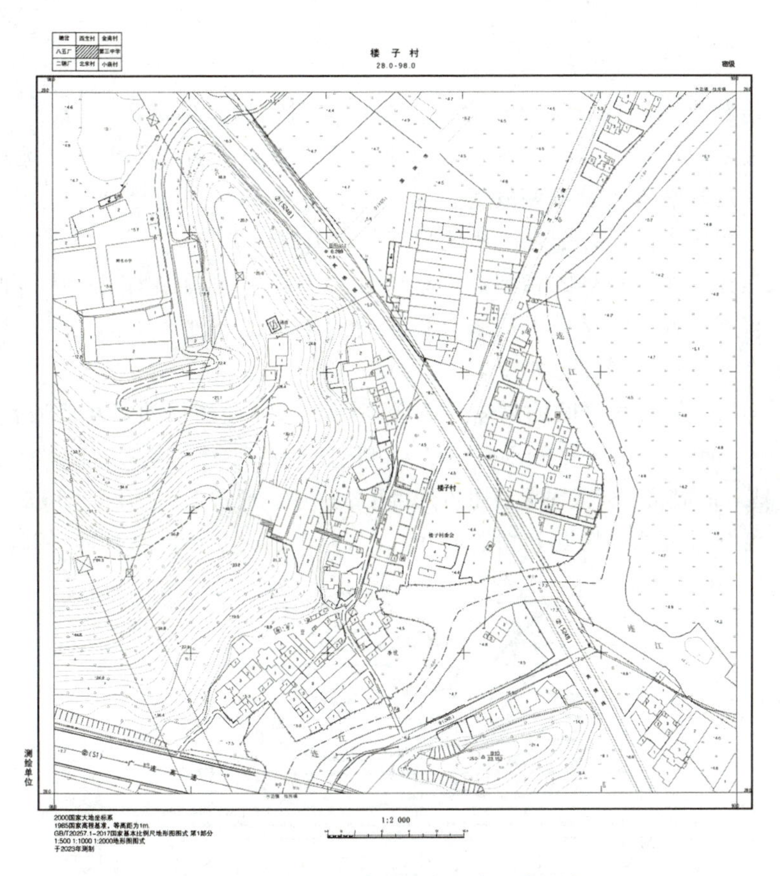

图 8-14　大比例尺地形图（图内要素为虚拟）

一般只有直角坐标，坐标格线按图上 10cm 分格，图幅之中也相应绘有十字格网线（方便坐标量算）。中、小比例尺地（形）图有的只有球面坐标，有的同时注有球面坐标和平面坐标，平面坐标格线通常亦按图上 10cm 进行分格，球面坐标的分格（经差、纬差）根据图的比例尺大小而定，读者可以从图中查阅推算各点位的平面坐标或球面坐标（大地经纬度）。

（12）密级。国家公文的秘密等级分为“绝密”“机密”“秘密”三种，地形图也按此分类，普通地形图可分为“秘密”，中等程度的军用地形图可分为“机密”，专用的保密军事设施地形图可为“绝密”。使用者根据地形图右上角标注的秘密等级进行使用和做好保密工作。

8.4.2　地貌的阅读

地形图的主要内容是地理要素，包括地物、地貌。地物的阅读主要是读懂各种地图符号表示什么类型地物，通过地图注记了解地物的名称等属性信息，通过空间位置了解地物之间的相互关系。地貌的阅读比地物的阅读稍复杂，下面介绍地貌的阅读。

1. 等高线的概念

地貌是地形图上最主要的要素之一，是在空间上的呈体状连续分布的自然要素。在地形图各要素中，地貌影响和制约着其他要素的特点和分布。例如，地貌的结构在很大程度上决定着水系的特点和发育，居民地的建筑和分布明显受到地貌的制约。在地形图中，主要用等高线并配合一些地貌符号表示地貌形态。

等高线是指用高程相等的相邻点的连线在水平面上的投影而成的闭合曲线，即高程等值线。根据高程的定义，等高线又可理解为水准面与地表面的交线。当范围不大时，可将水准面看成水平面，如图 8-15 所示。

地形图上相邻等高线之间的高差称为等高距。各种比例尺的等高距通常并不相同。等高距的选定与测图比例尺有关，有时也与测区的地形有关，当地形较平缓时等高距设置可较小一些，地形坡度较大时等高距可选得稍大一些。通常 1∶500、1∶1000、1∶2000 大比例尺地形测图可视地形情况分别选取 0.5m（或 1m）、1.0m、2m 的等高距。

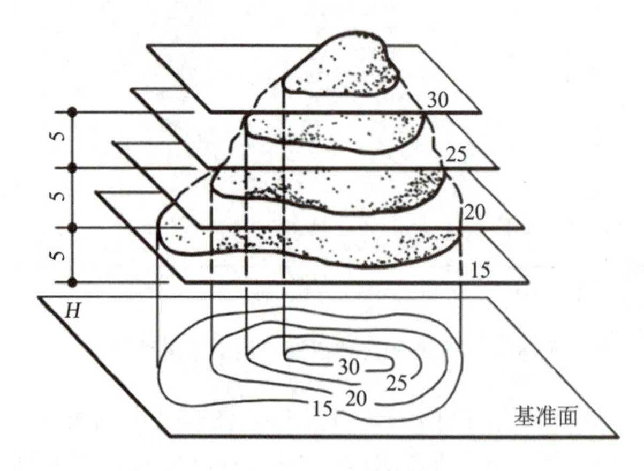

图 8-15　等高线的概念

2. 等高线的分类

地形图上的等高线分为首曲线、计曲线、间曲线和助曲线四种。

首曲线又叫基本等高线，是按等高距由零点起算而测绘的等高线，通常用 0.1mm 的细线来描绘。

计曲线又称加粗等高线，是为了计算高程的方便加粗描绘的等高线，通常是每隔四条基本等高线描绘一条计曲线，它在地形图上以 0.2mm 的加粗线条描绘。

间曲线又称半距等高线，是相邻两条基本等高线之间补充测绘的等高线，用以表示基本等高线不能反映而又重要的局部形态，地形图上以 0.1mm 的长虚线描绘。

当间曲线不能满足显示地貌特征时，还可以加绘 1/4 基本等高距的等高线，称为辅助等高线或助曲线。助曲线用 0.1mm 的短虚线描绘，可以不封闭。

3. 等高线的特性

根据等高线的原理，可归纳出等高线具有如下特性。

(1) 等高线是闭合曲线。由于水准面是闭合曲面，用它截地表得到的必然是闭合曲线。不过由于一幅图的图幅范围有限，等高线不一定在本图幅内闭合；而为了图面清晰，绘制等高线时遇到房屋、公路、陡坎等地物时，等高线应断开；另外，间曲线和助曲线也只绘制在需要的局部地区。

(2) 同一条等高线上的各点高程相等。反之，高程相等的点不一定在同一条等高线。如图 8-16 中的左右两个山头，高程相等的点便不在同一条等高线上。

(3) 等高线不会相交或重合，但悬崖峭壁除外。

(4) 等高线与山脊线、山谷线成正交。山脊的等高线向下凸，山谷的等高线向上凸。

(5) 等高线越密，坡度越陡；等高线越疏，坡度越缓。

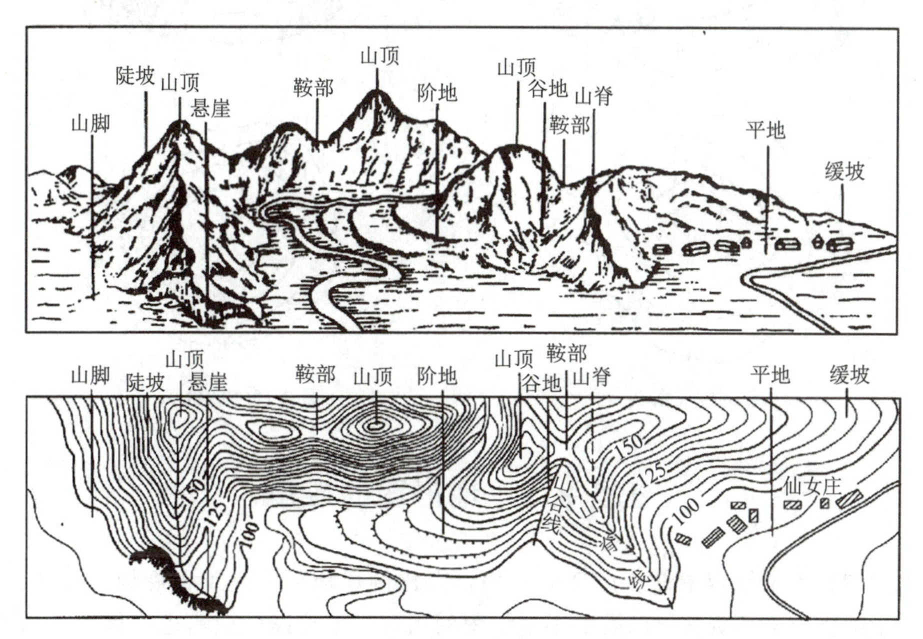

图 8-16　用等高线表示的几种典型地貌

4. 几种典型地貌的判读

图 8-16 是用等高线和悬崖、陡坎符号表示的几种典型地貌（山顶、山脊、山谷、鞍部、悬崖、陡坡、缓坡、阶地、平地）。从图中可以看出，山头或山顶是一座山最高的地方。山坡是山体四周的斜坡面。山脊是各条等高线同时急拐弯且凸向下坡方向，山谷则刚好相反，凸向上坡方向。将各条等高线急拐弯的中点相连便成为山脊线或山谷线。鞍部是两个山头之间的地形，鞍部的位置有四条相邻的等高线，两两相对的等高线高程相等。悬崖的等高线中断，并与悬崖符号相连。从等高线的疏密程度可以判

断出地形的平缓陡斜。

用等高线表示地形时，将会发现凹地的等高线和山头的等高线在外形上非常相似。如图 8-17 表示的为山头地貌的等高线，图 8-18 所表示的为凹地地貌的等高线，它们之间的区别在于，山头地貌是里面的等高线高程大，凹地地貌是里面的等高线高程小。为了便于区别这两种地形，就在某些等高线的斜坡下降方向绘一短线来示坡，并把这种短线叫示坡线。示坡线一般仅选择在最高、最低两条等高线上表示。一个封闭的等高线图形，示坡线在外的是山头，如图 8-17 所示，示坡线在内的则表示凹地，如图 8-18 所示。

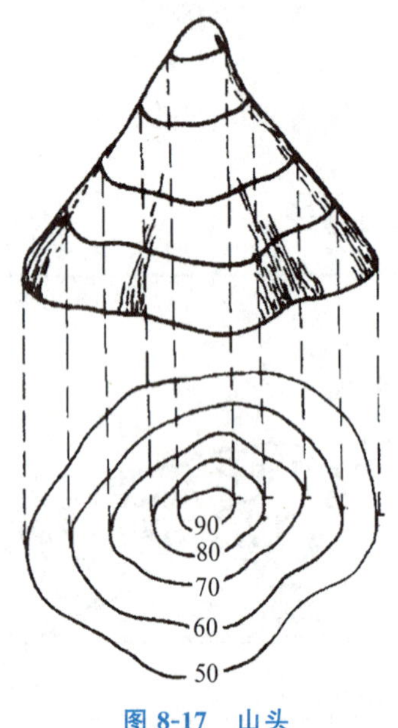

图 8-17　山头

图 8-18　凹地

任务 8.5　地形图的应用

地形图的应用（微课）

地形图的应用（课件）

地形图在各个领域中都有广泛的应用，大比例尺地形图是工程规划、设计、施工和运营中的重要地形资料。随着数字地形图的出现，地形图的应用也变得越来越容易，技术人员可以方便快速地在电脑上利用 AutoCAD、CASS 以及 GIS 软件操作获得数字地形图上的点、线、面等基本几何信息。但是“万变不离其宗”，下面介绍地形图各项应用的基本原理。

8.5.1　地形图常见几何要素测量

地形图常见几何要素测量有：图上确定点的平面坐标、高程，确定地面点在图上的对应关系，计算点与点之间的长度、方位、坡度等。

1. 量算点的平面坐标

大比例尺地形图一般采用平面直角坐标系，通常采用标准分幅，图幅范围为 50mm×50mm，坐标网格线之间的图上距离是 10cm，如图 8-19 所示。四条内图廓线上均注有实地坐标值，其中东、西两条内图廓线上标注的是 X 坐标值，南、北两条图廓线上标注的是 Y 坐标值。西南角的坐标值是本幅图的最小坐标值，而图幅中间也绘有与图廓线上的坐标线相对应的十字交叉坐标格线。

如图 8-19 所示，欲求 P 点的坐标，过 P 点作坐标网格线的垂线，用尺量出 Δx_P 和 Δy_P 的长度，则 P 点坐标的计算过程为：

$$X_P = 39.45 \times 1000 + \Delta x_P \times M$$
$$Y_P = 41.05 \times 1000 + \Delta y_P \times M$$

M 为该地形图的比例尺分母。图上量算点位坐标受到地形图精度的影响，故点位坐标值的精确值只能准确到地形图比例尺所限定的位数。如 P 点所在地形图的比例尺是 1∶500，则从图上量取 P 点的点位误差可精确到 0.1mm×500=50mm=0.05m。

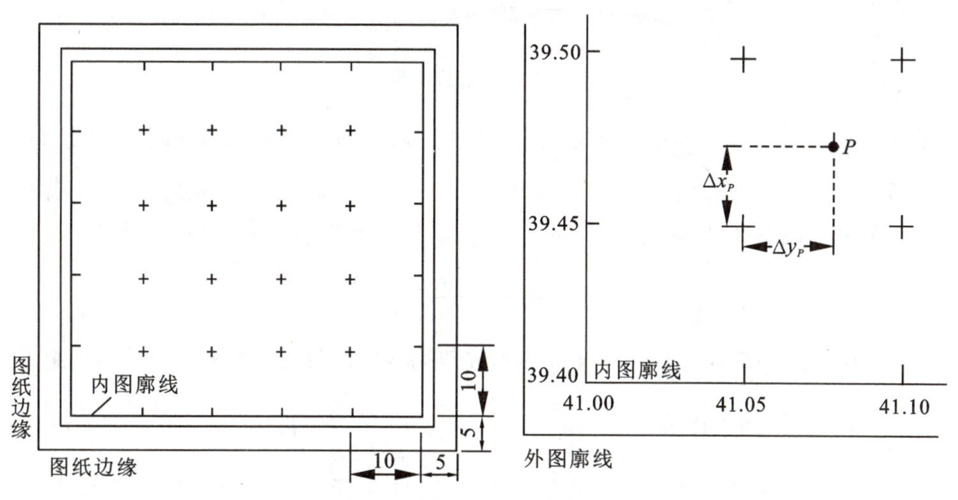

图 8-19　图廓坐标线与坐标量算原理

2. 量算两点之间的距离

要得到图上两点之间的距离，可以利用图上量算的点之平面直角坐标，按式（5-12）计算图上点与点之间的距离。当地形图变形误差影响可忽略时，也可以直接丈量图上两点之间的长度，然后把丈量的长度乘以地形图的比例尺分母 M，便得到两点之间的实际距离。

3. 量算两点间连线的方位角

图上两间连线的坐标方位角，可以利用在图上量算的点的直角坐标，按坐标反算公式（5-10）计算，也可以利用量角器直接在图上量得。

4. 量算点的高程

在地形图上可利用等高线确定点的高程。若某点恰好位于某等高线上，该点的高程就等于所在的等高线高程，如图 8-20 中的 A 点，其高程为 35m。

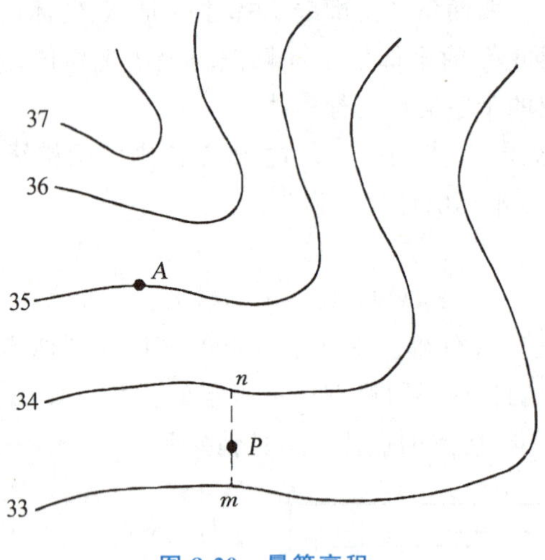

图 8-20　量算高程

若某点位于两等高线之间，则应用内插法按平距与高差成正比的关系求得该点的高程。如图 8-21 中的 P 点，位于 33m 和 34m 的等高线之间，欲求其高程，则通过 P 点作相邻两等高线的垂线 mn，量得 mn、mp 的长度，即可按式（8-4）求得：

$$H_P = H_m + \frac{mp}{mn} \times h \tag{8-4}$$

式中：H_P 为 P 点的高程，H_m 为与 m 点所在等高线的高程，h 为地形图的等高距。

5. 量算两点之间的坡度

地面的倾斜可用坡度或倾斜角表示。如图 8-21 所示，设斜坡上任意两点 A、B 间的水平距离为 D，相应的图上长度为 d，高差为 h，地形图比例尺的分母为 M，则两点间的坡度 i 或倾斜角 θ 可按下式计算：

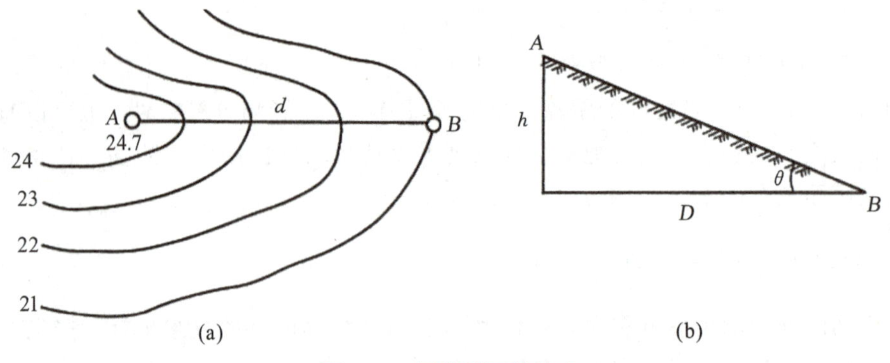

图 8-21　量算地面的坡度

$$i=\tan\theta=\frac{h}{D}=\frac{h}{d\times M} \tag{8-5}$$

式中：i 一般用百分率（%）或千分率（‰）表示。

8.5.2　地形图在工程建设中的应用

1. 按限制坡度选择最短线路

在进行管线、道路、电力等的规划设计中，要考虑其线路的位置、走向和坡度。一般先在地形图上根据规定的坡度进行初步选线，计算其工程量，然后进行方案比较，最后在实地选定。选线的步骤如下。

（1）根据坡度和等高距求两条等高线之间的最小平距 d：

$$d=\frac{h}{i\times M} \tag{8-6}$$

式中：d 为两条相邻等高线之间的最小平距，h 为等高距，i 为设计的坡度，M 为地形图比例尺分母。

（2）以路线起点为圆心、以 d 为半径画弧与等高线交叉获得该段线路的下一个点。

（3）又以下一个点为新的起点，同样以此点为圆心，以 d 为半径画弧与下一条等高线交叉获得此段线路的下一个点，如此类推，直到终点。将这些点相连便是整个线路的中线确切位置。通常可以从两个途径选出两条线路到达目的地。

【例 8-3】 某一地区的地形图如图 8-22 所示，基本等高距为 2m，比例尺 1∶5000，A 为道路的起点，B 为道路的终点，试按 5%的坡度进行图上选线。

（1）根据式（8-6）计算两条等高线之间的最小平距 d：

$$d=h/(i\times M)=2000/(0.05\times5000)=8\text{mm}$$

（2）以起点 A 为圆心、以 8mm 为半径画弧分别交等高线（高程 102m）于 1、1′点。再分别以 1、1′点为圆心、以 8mm 为半径画弧交等高线（高程 104m）于 2、2′点。以此类推，一直至 B 点附近为止。

（3）分别连接各交点形成两条上山的路线，即 A，1′，2′，…，B 的线路 1 和 A，1，2，…，B 的线路 2。最后，根据道路的长短、地形条件、道路工程施工的难度、效益等因素，从两条路线中选取其中一条路线。

2. 确定汇水范围

在道路、水库等设计中，必然涉及水坝、桥梁的建设，而涵洞直径的大小、水坝位置及水库储水量等都与汇水面积有关。汇水面积就是指降雨时水能汇集起来，通过桥涵进入某水库的面积。降雨时山地的雨水是向山脊的两侧分流的，所以山脊线就是地面上的分水线，因此某水库或河道周围地形的分水线所包围的面积就是该水库或河道的汇水面积。

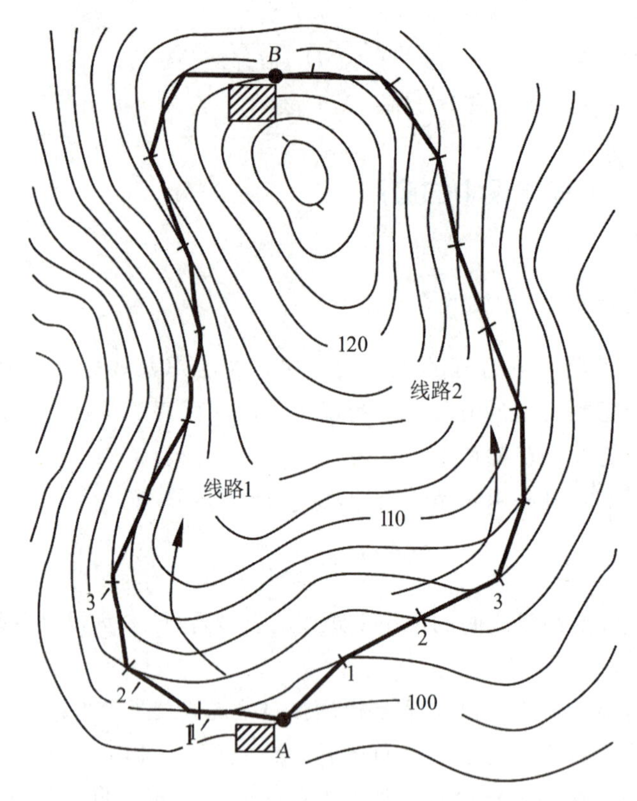

图 8-22　按限制坡度选择最短线路

如图 8-23 所示，在道路下方设计修造一座桥涵。在设计桥涵时，桥下水流量大小是决定涵洞直径大小的重要参数。从图可见，道路的北面是高山包围的山谷，通过涵洞的水流是 A、B 两山脊之间的雨水汇集而成，水流量（单位时间内水流过的体积）与山坡雨水的汇集范围有关，同时考虑该地最近 50 年的单次最大降雨量，即单位时间内的降雨毫米数。

利用地形图确定雨水汇集范围的主要方法如下：

(1) 在图上标出设计的道路（或桥涵）中心线与山脊线（分水线）的交点 A、B。

(2) 自 A、B 点分别沿山脊线往山顶方向划分范围线相连（图 8-23 中的虚线），该范围线及道路中心线 AB 所包围的区域就是雨水汇集范围，其中 AB 间有排水沟通向桥涵。图中的小箭头表示雨水落地后的流向。

3. 绘断面图

在进行路线、管道、隧洞、桥梁等工程的规划设计中，往往要了解沿某一特定方向的地面起伏情况及通视情况。此时，常利用大比例尺地形图绘制所需方向的断面图。地形断面图是指沿某一方向描绘地面起伏状态的竖直面图。在交通、渠道以及各种管线工程中，可根据断面图地面起伏状态，量取有关数据进行线路设计。断面图可以在实地直接测定，也可根据地形图绘制。断面图的绘制方法如下。

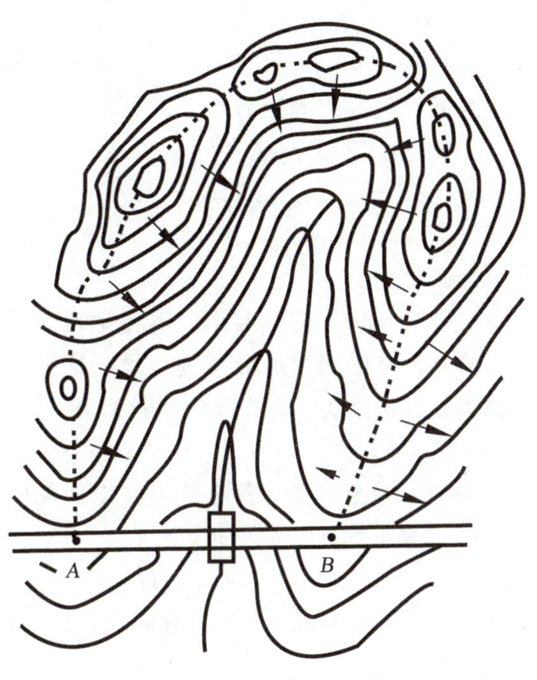

图 8-23　确定汇水范围

（1）确定断面图的水平比例尺和高程比例尺。一般情况下断面图上的水平比例尺与地形图比例尺相同，高程比例尺比水平比例尺大 10～20 倍，以便明显地反映地面起伏变化情况。

（2）依确定的比例尺绘出直线坐标系，如图 8-24（b）所示，以横轴表示水平距离，以纵轴表示高程，并在纵轴上依比例尺标出各等高线的高程，过各等高线高程点处作横轴的平行线。注意高程的起始值要根据所绘方向线在地形图上最低点的高程恰当选择，以便使所绘制的断面图位置适中。

（3）在图 8-24（a）中，按 AB 方向在地形图上画一直线，标出直线与等高线相交的点号，如 1，2，…。从图上分别量取各点 1，2，3，…，n，B 与 A 点水平距离。

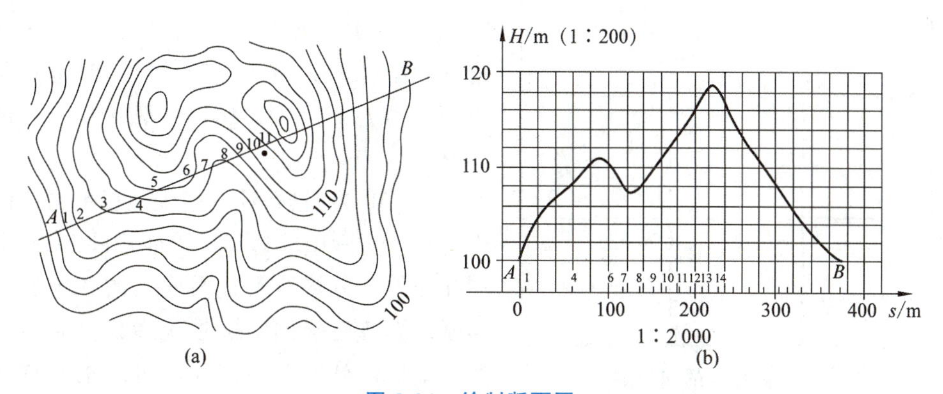

图 8-24　绘制断面图

（4）在图 8-24（b）中将方向线 AB 的起点 A 标注在横纵坐标交点处，沿横轴正方向依次将在图 8-24（a）中所量取各点 1，2，3，…，n，B 到 A 点的水平距离转绘在横轴上，在横轴上过所得的各点 1，2，3，…，n，B 作横轴的垂线，在垂线上按各点相应的高程值对照纵轴所标注的高程确定各点在断面图上的位置，垂线的端点即是断面点，用平滑的曲线连接各相邻断面点，得到 AB 线路的断面图，如图 8-24（b）所示。

4. 土方量的测算

为了使起伏不平的地形满足一定工程的要求，需要把地表平整成一块水平面或斜平面。在进行工程量的预算时，可以利用地形图进行填、挖土石方量的概算。常用的场地平整方法有平均高程法、方格网法、等高线法和断面法。

1）平均高程法

平均高程法是经常使用的一种土方量计算方法，在以前的纸质地形图使用年代尤其适用，其实质就是总面积 S 乘平均高差 h，即

$$V=S\times h=S\times |H_{平}-H_{设}| \tag{8-7}$$

式中：V 为填（或挖）总土方量，S 为填（或挖）总面积，$H_{平}$ 为平均高程，$H_{设}$ 为设计高程。

上述平均高程 $H_{平}$ 为根据现状地形图计算出的加权平均高程。加权时主要根据高程点的面积控制范围进行加权。例如，要计算图 8-25 所示范围内的高程平均值，则图中的方格网交叉点对高程的控制加权平均值可按下式计算：

$$H_m=\frac{\sum H_{角}+\sum H_{边}\times 2+\sum H_{拐}\times 3+\sum H_{中}\times 4}{4n} \tag{8-8}$$

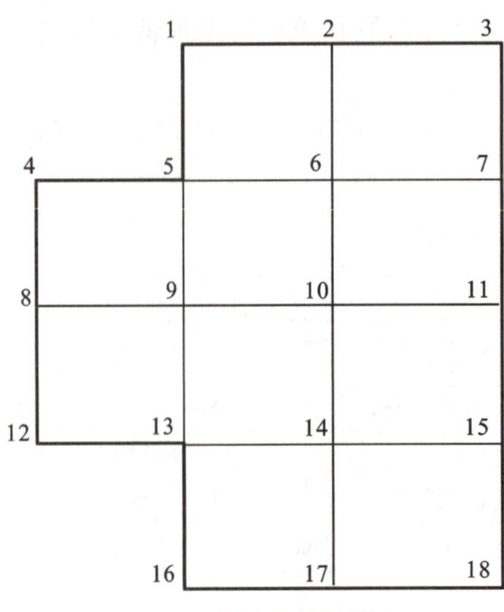

图 8-25　高程点的权影响

式中：n 为测区范围内小方格网的个数，H_m 为测区平均高程，$H_{角}$ 为只涉及一个小方格的角点高程，$H_{边}$ 为涉及两个小方格的边点高程，$H_{拐}$ 为涉及三个小方格的拐点高程，$H_{中}$ 为影响四个小方格的中点高程。如图 8-25 所示，有 1、3、4、12、16、18 六个角点，2、7、8、11、15、17 六个边点，5、13 两个拐点，6、9、10、14 四个中点，即共 18 个交叉点。

式（8-8）只是计算高程加权平均值的理论公式。实际中的边界不可能像图 8-26 那样刚好是位于方格线上，因此其高程的加权平均值计算就应根据实际情况考虑。而当今的平均高程计算已普遍用计算机的机内软件自动进行。

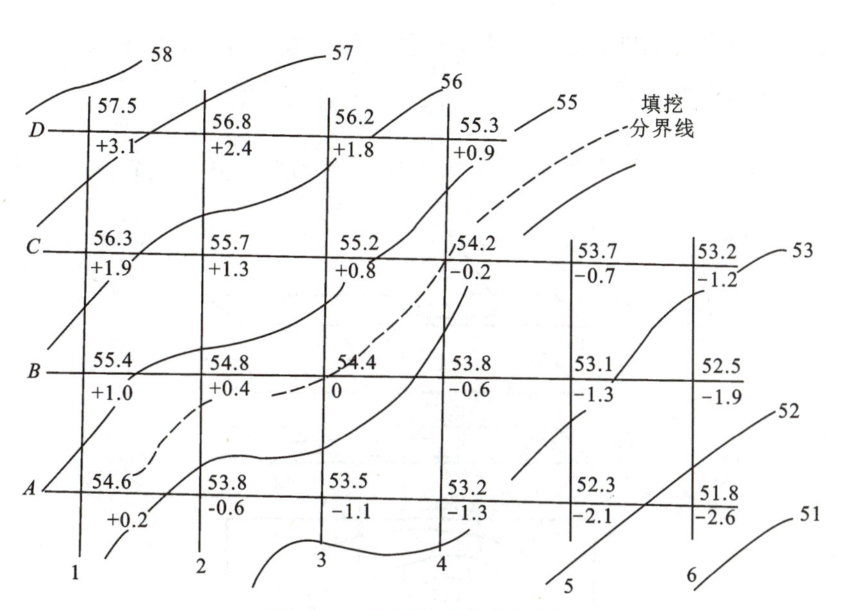

图 8-26 用方格网计算土方量

2）方格网法

前面介绍了用方格网计算面积的情形。与此相类似，土方体积也可按此法进行。这种方法一般适合于大范围的、填（挖）厚度比较均匀的情况，而在当今电子地形图盛行的年代更是大行其道。下面的例子适合于用纸质地形图或电子地形图进行土石方工程计算。

某地块进行填、挖土地平整的地形图如图 8-26 所示。图中等高距为 1m，等高线高程分别有 51，52，…，58m。工作时先根据设计的平土高程 $H_{设}$ 绘出填、挖分界线（图中虚线，高程为 $H_{设}=54.4\text{m}$），按一定边长（如可按图上 $1\times1\text{cm}^2$ 或 $2\times2\text{cm}^2$）绘纵、横方格线 1、2、3、4、5、6 及 A、B、C、D，然后进行如下计算。

（1）用内插法计算方格网交叉点的高程并标注在交叉点右上方。

（2）根据平土设计高程和各交叉点高程计算各点的填（挖）高差，标注于交叉点的右下方。图中“+”表示挖方，“−”表示填方。

（3）用上述的交叉点高差取平均值计算小方格的填（挖）高差 h_m。对于填（挖）分界线所在的方格，则需分开计算。

（4）计算小方格的挖（填）方量体积 $V=S\times h_m$，这里 S 为小方格的实地面积。对于填（挖）分界线所在的方格，同样需分开计算。

（5）累加各小方格的体积，得总的工程挖（填）方量。

3）等高线法

等高线法主要适合于整座山体自上而下的采挖过程，露天矿的往下开采也属于这种情况。图 8-27 的示意图是应用这种方法的典型案例图。图中，规划将整个山头爆破平土至 65m 等高线位置，要求预算工程量大小。

实际中，可用求积仪量算出各条等高线所包含的面积，分别计算相邻等高线之间台柱体的体积，然后累加则得总土石方工程量。图 8-28 中由三段台柱墩组成，即有：

$$V=\frac{h}{2}\ (S_{65}+S_{70})\ +\frac{h}{2}\ (S_{70}+S_{75})\ +\frac{3.88}{2}\ (S_{75}+0)$$

将 $h=5\text{m}$ 代入，同时将各条等高线围成的实地面积代入，便可计算得总工程方量。

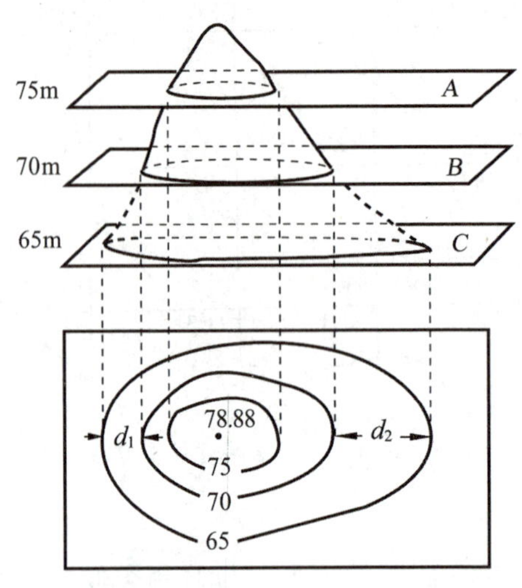

图 8-27　等高线法计算土方量

4）断面法

根据断面图绘制的基本原理，可以在某些线路工程设计，例如铁路、公路、水渠等工程设计、方案规划预算中，采用该方法进行土石方工程计算。

公路沿线某两条相邻里程桩 1＋300、1＋320 所在的横断面图如图 8-28 所示，它们分别反映了各自在横断面方向的地表形态，同时也反映出各自在横断面位置需要开挖（或回填）至基本高程面的面积 S_{1+300}、S_{1+320}。显然，只要求出这两个断面的面积，用它们的平均值与断面之间的距离相乘，便得到这两断面之间的体积。计算公式为

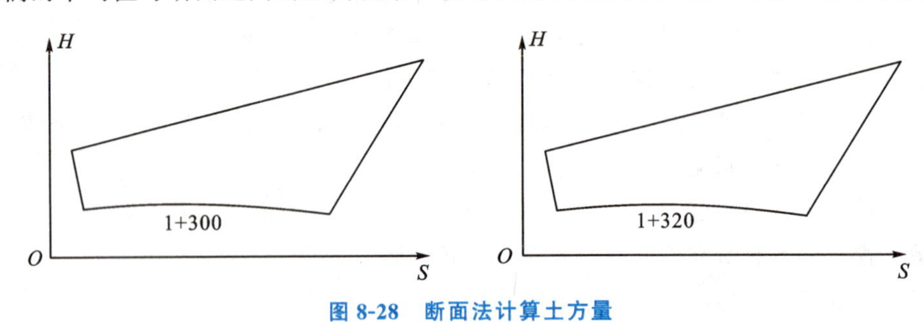

图 8-28　断面法计算土方量

$$V=\frac{1}{2}\ (S_{1+300}+S_{1+320})\ \times L \tag{8-9}$$

式中：断面之间的距离 L 就是它们的里程桩桩号之差，图 8-28 中两条断面相距 $L=20\text{m}$，这是公路设计中经常使用的 20m 桩号之间的距离。

任务 8.6　地形图的测绘

8.6.1　数字测图概述

地形图的测绘（微课）

地形图的测绘（课件）

1. 数字测图的概念

随着科学技术的进步和计算机技术的迅猛发展及其向各个领域的渗透，以及电子全站仪、GNSS-RTK 技术、无人机测绘等先进测量仪器和技术的广泛应用，地形测量向自动化和数字化方向发展，数字化测图技术应运而生。

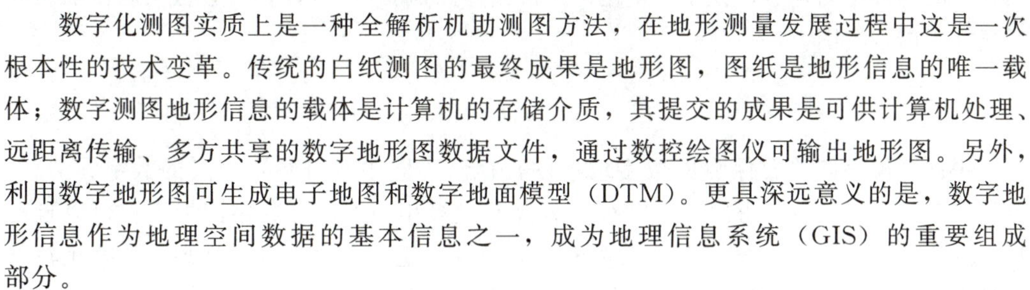

数字化测图实质上是一种全解析机助测图方法，在地形测量发展过程中这是一次根本性的技术变革。传统的白纸测图的最终成果是地形图，图纸是地形信息的唯一载体；数字测图地形信息的载体是计算机的存储介质，其提交的成果是可供计算机处理、远距离传输、多方共享的数字地形图数据文件，通过数控绘图仪可输出地形图。另外，利用数字地形图可生成电子地图和数字地面模型（DTM）。更具深远意义的是，数字地形信息作为地理空间数据的基本信息之一，成为地理信息系统（GIS）的重要组成部分。

2. 数字测图作业模式

目前，数字测图作业模式大致可分为如下几类。

（1）由数字化的测量仪器（全站仪等）、电子手簿（或笔记本、掌上电脑）、计算机和数字测图软件构成的内外业一体化数字测图作业模式。

（2）由全球导航卫星定位系统（GNSS）、实时差分动态定位装置（RTK）、计算机和数字成图软件构成的 GNSS 数字测图作业模式。

（3）由无人机（航空摄影测量、三维激光扫描仪）、卫星（卫星地面影像）与计算机（数字化测量系统）组成的数字摄影测图作业模式。

8.6.2　全站仪数字测图的特点

与传统模拟测图相比，全站仪数字化测图具有如下特点。

数字测图是在白纸测图的基础上发展起来的，但外业数据采集使用全站仪、GNSS-RTK 取代了经纬仪和平板，内业成图使用计算机辅助制图取代了白纸或聚酯薄膜，它是一种全解析、全数字的测图方法，所以相对于白纸测图，数字测图具有无可比拟的优势。

1. 测图作业实现自动化和智能化

传统测图作业方式基本上由人工参与完成，数字测图则使手工作业向自动化、智能化作业方向发展，将数据采集、记录、计算、处理、制图等几个作业单元有机结合实现内外业一体化，整个作业过程由计算机辅助处理，传统意义上的内、外业界线已不再明显。

2. 测图的精度高

传统的测图技术以光学仪器和视距测量方法为基础，地物点平面位置的误差受解析图根点的测量误差、展绘误差、测定地物点的视距误差、方向误差、地形图上地物点的刺点误差等综合影响；而且控制测量采用从整体到局部，逐级布设的方式，等级和环节过多，使最终成果造成了一定的精度损失，在不同程度上限制了地形图的精度。数字测图全部碎部点均用全站仪、GNSS-RTK 测量，避免了传统测图方法中影响地形图精度的各种中间环节，控制点使用全站仪或 GNSS-RTK 布设，所以数字测图的精度明显高于白纸测图。

3. 图形实现数字化

用计算机存储单元保存的数字地形图，存储了图中具有特定含义的数字、文字、符号等各类数据信息，可方便地传输、处理和供多用户共享。数字图形不仅可以自动提取点位坐标、两点距离、方位以及地块面积等，还可以供工程、规划、计算机辅助设计和供地理信息系统建库使用。数字地形图的管理节省空间，操作方便。

4. 便于地形图内容的更新与修补

数字测图工作得到的是数字图形（以某种格式存放的地形图数据文件），数字测图的成果是以点的定位信息和绘图信息存入计算机的。一般数字测图软件都具有图形编辑功能，例如增加、删除、修改等，其调用、显示和进行图形处理都十分方便，而且这些功能都能充分满足地形图修测和补测的要求。当实地有变化时，只需输入变化信息的坐标、代码，经过编辑处理，很快便可以得到更新的图形，从而可以确保成果的可靠性和现势性。因此利用这些功能进行原有数字地形图的更新是十分方便的。

5. 避免图纸伸缩引起各种误差

表示在纸质图纸上的地形图信息随着时间的推移，当图纸出现变形时就会产生变形误差。而数字测图的成果以数字信息存储，避免了对图纸的依赖性。

6. 便于成果的深加工利用

数字测图分层存放，可使地面信息无限增加，不受图面负载量的限制。同时便于成果的深加工利用，拓宽测绘工作的服务面，开拓市场。例如测图软件中将房屋、电力线、铁路、植被、道路、水系、地貌等均存于不同的层中，通过关闭层、打开层等操作来提取相关信息，便可方便地得到所需的测区各类专题图、综合图，如路网图、电网图、管线图、地形图等。

8.6.3　全站仪数字测图的作业过程

全站仪数字测图的作业过程，可简单地概括为数据采集、数据处理、数据输出等几个阶段。下面主要介绍全站仪数字测记作业模式的基本作业过程。

1. 资料准备

收集高级控制点成果资料，将其按照代码及（X，Y，H）三维坐标或其他形式输入全站仪或录入电子手簿及磁卡。

2. 控制测量

数字化测图一般不必按常规控制测量逐级发展。对于较大测区（如 15 km^2 以上）通常先用 GNSS 或导线网进行三等或四等控制测量，而后布设二级导线网。对于小测区（如 15km^2 以下），通常直接布设二级导线网，作为首级控制。等级控制点的密度根据地形复杂、稀疏程度，可有很大差别。等级控制点应尽量选在制高点或主要街区上，最后进行整体平差。

3. 测图准备

目前多数数字测图系统在野外数据采集时，要求绘制较详细的草图。绘制草图一般在准备的工作底图上进行。这一工作底图最好用测区原有老地形图、平面图的晒蓝图或复印件制作，也可用航片放大影像图制作。另外，为便于野外观测，在野外采集数据之前，通常要在工作底图上对测区进行“作业区”划分，一般以沟渠、道路等明显线形地物将测区划分为若干个作业区。

4. 野外数据采集

野外数据采集主要使用全站仪（或 GNSS 接收机）在野外测量特征点的点位坐标，用全站仪内存或电子手簿记录测点的几何信息，用编码在仪器上或草图在白纸上记录测点的属性信息和连接信息，到室内将测量数据由仪器传输到计算机，经人机交互编辑成图。根据作业方法的不同，野外数据采集可以分为编码法和草图法。

1）编码法

编码法即利用成图系统的地形地物编码方案，在野外测图时不用画草图，只需将每一点的编码和相邻点的连接关系直接输入全站仪或电子记录手簿中去，成图系统就会自动根据点的编码和连点信息进行图形生成。编码法突出的优点是外业只需要两个人即可完成，内业自动化程度较高，工作量相对较少，符合测量作业自动化的大趋势。但这种作业模式要求观测员熟悉编码，并在测站上边观测边输入。

2）草图法

草图法是指在外业过程中绘制草图来记录地物属性和点与点直接的连接关系，不用为每一点都赋予编码，也不用加注点的连接信息，当系统把所测的点展示到计算机屏幕上之后，对照草图就可以在屏幕上直接进行编辑成图。外业数据采集时，作业组通常由三人组成：仪器操作员、立镜员和草图绘制员。草图上的点号标注应当清楚明白，每隔一定的点号草图绘制员和仪器操作员要进行核对，发现错误应当及时纠正。所测地物、地貌的属性也要在工作草图上说明，可以进行文字注记，也可以用规范规定的符号简要表示，如图 8-29 所示。

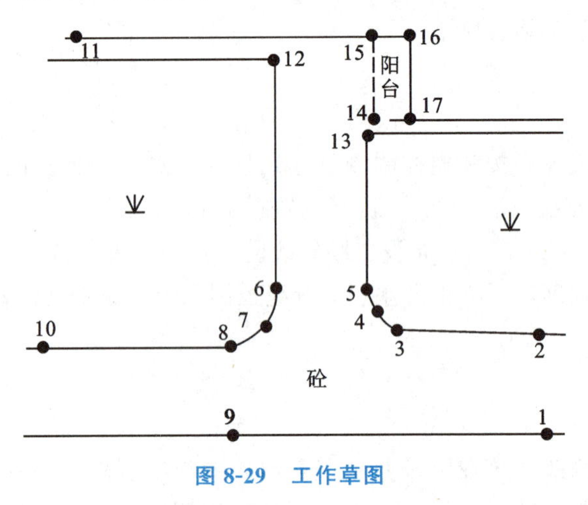

图 8-29　工作草图

5. 数据传输

用专用电缆将全站仪或电子手簿与计算机连接起来，通过键盘操作，将外业采集的数据传输到计算机。一般每天野外作业后都要及时进行数据转输，以尽量少占用全站仪的存储空间和避免数据丢失。

6. 编辑成图

首先进行数据预处理，即对外业采集数据的各种可能的错误检查修改和将野外采集的数据格式转换成图形编辑系统要求的格式。然后在图形编辑系统导入数据，对照外业草图，采用人机交互方式编辑成图。

7. 图幅整饰与输出

按照地形图图式的规范，完善地图内容，协调处理符号之间的位置关系后，就可以分幅输出。地形图可以输出成数字线化图格式，也可以输出成图片等其他格式，还可以由绘图仪打印出来。

8.6.4　GNSS-RTK 图根控制测量

高等级控制点的密度不可能满足大比例尺测图的需要，这时应布设适当数量的图根控制点，又称图根点，直接供测图使用。图根控制网的布设，是在各等级控制点下进行加密。在较小的独立测图时，图根控制可作为首级控制。

图根平面控制测量可采用 GNSS 测量、导线测量、极坐标法和交会法等方法。图根高程控制测量可采用 GNSS 测量、水准测量、三角高程测量等方法。图根平面控制测量和高程控制测量可同时进行。GNSS-RTK 测量能够在野外实时得到厘米级的坐标和高程数据，是数字化测图图根控制测量普遍采用的方法。

1. GNSS-RTK 技术概述

全球导航卫星系统（英文：Global Navigation Satellite System，缩写：GNSS，又称全球卫星导航系统），是能在地球表面或近地空间的任何地点为用户提供全天候的三维坐标和速度以及时间信息的空基无线电导航定位系统。目前，全球有 4 大卫星导航系统供应商，包括中国的北斗卫星导航系统（BDS）、美国的全球定位系统（GPS）、俄罗斯的格洛纳斯卫星导航系统（GLONASS）和欧盟的伽利略卫星导航系统（GALILEO）。

北斗卫星导航系统（BDS）是中国自主研发、独立运行的全球卫星导航系统，于 2020 年建成北斗三号系统，向全球提供服务，系统由空间卫星、地面测控站和用户端三部分组成。

RTK 是实时动态测量技术（Real Time Kinematic）的简称，是以载波相位观测为根据的实时差分 GNSS 测量技术，它是测量技术发展里程中的一个突破，它由基准站接收机、数据链、流动站接收机三部分组成。在基准站上安置 1 台接收机为参考站，对卫星进行连续观测，并将其观测数据和测站信息，通过无线电传输设备，实时地发送给流动站，流动站 GNSS 接收机在接收 GNSS 卫星信号的同时，通过无线接收设备，接收基准站传输的数据，然后根据相对定位的原理，实时解算出流动站的三维坐标及其精度。RTK 技术按实现手段可分为电台模式和网络通信模式。

1）GNSS-RTK 技术的优点

（1）作业效率高。在一般的地形地势下，高质量的 RTK 设站一次即可测完 5km 半径的测区，大大减少了传统测量所需的控制点数量和测量仪器的搬站次数，仅需一人操作，每个测量点只需要停留 1～2 秒，就可以完成作业。

（2）定位精度高。没有误差积累，只要满足 RTK 的基本工作条件，在一定的作业半径范围内（一般为 5km），RTK 的平面精度和高程精度都能达到厘米级。

（3）全天候作业。不要求两点间满足光学通视，只需要满足“电磁波通视和对空通视的要求”，几乎可以全天候作业。

（4）作业自动化、集成化程度高。流动站配备高效手持操作手簿，内置专业软件可自动实现多种测绘功能。

2）GNSS-RTK 图根测量环境要求

RTK 测量必须在开阔地区、远离高压线和大功率无线电发射源的环境下才能得到高精度的测量数据，因此在乡村地区 RTK 测量方法可以得到很好的应用，在城市和居民区则受到一定的限制。随着 GPS、BDS 和 GLONASS 的兼容，RTK 测量在城市和居民区得到越来越广泛的应用。仪器接收到的卫星状况越好，测量得到的数据往往精度越高越可靠。以《卫星定位城市测量技术标准》（CJJ/T 73—2019）为例，RTK 测量时，GNSS 卫星的状况应符合表 8-8 的规定。

表 8-8　GNSS 卫星状况的基本要求

观测窗口状态	15°以上的卫星个数	PDOP 值
良好	≥6	<4
可用	5	<6
不可用	<5	≥6

3）GNSS-RTK 图根测量技术要求

平面测量起算点数量不少于 3 个，等级在三级及以上；高程测量起算点数量不少于 5 个，等级在四等及以上。各起算点应均匀分布在测区范围内，对高程测量，平原点间距不超过 5km，地形起伏较大的地区，应按地形特征增加点位。

进行坐标转换时，平面坐标转换的残差绝对值不应超过 2cm，RTK 测量前设置的收敛阈值，平面不超过 2cm，高程不超过 3cm。

图根平面测量测回数不少于 2 个测回，图根高程测量测回数不少于 3 个测回，每测回的自动观测个数不少于 10 个观测值。测回间平面坐标分量不超过 2cm，垂直坐标分量不超过 3cm。取平均值作为最终成果。

2. 图根点的精度要求

图根控制测量应在各等级控制点下进行，各级基础平面控制测量的最弱点相对于起算点的点位中误差不应大于 5cm。各级基础高程控制的最弱点相对于起算点的高程中误差不应大于 2cm。

图根点相对于图根起算点的点位中误差，按测图比例尺不同有不同的规定：1∶500 不应大于 5cm；1∶1000、1∶2000 不应大于 10cm。高程中误差不应大于测图基本等高距。

3. 图根点的密度要求

图根点的密度应根据测图比例尺和地形条件确定，平坦开阔地区图根点的密度宜符合表 8-9 的规定。地形复杂、隐蔽及城市建筑区，图根点应满足测图需要，并宜结合具体情况加密。采用全球卫星导航系统实时动态测量法（RTK）测图时可适当放宽。

表 8-9　图根点密度

测图比例尺	1∶500	1∶1000	1∶2000
图根点的密度（点数/km^2）	≥64	≥16	≥4

注：摘自《1∶500 1∶1000 1∶2000 外业数字测图规程》(GB/T 14912—2017)。

8.6.5　地物、地貌测绘

1. 地物测绘的一般原则

地物一般可分为两大类：一类是自然地物，如河流、湖泊、森林、草地等；另一类是经过人类物质生产活动改造了的人工地物，如房屋、高压输电线、铁路、公路、水渠、桥梁等。所有这些地物都要在地形图上表示出来。

地物在地形图上的表示原则是：凡是能依比例尺表示的地物，则将它们水平投影位置的几何形状相似地描绘在地形图上，如房屋、双线河流、运动场等。或是将它们的边界位置表示在图上，边界内再绘上相应的地物符号，如林地、草地、果园等。对于不能依比例尺表示的地物，在地形图上是以相应的地物符号表示在地物的中心位置上，如水塔、烟囱、纪念碑、单线道路、单线河流等。

测绘地物必须依据测绘规范和图式，按规范和图式的要求，经过综合取舍，将各种地物表示在图上。目前执行的规范和标准有：中华人民共和国标准《1∶500　1∶1000　1∶2000 外业数字测图规程》(GB/T 14912—2017）和《国家基本比例尺地图图式 第 1 部分：1∶500　1∶1000　1∶2000 地形图图式》(GB/T 20257.1—2017)，参考执行行业标准《城市测量规范》(CJJ/T 8—2011)。

地物测绘主要是将地物的形状特征点测定下来，例如：地物轮廓的转折点、交叉点、曲线上的弯曲变换点、独立地物的中心点等。连接这些特征点，便得到与实地相似的地物形状。

2. 居民地的测绘

居民地房屋的排列形式很多，农村中以散列式即不规则的排列房屋较多，城市中的房屋排列比较整齐。

测绘居民地根据所需测图比例尺的不同，在综合取舍方面就不一样。对于居民地的各类建（构）筑物及主要附属设施，都应准确测绘外围轮廓和如实反映建筑结构特征。其内部的主要街道以及较大的空地应区分出来。对散列式的居民地、独立房屋应分别测绘。

测绘房屋时，房屋的轮廓应以墙基外角为准，并应按建筑材料和性质分类并注记

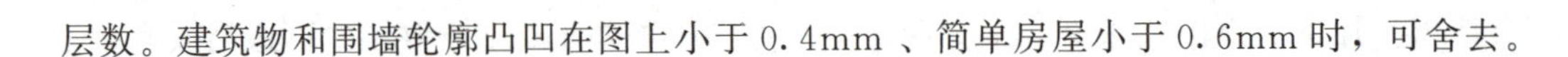

层数。建筑物和围墙轮廓凸凹在图上小于0.4mm、简单房屋小于0.6mm时，可舍去。

3. 水系的测绘

水系包括河流、渠道、湖泊、池塘等地物，通常无特殊要求时均以岸边为界，如果要求测出水涯线，宜按测绘时的水位测定。当水涯线与陡坎线在图上投影距离小于1mm时，水涯线可不表示。

河流的两岸一般不太规则，在保证精度的前提下，对于小的弯曲和岸边不甚明显的地段可进行适当取舍。图上宽度小于0.5mm的河流、图上宽度小于1mm或1∶2000图上宽度小于0.5mm的沟渠，宜用单线表示。对于在图上只能以单线表示的小沟，不必测绘其两岸，只要测出其中心位置即可。渠道比较规则，有的两岸有堤，测绘时可以参照公路的测法。对那些田间临时性的小渠不必测出，以免影响图面清晰。

应根据需求测注水位高程及施测日期；水渠应测注渠顶边和渠底高程；时令河应测注河床高程；堤、坝应测注顶部及坡脚高程；池塘应测注塘顶边及塘底高程；泉、井应测注泉的出水口与井台高程，并应根据需求测注井台至水面的深度。

海岸线应以平均大潮高潮的痕迹所形成的水陆分界线为准。各种干出滩应在图上用相应的符号或注记表示，并应适当测注高程。

4. 道路的测绘

道路在图上一律按实际位置测绘，并反映道路的类别和等级，附属设施的结构和关系，且有名称的应加注名称。在测量方法上有的采用将棱镜立于道路路面中心，有的采用将棱镜交错立在路面两侧，也可以将棱镜立在路面的一侧，测量路面的宽度，作业时可视具体情况而定。

道路的转弯处、交叉处，碎步点应密一些，道路两旁的附属建筑物都应按实际位置测出，应正确处理道路的相交关系及与其他要素的关系。公路、街道宜按其铺面材料分别以砼、沥、砾、石、砖、碴、土等注记于图中路面上，铺面材料改变处应用地类界符号分开。

铁路轨顶、公路路中、道路交叉处、桥面等应测注高程；曲线段的铁路应测量内侧轨顶高程，隧道、涵洞应测注底面高程；路堤、路堑应按实地宽度绘出边界，并应在其坡顶、坡脚适当测注高程。

大车路一般指农村中比较宽的道路，有的还能通行汽车，但是没有铺设路面。这种路的宽度大多不均匀，道路部分的边界不十分明显。测绘时可将棱镜立于道路中心，以地形图图式规定的符号描绘于图上。

人行小路主要是指居民地之间来往的通道，田间劳动的小路一般不测绘，上山小路应视其重要程度选择测绘，如该地区小路稀少应测绘。测绘时棱镜立于道路中心，由于小路弯曲较多，碎步点的选择要注意弯曲部分的取舍。既要使碎步点不致太密，又要正确表示小路的位置。

人行小路若与田埂重合，应绘小路不绘田埂。有些小路虽不是直接由一个居民地通向另一个居民地，但它与大车路、道路或铁路相连，这时应根据测区道路网的情况决定取舍。

5. 管线的测绘

永久性的电力线、电信线均应准确表示，电杆、铁塔位置应测定。当多种线路在同一杆架上时，可仅表示主要的。各种线路应做到线类分明，走向连贯。

架空的、地面上的、有管堤的管道均应测定，并应分别用相应符号表示，注记传输物质的名称。当架空管道直线部分的支架密集时，可适当取舍。地下管线检修井宜测绘表示。

架空管线、在转折处的支架塔柱应实测，位于直线部分的可用挡距长度在图上以图解法确定。塔柱上有变压器时，变压器的位置按其与塔柱的相应位置绘出。电线和管道用规定的符号表示。

6. 境界的测绘

境界是指区域范围的分界线包括行政区域界和其他地域界，图上要求正确反映境界的类别、等级、位置以及其他要素的关系。

图上描绘的境界包括国界、省、自治区、直辖市、自治州、地区、市、县、乡、镇、自然保护区界等。测绘国界是一项十分严肃的工作，测绘时必须在有关（外交、行政）人员的陪同下，准确而迅速地进行，不得有任何差错，其他地物的符号和注记均应注在本国界内，不得压盖国界符号。国内行政区域的界线通常参照居民地或者其他地物直接绘出，或者询问当地居民确定。境界以线状地物为界，不能在线状中心绘出时，可沿两侧每隔 3～5cm 交错绘出 3～4 节符号。但在境界相交或明显拐弯及图廓处，境界符号不能省略，以便明确走向和位置。两级境界重合时只绘出高一级境界符号。

7. 植被的测绘

应正确反映植被的类别特征和范围分布；对耕地、园地应测定范围，并应配置相应的符号。大面积分布的植被在能表达清楚的情况下，可采用注记说明；同一地段生长有多种植物时，可按经济价值和数量适当取舍，符号配置连同土质符号不应超过三种。

种植小麦、杂粮、棉花、烟草、大豆、花生和油菜等的田地应配置旱地符号，有节水灌溉设备的旱地应加注“喷灌”“滴灌”等；经济作物、油料作物应加注品种名称；一年分几季种植不同作物的耕地，应以夏季主要作物为准配置符号表示。

8. 地貌的测绘

自然形态的地貌宜用等高线表示，崩塌残蚀地貌、坡、坎和其他特殊地貌应用相应符号或用等高线配合符号表示。城市建筑区和不便于绘等高线的地方，可不绘等高线。

测绘等高线与测绘地物一样，首先需要确定地貌特征点，然后连接地性线，便得到地貌整个骨干的基本轮廓，按等高线的性质，再对照实地情况就能描绘出等高线。地貌特征点是指山顶点、鞍部点、山脊线和山谷线的坡度变换点，山坡上的坡度变换点，山脚与平地相交点等。归纳起来就是各类地貌的坡度变换点即为地貌特征点。

山顶、鞍部、山脊、山脚、谷底、谷口、沟底、沟口、凹地、台地、河川湖池岸旁、水涯线上以及其他地面倾斜变换处，均应测高程注记点；计曲线上的高程注记，字头应朝向高处，且不应在图内倒置；山顶、鞍部、凹地等不明显处等高线应加绘示坡线。

各种自然形成和人工修筑的坡、坎，其坡度在70°以上时应以陡坎符号表示，70°以下时应以斜坡符号表示；在图上投影宽度小于2mm的斜坡，应以陡坎符号表示；当坡、坎比高小于1/2基本等高距或在图上长度小于5mm时，可不表示；坡、坎密集时，可适当取舍。

任务8.7　技能训练

8.7.1　RTK图根控制测量

RTK图根点测量(虚拟仿真)

1. 实训目的

（1）熟悉GNSS接收机的使用。

（2）掌握RTK图根控制测量的作业方法和步骤。

2. 实训任务

根据已知控制点坐标，利用RTK测定图根点的坐标。

3. 实训设备与资料

（1）GNSS接收机1套，带支架对中杆1个，钢卷尺1把。

（2）实训记录表1张，记录板1个，2H铅笔1支。

4. 操作流程

（1）架设基准站，并设置基准站。

（2）设置移动站。

（3）输入已知控制点坐标，测量控制点，求取转换参数。

（4）测量未知图根点的坐标。

（5）导出坐标数据。

5. 注意事项及实训要求

（1）实训前，认真阅读实训内容和相关学习内容，清点检查使用的仪器工具，确保其完好无损。

（2）实训场地应选在地势开阔或广场处，避免在高大山体、建筑物和各种高频信号源的地方使用 RTK 测量。

（3）测量控制点时，要注意使对中杆竖直。

（4）实训结束，按时归还实训设备，将实训设备放到指定位置，设备要摆放整齐。

6. 提交成果

实训结束，每小组应提交下列成果，作为评定成绩的依据：

（1）记录表格；

（2）实训总结报告。

8.7.2　全站仪测站设置

全站仪测站设置(虚拟仿真)

1. 实训目的

（1）掌握全站仪建站的步骤。

（2）掌握全站仪的测站设置。

2. 实训任务

根据已知控制点坐标，完成全站仪的测站设置，并完成设站的精度检查。

3. 实训设备与资料

（1）全站仪 1 台，三脚架 1 个，对中杆 1 个，棱镜 1 个，钢卷尺 1 把。

（2）实训记录表 1 张，记录板 1 个，2H 铅笔 1 支。

4. 操作流程

（1）在测站点安置全站仪，量取仪器高。

（2）在后视点安置棱镜，量取棱镜高。

（3）在全站仪输入测站点坐标和仪器高。

（4）在全站仪输入后视点坐标和棱镜高。

（5）照准后视点，完成建站。

（6）在检查点安置棱镜，测量检查点坐标，检查设站精度。

5. 注意事项及实训要求

(1) 实训前，认真阅读实训内容和相关学习内容，清点检查使用的仪器工具，确保其完好无损。

(2) 在选择后视点和检查点时，尽量选择较远的已知点作为后视点。

(3) 建站时，要认真仔细检查，避免将已知点坐标输错。

(4) 实训结束，按时归还实训设备，将实训设备放到指定位置，设备要摆放整齐。

6. 提交成果

实训结束，每小组应提交下列成果，作为评定成绩的依据：

(1) 记录表格；

(2) 实训总结报告。

8.7.3 全站仪数据采集

全站仪数据采集(虚拟仿真)

1. 实训目的

(1) 掌握全站仪外业数据采集的方法和步骤。

(2) 掌握常见地物特征点的采集。

2. 实训任务

在数字测图实训场完成地物特征点的采集，并导出采集数据。

3. 实训设备与资料

(1) 全站仪 1 台，三脚架 1 个，对中杆 1 个，棱镜 1 个，钢卷尺 1 把。

(2) 实训记录表 1 张，记录板 1 个，2H 铅笔 1 支。

4. 操作流程

(1) 在测站点安置全站仪，量取仪器高。

(2) 在后视点安置棱镜，量取棱镜高。

(3) 在全站仪输入测站点坐标和仪器高。

(4) 在全站仪输入后视点坐标和棱镜高。

(5) 照准后视点，完成建站。

(6) 在检查点安置棱镜，测量检查点坐标，检查设站精度。

(7) 采集房屋、道路、路灯等地物的特征点。

(8) 导出数据。

5. 注意事项及实训要求

（1）实训前，认真阅读实训内容和相关学习内容，清点检查使用的仪器工具，确保其完好无损。

（2）在选择后视点和检查点时，尽量选择较远的已知点作为后视点。

（3）照准后视点和检查点时，对中杆要立直。

（4）采集碎步点时，要注意数据采集的精度。

（5）实训结束，按时归还实训设备，将实训设备放到指定位置，设备要摆放整齐。

6. 提交成果

实训结束，每小组应提交下列成果，作为评定成绩的依据：

（1）外业采集数据；

（2）实训总结报告。

课后习题

一、选择题

（1）某地图的比例尺为 1∶1000，则图上 6.82cm 代表实地距离为（　　）。

A. 6.82m　　B. 68.2m　　C. 682m　　D. 6.82cm

（2）地形图上的等高线，通常要在（　　）上注记高程，并加粗表示。

A. 首曲线　　B. 计曲线　　C. 间曲线　　D. 助曲线

（3）下面的等高线图表示的地形名称依次是（　　）。

A. 山谷、山脊、山顶、盆地　　B. 山脊、山谷、山顶、盆地

C. 山谷、山脊、盆地、山顶　　D. 山脊、山谷、盆地、山顶

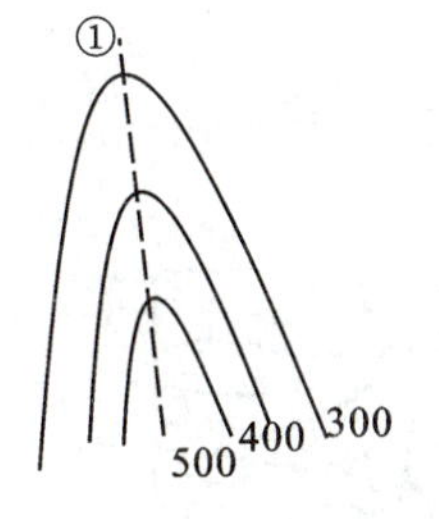

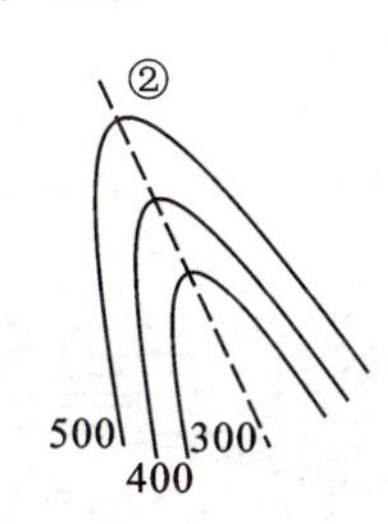

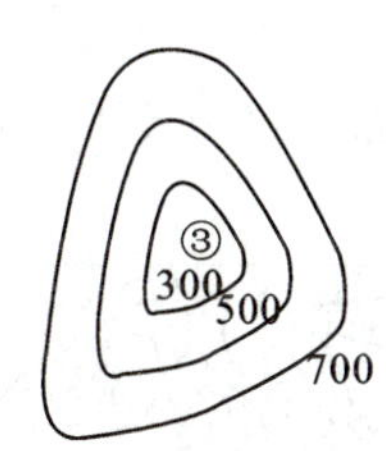

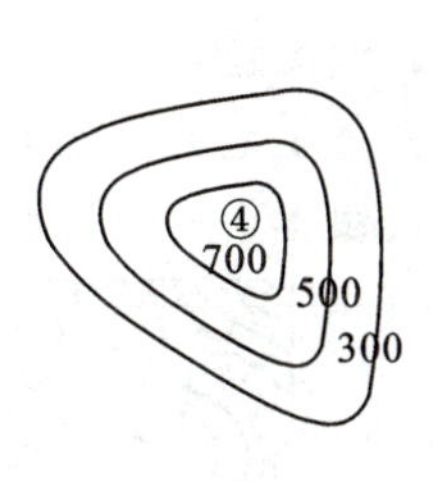

（4）下面过 MN 线所作的地形剖面图是（　　）。

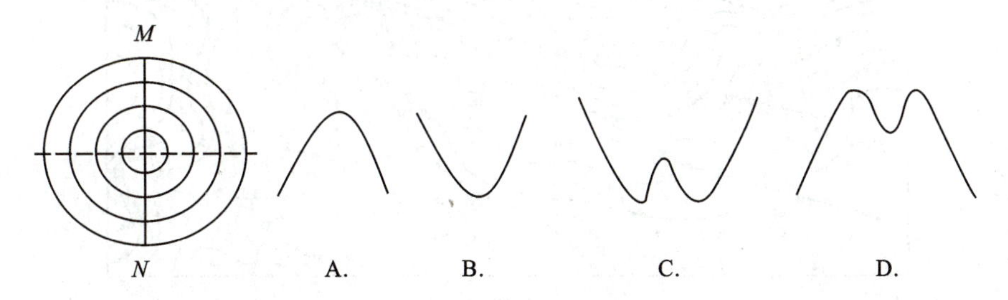

(5) 下列不属于地物特征点的是（　　）。

A. 轮廓线上转折点　　B. 轮廓线上交叉点

C. 轮廓线上中点　　D. 独立地物的中心点

(6) 要求在图上能表示出 0.5m 的精度，则所用的测图比例尺至少为（　　）。

A. 1∶500　　B. 1∶5000　　C. 1∶50000　　D. 1∶10000

(7) 地形图上表示地貌的主要符号是（　　）。

A. 比例符号　　B. 等高线　　C. 非比例符号　　D. 高程注记

(8) 在地形图上，等高距不变时，等高线平距与地面坡度的关系（　　）。

A. 平距大则坡度小　　B. 平距大则坡度大

C. 平距大则坡度不变　　D. 平距小则坡度小

(9) 在 1∶500 地形图中，需要用不依比例符号表示的地物有（　　）。

A. 控制点　　B. 沟渠　　C. 围墙　　D. 消火栓

(10) 在 1∶500 地形图中，需要用依比例符号表示的地物有（　　）。

A. 小路　　B. 行树　　C. 湖泊　　D. 铁丝网

二、判断题

(1) 一般来说，地形图的比例尺越大，精度越高。（　　）

(2) 在地形图上，只能量出两点的高差，不能量测出两点的坡度。（　　）

(3) 编号为 J50E001010 的地形图属于 1∶5 万地形图。（　　）

(4) 在同一等高线上，各点的高程均相等。（　　）

(5) 不同等高线上的点，其高程有可能相等。（　　）

(6) 等高线越密集表示坡度越小。（　　）

(7) 用不依比例符号表示地物时，需要准确表示地物的中心位置。（　　）

(8) 地形图的比例尺是 1∶500，则地形图上 1mm 表示地面的实际的距离为 5m。（　　）

三、读图题

下图是某地区的地形图，比例尺 1∶1000，图中 A、B 点距离为 500mm。读图回答下列问题

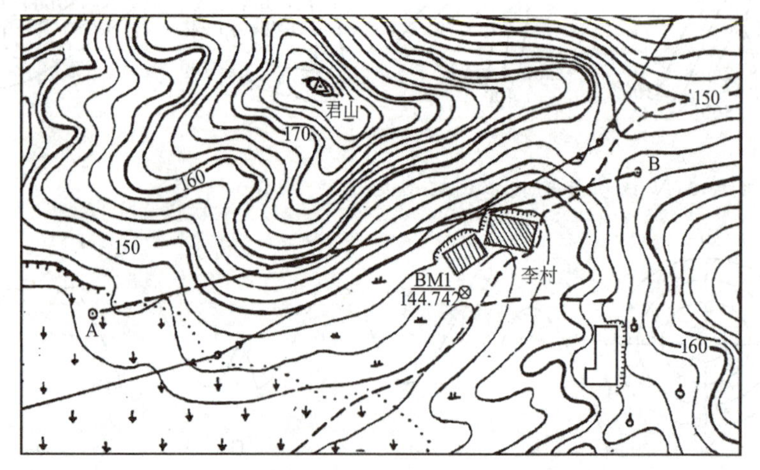

(1) 在 A、B 二点连线上用“○”标出地形的最高处；

(2) 在图上用“×”标出鞍部的位置；

(3) 在图上注明种植地的名称；

(4) 在图上用“→”标出水准点的位置；

(5) 指出该图的基本等高距 h_j；

(6) 求 AB 的实际水平长度。

(7) 求 AB 的坡度。

参考文献

[1] 宁津生，陈俊勇，李德仁等．测绘学概论［M］．3 版．武汉：武汉大学出版社，2016.

[2] 自然资源部职业技能鉴定指导中心．测量基础［M］．郑州：黄河水利出版社，2019.

[3] 徐兴彬，喻怀义．测量基础与实训［M］．武汉：华中科技大学出版社，2021.

[4] 全国科学技术名词审定委员会．测绘学名词［M］．4 版．北京：测绘出版社，2020.

[5] 何宗宜等．地图学［M］．2 版．武汉：武汉大学出版社，2023.

[6] 孔祥元，等．大地测量学基础［M］．2 版．武汉：武汉大学出版社，2010.

[7] 杨正尧．测量学［M］．2 版．北京：化学工业出版社，2009.

[8] 潘正风，等．数字测图原理与方法［M］．武汉：武汉大学出版社，2004.

[9] 中华人民共和国国家质量监督检验检疫总局，中国国家标准化管理委员会．国家三、四等水准测量规范：GB/T 12898—2009［S］．北京：中国标准出版社，2009.

[10] 中华人民共和国住房和城乡建设部，国家市场监督管理总局．工程测量标准：GB 50026—2020［S］．北京：中国计划出版社，2021.

[11] 中华人民共和国住房和城乡建设部．城市测量规范：CJJ/T 8—2011［S］．北京：中国建筑工业出版社，2012.

[12] 中华人民共和国国家质量监督检验检疫总局，中国国家标准化管理委员会．国家基本比例尺地图图式 第 1 部分：1∶500 1∶1 000 1∶2 000 地形图图式：GB/T 20257.1—2017［S］．北京：中国标准出版社，2017.

[13] 中华人民共和国国家质量监督检验检疫总局，中国国家标准化管理委员会．国家基本比例尺地图图式 第 2 部分：1∶5000 1∶10 000 地形图图式：GB/T 20257.2—2017［S］．北京：中国标准出版社，2017.

[14] 国家市场监督管理总局、中国国家标准化管理委员会．国家基本比例尺地形图分幅和编号（GB/T 13989—2012）［S］．北京：中国标准出版社，2012.